常人之情绪

DISC理论原型

［美］**威廉·莫尔顿·马斯顿**（William Moulton Marston）◎ 著

李海峰　肖　琦　郭　强◎译

EMOTIONS
OF
NORMAL
PEOPLE

电子工业出版社·
Publishing House of Electronics Industry
北京·BEIJING

图书在版编目（CIP）数据

常人之情绪：DISC 理论原型 /（美）威廉•莫尔顿•马斯顿著；李海峰等译. —北京：电子工业出版社，2018.9

ISBN 978-7-121-34851-8

Ⅰ. ①常… Ⅱ. ①威… ②李… Ⅲ. ①情绪反应—研究 Ⅳ. ①B842.6

中国版本图书馆 CIP 数据核字(2018)第 180960 号

责任编辑：刘露明

印　　刷：中国电影出版社印刷厂
装　　订：中国电影出版社印刷厂
出版发行：电子工业出版社
　　　　　北京市海淀区万寿路 173 信箱　　邮编 100036
开　　本：720×1000　　1/16　　印张：20　　字数：359 千字
版　　次：2018 年 9 月第 1 版
印　　次：2018 年 11 月第 3 次印刷
定　　价：72.00 元

凡所购买电子工业出版社图书有缺损问题，请向购买书店调换。若书店售缺，请与本社发行部联系，联系及邮购电话：(010) 88254888，88258888。

质量投诉请发邮件至 zlts@phei.com.cn，盗版侵权举报请发邮件至 dbqq@phei.com.cn。

本书咨询联系方式：(010) 88254199，sjb@phei.com.cn。

译者序

关于马斯顿的 DISC 理论

威廉·莫尔顿·马斯顿（William Moulton Marston）1893 年出生于美国马萨诸塞州。他先后获得了哈佛大学的文学学士、法学博士和心理学博士三个学位，这种跨学科的积累为他日后精彩的职业跨界奠定了坚实的基础。马斯顿教授研发了多款基于测试心脏收缩压的"测谎仪"，被誉为"测谎仪之父"。这些测谎仪被用在法院审判、军队招募甚至电影明星身上。然而，他最广为人知的却是创作了"神奇女侠"（Wonder Woman）这个漫画人物，随着近几年电影《神奇女侠》在全球的热播，有关马斯顿教授的故事也被挖掘出来。不过本书所阐述的 DISC 理论在当时并未给他带来什么重要的影响。马斯顿教授在哥伦比亚大学讲授心理学期间，研究人的血压变化对人的行为与反应的影响，同时受到妻子伊丽莎白·霍洛维·马斯顿的启发，决定开发一个理论来解释人类的情绪反应。为了检验自己的情绪理论，马斯顿需要系统地归纳和描述相关的内容，他的解决方法是将人类的情绪反应用四个维度来进行定义与解释。

1928 年，马斯顿教授在《常人之情绪》（*Emotions of Normal People*）中公布了他的发现，并且在书中对其所发展的 DISC 做了系统的阐述，首度尝试将心理学从纯粹的临床实验向外延伸应用到一般人身上。而 20 世纪 20 年代的心理学，大部分的研究都集中在心理病症或犯罪心理方面，马斯顿教授的勇敢尝试在当时未能得到心理学界的重视或认同，这大概是造成现代心理学领域并未将马斯顿的理论收录到心理学体系中的主要原因。从这样不起眼的开始，DISC 系统现在已发展成可能是全世界最广泛被采用的评量系统。目前许多市场上研发和推广DISC 测评系统的公司都标榜自己是正宗的，套用一位心理学教授的妙语来形容

DISC 现在的情形："瘦田无人耕，耕开有人争。"在这里，我们作为 DISC 的使用者和爱好者，无意去争论彼此的对错与优劣，我们感谢所有为 DISC 理论在现代商业领域和生活领域的应用作出贡献的研究者与推广者。本书作为 DISC 理论的基石，译者就相关的内容提出一些心得和想法，供大家参考与讨论。

一、如何理解"DISC"理论原型

　　DISC 的理论经过 90 年的发展，其内涵和外延都发生了巨大的变化，甚至有些理论已经不再使用"DISC"的字样了，当然这一切并不妨碍我们对理论原型的探索与研究。DISC 最初是用来定义人类的主要情绪类别的，并非像我们现在所理解的那样，用来形容人们不同的性格或行为的。本书一开始就提出了一个重要的观点："正常的情绪是能够带来效率的情绪。"马斯顿教授认为，我们普通人在日常生活中体验的种种情绪，不能都认为可接受和允许发生。他认为只有那些能带来愉快感的情绪反应才能被称为"正常的情绪"，而诸如愤怒、恐惧、仇恨等带有明显消极色彩的情绪反应不应被视为正常的或必然出现的。他认为，人们应该找出情绪反应背后的原因，弄懂情绪的运作机制，从而使自己能够持续拥有"正常的情绪"。这样的观点在 20 世纪初，毫无疑问是超前的。20 世纪末西方心理学界兴起了一股新的研究思潮——积极心理学的研究。这股思潮的创始人——美国当代著名的心理学家马丁·塞里格曼（Martin E. P. Seligman），联合心理学家谢尔顿（Kennon M. Sheldon）和劳拉·金（Laura King）对积极心理学的本质和特点进行了定义："积极心理学是致力于研究普通人的活力与美德的科学。"这样的观点与马斯顿教授早在 60 年前的看法简直是不谋而合。

　　马斯顿教授在探索情绪反应的运作机制时认为，人们的情绪反应主要是由内在的"自我能量"（暂且这么定义）所决定的，而这些内在能量的基本载体是一种被称为"精神粒子"（Psychon）的东西（Psychon 是马斯顿教授的自创词，我们找不到任何可参照的资料或信息）。"精神粒子"的存在与结合产生了能够制造"自我能量"的两个反应元素——运动神经本性（motor self）与运动神经刺激（motor stimuli）。这两者在人体内部所发生的对抗或联合行为产生了四种主要情绪，即 DISC。马斯顿教授认为，有些人的内在运动神经本性就是比运动神经刺激明显强，有些人则明显弱。运动神经本性在与运动神经刺激发生反应时，有些是对抗性的，有些则是合作性的或联合性的。而这种两两关系的归类分析方法，后人称为"双轴模型"。这种双轴的归类方式帮助马斯顿教授清楚地定义了什么是 DISC（详见第六章）。后来的研究者对双轴的定义进行了改进或延伸，如有些人使用"反应快—反应慢"与"关注事—关注人"，或者"环境比自己弱—环境比自己强"与"环境对自己有利—环境对自己不利"等方式来重新定义 DISC。当然新的定义更有利于我们从人类的性格或行为角度来学习与识别。

通过这样的定义，马斯顿教授认为每个人的情绪主要都是由内在的自我决定的，而不能单纯地归咎于外部环境。例如，当一个人的内在运动神经本性强于运动神经刺激，并且这两种元素产生强烈对抗时，就会有支配（Dominance）反应，进而想去掌控能掌控的一切。只要我们遵循这种对主要情绪的理解方式，就容易搞懂情绪的运作与个人行为的展现。

DISC 四因子的演化对照表

DISC 理论原型	DISC 理论新解（源自后来不同的研究者）	与 DISC 相关联的英文单词
Dominance（支配）	Dominance（支配） Director（指挥者） Dominant（支配）	Dynamic（精力充沛的） Driving（强推动性的） Demanding（苛求的） Determined（坚决的） Decisive（果断的） Dogmatic（自以为是的） Defiant（反抗性）
Inducement（诱导）	Influence（影响） Interact（互动） Influencer（影响者） Influencing（影响）	Inspirational（鼓舞人心的） Inducing（引诱的） Impressive（印象深刻的） Interactive（互动的） Interesting（有趣的） Interested（感兴趣的） Impressionable（易受影响的） Inconsistent（反复无常的）

DISC 理论原型	DISC 理论新解（源自后来不同的研究者）	与 DISC 相关联的英文单词
Submission（顺从）	Steadiness（稳健） Steady（稳定） Supporter（支持者）	Supportive（支持的） Submissive（顺从的） Stable（稳定的） Sentimental（感伤的） Shy（害羞的） Specialist（专职的） Status-quo（维持现状的） Security（保障性） Spectator（旁观者）
Compliance（服从）	Compliance（服从） Conscientiousness（尽责） Corrector（修正者） Conscientious（认真） Compliant（遵从） Cautious（谨慎）	Competent（称职的） Control（抑制的） Concerned（忧虑的） Careful（细致的） Contemplative（好沉思的） Critical thinking（批判性思考） Consistent（一致的）

二、DISC 理论的应用部分

马斯顿教授一直极力倡导心理学理论要应用于实际，特别要服务"正常人"。他借由叙述亲密关系、亲子关系及审美态度，甚至性爱关系的案例，引导人们在实际生活中反思自己的情绪反应与具体行为，并且给出了如何进行积极转变的指导建议。例如，书中提到的"累量服从"（compliance with volume）的概念，就是用来指导人们如何通过学习，产生高效能的工作状态与具备审美情趣的生活态度（详见第八章）。在现代国家治理下，法律禁止人与人之间的关系使用"D+C"的方式，不允许在任何时候对人使用强迫或欺骗手段来谋利。在学习方式上，马斯顿教授鼓励人们使用"I+S"的方式，即"循循善诱、因势利导"。这种基于情感导向的教学模式是令人愉快的，能够激发人们的学习热情。他认为传统的教育方式都是"D+C"的模式，是一种试错法或经验学习法，会让人有挫败和痛苦感。他在书中还提到会引发消极结果的"非正常情绪"的识别方式，告诫我们需要时刻内省。

马斯顿教授众多理念的提出虽然已过去90年了，但我们仍然可以从中获得很多启发，而且相当一部分理念得到事实的验证。我们认为他的理论表述迄今仍然是可以采用的，许多机构和心理学家在马斯顿教授理论原型的基础上进行研发所推广的DISC测评，正在全世界被非常多的知名企业和个体使用。虽然有众多声音在质疑DISC在心理学专业领域的有效性和可信度，但仍不影响它在商业领域具有极大的价值。在21世纪的互联网时代，社会的结构与组织形式都正在发生巨大的改变，以往基于"国家治理"或"工业制造时代"下的金字塔形组织结构正面临新生代的挑战，过去无往不利的"强制服从"或权威管理方式越来越不起作用，甚至起反作用，因此能够从人性的角度来思考的人类发展的理念或工具都值得我们去研究与学习。

我们在翻译此书的过程中充满勇气，却也如履薄冰。这么专业的心理学著作，有很多都是古典心理学的内容，同时作者的遣词造句又比较特别，的确超出我们本身所拥有的能力。在此，我们要感谢这一路对我们给予帮助的师长与友人：实践家教育集团的林伟贤老师和郭腾尹老师带我们入了DISC这个门，华东师范大学的王鸥飏老师在我们确定书中心理学术语时提供了大量协助，DISC行为科学中心彭洁老师助力校稿。我们还要感谢的是我们身后几千上万名DISC社群的学习者与爱好者，是他们给予了我们勇气。最后，要感谢的是贵州大学外国语学院副教授肖琦老师在教学科研的百忙中坚持与我们合作，终于完成这部著作的翻译工作。我们的翻译和理解水平有限，书中错误难免，希望有更专业的读者批评指正。我们真心希望DISC这个理论和工具能够帮助人们"悦纳自己，读懂他人"，特别是在这样一个"懂你和爱你同样重要"的年代。

李海峰　郭　强

作译者简介

作者简介

威廉·莫尔顿·马斯顿（William Moulton Marston 1893—1947）

哈佛大学文学学士、法学博士和心理学博士，哥伦比亚大学心理学教授。

在美国被誉为"测谎仪之父"，研发了多款测谎仪，广泛应用于军队、法院等。他涉猎广泛，并被 DC 漫画公司（Detective Comics）聘为顾问，其间创作了著名的漫画人物"神奇女侠"（Wonder Woman）。他于 1928 年出版了《常人之情绪》（*The Emotion of Normal People*），在纽约和伦敦上市。在书中他对其所发展的 DISC 理论做了系统的论述，奠定了后世流行的 DISC 行为理论的基础，被公认为 DISC 理论创始人。本书的独特性在于它所研究的是人类正常的情绪与行为，有别于弗洛伊德等学者所专注的人类异常行为。他在心理学发展史上第一次试图将心理学应用到一般人身上，而不只是单纯地进行临床研究与设定。

译者简介

李海峰

DISC 国际双证班创始人。所著的关于 DISC 的书籍有：《我为什么看不懂你》《DISC 职场人格测试》及《DISCOVER 自我探索》。他风趣、幽默、寓教于乐、亲和、开放，注重互动参与，有极其利他的独特的讲课风格和人格魅力，为几十家世界 500 强企业提供内训和咨询工作，广受好评。他所创立的 DISC 双证班社群开创了培训界新形式，完全经由口碑相传吸引自费学员，两年多已达 3 000

多人；所指导的 DISC 在线翻转课堂内容丰富，从 2015 年 1 月 21 日开始至今连续不间断 1 000 多天，有超过 3 000 次的线上分享，形成了丰富的知识库，社群信息传播超过 30 万人次。

肖　琦

贵州大学外国语学院副教授，翻译专业研究生导师。2003 年至今在贵州大学从事翻译教学与科研工作，2012 年主持教育部青年项目一项，参与省部级项目多项；主持校级教改和青年人文社科项目多项，发表论文十余篇。2009 年至今多次负责 DISC 理论及测评系统的翻译审校工作。

郭　强

实践家教育集团 DISC 行为科学中心执行长。2003 年接触 DISC 体系，2004 年获得 DISC 顾问认证；多次主持英国 AXIOM 公司《了解 DISC》与 DISC 测评系统的校译工作。历经十多年对 DISC 的使用与研究，积累了丰富的 DISC 个案咨询与组织分析经验。

目　录

第一章　常态与情绪 1

第二章　机械唯物论、生机论和心理学 7

第三章　意识的精神粒子理论 22

第四章　运动神经意识是感觉和情绪的基础 43

第五章　主要情感的整合原则 57

第六章　主要情绪的整合原则 71

第七章　支配 92

第八章　服从 113

第九章　支配与服从 145

第十章　欲望 153

第十一章　顺从 174

第十二章　诱导 190

第十三章　诱导和顺从 211

第十四章　爱 220

第十五章　爱的机制 245

第十六章　创造 263

第十七章　逆转、冲突和非正常情绪 276

第十八章　情绪再教育 297

译后记　谨以此书纪念《常人之情绪》一书出版 90 周年 304

术语表 306

第一章

常态与情绪

你是一个"正常人"吗？也许，在大多数情况下，你的确是正常人。但是，毫无疑问，你偶尔也会心存疑虑。有时候，对你而言，你的性别情结（sex-complexes）、抑郁情绪，或者隐藏的恐惧看起来都十分异常。而心理学上多半也是这样界定的。另外，你无疑会经历过一些轻微的恐惧与愤怒、小小的嫉妒与仇恨，偶尔还会感到被戏弄与欺骗，而你已经将这些情绪视为自身"正常"的部分。心理学也助长和诱导你产生这种想法。事实上，目前许多心理学家都坦承，"恐惧"和"愤怒"不仅是人类正常的情绪，更是"主要"的情绪。一些作家①认为，情感休克（choc）或情感冲击（shock）是正常情感不可缺少的元素。一些心理实验者迫使女性受试者切断活老鼠的头，并扬扬自得地展示由此得到的反应数据，用来衡量人们对适当刺激产生的正常情绪反应。一位享有盛誉的情感研究者②甚至提倡将"恐惧"和"愤怒"作为正常的人类行为保留下来，因为这两种情绪能为身体提供力量和效率！但是于我而言，这些提议其实就像为了强化一个人的消化功能，就要他把钉子放在汤里喝下去一样，非常荒谬。在我看来，如果你正在经受恐惧、愤怒、痛苦、震惊，想要说谎，或者处于其他包含混乱和冲突的负面情绪状态时，你就不是一个正常人。只有当你处于愉快和谐的情绪状态时，你的反应才能视为正常。本书主要描述一些正常的情绪，虽然这些情绪在我们每个人的日常生活中极为常见，也极为重要，但迄今为止，却为广大学者和心理学家所忽视。

---

① D. Wechsler, *The Measurement of Emotional Reaction*, New York, 1925, Chapter X.

② W. B. Cannon, *Bodily Changes in Pain, Hunger, Fear and Rage*, New York and London, 1920, Chapter XV.

从生物学角度看，正常的情绪是能够带来效率的情绪

作为心理学家，如果我们遵循其他生物科学的类比规律，我们一定期望能找到常态的，即最大的功能效率。适者生存意味着一个物种中某些成员的机体成功抵制了环境破坏者的侵犯，成功地生存下来，并且其机体保持着最大的内部协调，继续运作。那么，在情绪这一方面，为什么我们要改变这个期望呢？为什么我们要寻找那些特别不和谐的情绪、那些能显示我们被环境压垮的情感，并把这些情感反应看作我们正常的情绪呢？如果一只森林猛兽在战斗中受伤，最后取得了胜利，那么事实上将其胜利看作其受伤的结果，便是一个错误的逻辑。如果一个人在一场商业大战中因为害怕或愤怒而情绪崩溃、精神错乱，最终却取得了胜利，我们因此认为他的征服性力量是由他暂时的软弱和失败带来的，这同样也是荒谬至极的。随着恐惧的消失，胜利便随之而来。也许，在取得胜利的过程中仍会伴随些许恐惧，但这仅仅说明胜利者不需要尽最大的力便能取胜。

小时候，我曾有过一次恐惧的经历，至今依然记忆犹新。有一次上学途中，我被一个智力上有缺陷的男孩（且叫他"F"）用气枪威胁了。父亲一直教我不要打架，因此，我害怕极了，痛苦地跑回家。我的母亲知道此事后，告诉我："笔直走到 F 面前。如果他不向你开枪，就不要揍他；如果他开枪，那就去追他。"我是个听话的孩子，严格执行她的命令。我大步朝 F 走去，走到他的枪前面，我扬着脸，我的胃却因恐惧而隐隐作痛，但 F 并没有开枪。自从有了这次难忘的经历，我开始清楚恐惧在有压力的时候是不会产生力量的。我敢于直面 F 的气枪，其中一部分力量来自我的潜在"支配性"，但大部分来自我的母亲，刚刚从她对我的人为控制中激发出来。因为我听她的话，她能够以我的名义使用这种力量。"支配"（dominance）与"顺从"（submission）属于正常情绪，能为我们提供力量，但"愤怒"或"恐惧"却不能。

目前描述情绪的术语是文学术语，没有科学意义

我最初研究的情绪并不是生物学角度上能带来效率的正常情绪。1913 年，在

哈佛心理学实验室，我开始尝试研究测量人们在说谎时身体会出现的症状[1]。此后在战争期间，我在美国军队里继续这项研究工作[2]，也通过一些法院案件来继续我的研究[3]。但是我越研究这种身体症状，我越意识到，如果一点都不了解一个人被戏剧性地困在实验室或在审判室受到刑讯时会出现的正常的基本情感，我们根本就无法测量像"恐惧""愤怒"或"欺骗"这样复杂、矛盾的情绪。

普通心理学教师经常将"恐惧""暴怒""愤怒"和"性情绪"（sex-emotion）[4]等术语挂在嘴边，但这些词究竟是什么意思呢？如果要求对这些术语下定义，几乎所有受过维多利亚时代文学熏染的人都会很容易地回答："它们是情绪的名称，每种情绪具有独特的意识特质，每个人每天都会经历。这些容易辨认的原始情感构成了文学的支柱。"我认为，这种"文学支柱"已被原封不动地移植到心理学上，但对心理学研究而言，这些情绪却是远远不够的。我们最近将心理学冠以"科学"之名，而其整个结构在尝试描述人类行为时仍然显得没有支柱。与 19 世纪的文人们一样，大多数心理学老师目前似乎仍然无法精准或科学地定义这些情绪术语。

当然，我们也不能责怪普通的老师。对于情绪这个话题，理论家和研究者已经写了成千上万的文字，但是对于每种基本的或主要的情绪，他们并没有作出明确的心理—神经方面的描述，而老师必须依靠这些理论家和研究者才能确立自己的科学观念。另外，对于这些情绪名称，几乎所有的作家毫无疑问地沿袭了各种各样古老而又没有明确定义的文学名称，而对于这些术语的内涵，每个作家的界

---

[1] W. M. Marston, "Systolic Blood Pressure Symptoms of Deception," *Jr. Exp. Psy* ., 1917, vol. 2, p. 117. W. M. Marston, "Reaction Time Symptoms of Deception," *ibid* , 1920, vol. 3, pp. 72-87. W. M. Marston, "Negative Type Reaction Time Symptoms of Deception," *Psy. Rev* ., 1925, vol. 32, pp. 241, 247.

[2] R. M. Yerkes, "Report of the Psy. Committee of the National Research Council," *Psy. Rev* ., 1919, vol. 26, p. 134.

[3] W. M. Marston, "Psychological Possibilities in the Deception Tests," *Jour. Crim. Law and Crim* ., 1921, vol. XI, pp. 552-570. W. M. Marston, "Sex Characteristics of Systolic Blood Pressure Behaviour," *Jour. Exp. Psy* ., 1923, vol. VI. 387-419.

[4] The substance of the following paragraphs appeared originally in an article by the writer, entitled "Primary Emotions," *Psy. Rev* ., and is reproduced with the kind permission of its editor, Prof. H. C. Warren.

定又各自为政，就好像这些情绪是他们的专属物品一样。

例如，我们来分析一下"恐惧"这个术语。毫无疑问，在心理学和生理学文献中，几乎每项有关情绪的研究中都会出现这个词。那么它的含义是什么呢？詹姆斯-兰格理论①认为，"恐惧"是一种复杂的感觉，也许出自本能，又或许不是；也许所有受试者都有相同情绪，又或者每个人不尽相同。不幸的心理学老师自然几乎无法从诸如此类模糊的猜测中得到些许安慰。此外，生理学家本着一贯的严谨态度已经证实，在通俗和文学范畴下传统地被称为"恐惧"的这一意识，其特征并不是由感官内容构成的②。

那么，生理学家又是如何做的呢？他们似乎像詹姆斯-兰格理论所阐述的那样，对"恐惧"这个术语深信不疑，愉快采纳了这个术语。坎农（Cannon）在其极具价值的著作《疼痛、饥饿、恐惧和愤怒的身体变化》中，通篇使用了"恐惧"这个词。

但坎农如何将"恐惧""愤怒"或"痛苦"区分开来呢？他指出，这些"主要情绪"在生理上存在相似之处，但没有提到它们的显著差异。坎农认为，自主神经系统的交感神经部分总是由"恐惧"模式激活的，但他列举了"恐惧"造成的其他影响，如恶心、虚弱、呕吐等，而这一点，许多研究者认为是由迷走神经冲动③引起的。此外，坎农自己也强调，"愤怒""痛苦"，以及其他"主要情绪"也会明显地刺激交感神经④。所以，关于"恐惧"这个大名鼎鼎的术语到底具有什么特定含义，我们再次陷入迷茫。

我们必须放弃为这些充满矛盾的情绪下定义的做法，而应去探究生物学上有效行为的根源，去发掘那些隐藏在效率背后的简单而正常的情绪，这也是本书最

① 威廉·詹姆士（Willian James）在1884年发表的文章中提出，情绪体验主要是身体变化造成的。丹麦心理学家卡尔·兰格（Carl Lange）在1885年发表了相似的理论，后人把他们的理论合并称为"詹姆士-兰格理论"。这一理论主张："当身体应对外界产生（生理）明确的变化时，我们对这些变化的感觉就是情绪。"——译者注

② For summary of investigations touching this point see W. M. Marston, "Motor Consciousness as a Basis for Emotion,"*Jour. Abn. and Soc. Psy* ., vol. XXII, July-Sept., 1927, pp. 140-150.

③ impluse，传统译作"冲动"，现在更多时候译为"脉冲"，本书保留"冲动"的译法。——译者注

④ W. B. Cannon, *Bodily Changes in Pain, Hunger, Fear, and, Rage* , New York and London, 1920, pp. 277-279.

重要的任务——描述正常人的情绪，而人们处于害怕、愤怒状态，或在说谎时，不属于正常范畴。揭示出最简单的正常情绪因素后，我们就会很容易在现实生活或心理实验室中将它们整合成正常的复合情绪。不仅如此，我们也很容易发现和移除正常情绪因素之间一些逆转的关系，这些逆转的关系能说明"恐惧""愤怒""嫉妒"，以及其他异常情绪中出现的冲突和挫败因素。

我们该如何描述"正常情绪"

自称心理学家的人目前处境微妙：他必须先界定什么是心理学，然后才能写出有关情绪心理学或智力或任何人类行为的心理学著作。在过去，凡是从主观或内省的角度来描述一种现象，这类阐述都被持内省论的心理学家归为心理学。如今，他们的这种观点被看作不科学的。现今，这些内省主义者已经被迫退居幕后了。在他们那里，我们发现，众多教师和研究者把自己形形色色的方法和观察结果都称为"心理学"。例如，在情绪领域，有生理学家、神经学家、生理心理学家、行为主义者、内分泌学家、心理测试统计学家、精神分析学家和精神病学家，以上每种类型的工作者都认为自己是心理学家，并且还认为自己的研究结果是心理学上唯一有价值的成果。如今①的心理学界就好比中世纪的欧洲，正引起封建贵族的狂热角逐。这些贵族们在其他方面没有什么共同之处，但是在这一方面却出奇地默契，只要有可能，随时准备争夺自己的战利品。

那么，我们该如何描述这些简单的正常情绪，以期不会遭到一个或所有心理学交战派别的蔑视呢？在一次有关身体情绪机制的讨论中，我曾经错误地使用了"意志设定"（will-setting）这个术语。数位美国心理学家虽然在讨论中也尽力去研读这篇文章，但是他们最后都放弃了。我曾经就"意识"（consciousness）这个词问了华生（Watson）博士一个非常愚蠢的问题。华生博士用非常遗憾的语气说道："对不起，我真的不明白你在说什么，所以，我无法回答你的问题。"我还曾对一位杰出的精神分析学家说道："我喜爱《瀚海孤帆》（*Outward Bound*）这部剧。"这位朋友兴奋地说道："哦，天呐！"然后悲伤地补充道："所以，你有恋母情结吧！你打算什么时候学习精神分析术语？你大可明明白白地告诉我你的恋母

---

① 指 20 世纪 20 年代。——译者注

情结，不用遮遮掩掩。"在前面的事例中，我觉得我应该说些什么，但是我发现我又说不出来；在最后一个事例中，我认为我什么都没有说，但我发现我要说点什么时，却已经为时过晚了。在描述正常情绪这方面，我们要做些什么呢？

我们能做的只有这样：套用奥格登（Ogden）[①]的妙语，我们至少可以尝试"重新解释并关联那些旧的雾中信号灯"，并运用直系同源学（the science of orthology）来纠正之前在对理念的操控中所出现的一些错误。这也就是说，各类心理学著作的作者都有其独特的语言表述方式，我们先得明白他们到底在谈论些什么，然后我们得创造某种心理学通用语，来非常精确地界定每个新术语。这个任务并不容易，但是为了能引导情绪心理学领域中不同类型的研究者一起团结努力，共同致力于描述正常的主要情绪，每份努力都是值得的。只有当每位号称"心理学家"的人都能克服自己的语言障碍，共同遵守规则，才能对解决该核心问题起到重要的作用。

---

① C. K. Ogden, Editorial: "Orthology", *Psyche* , July, 1927.

第二章

机械唯物论、生机论和心理学

我们的疑惑在于：为什么一些科学家坚决主张机械论（mechanistic conception），而另一些同样杰出的科学家则支持某种形式的科学生机论（scientific vitalism）？背后究竟有着怎样的动机或期待？心理学也与其他学科一样，其中几乎所有派别或有争议的群体在本质上或偏向唯物论，或偏向生机论。当然，有时这种潜在的动机仅仅是相关工作者们想要增加个人财富而已；如此纯粹的出于私利的动机可能在每个科学领域的发展中都发挥了相当大的作用。然而，除此之外，思维概念体系的创立者与发布者几乎总是想要"以科学本身的名义"将科学朝这个或那个方向推进。所设定的目标与该科学倡导者的主要情绪倾向（emotional set）紧密相关，并且科学家们的情绪倾向也许能大体分为两种基本类型——机械唯物论（简称机械论）类型和生机论类型①。

机械论倾向

机械论者都十分冷峻。他们常常怀疑一切，必须向他们提供证据才能说服他们。他们声称自己的结论都是以实质性证据为基础得出的，却很少会意识到他们怀疑这、怀疑那，这种激进的怀疑态度其实是基于对所出示证据的一种情绪上的抵制，虽然这些证据在他们的信仰中是极为神圣的。他们认为自己的这种情绪偏见是合理的，原因如下：科学研究和阐述物质间的因果关系。"物质"意味着"更

---

① 后文中作者在机械论和生机论后面加"类型"（type）时，主要是在说明因果关系时出现的，为了强调仅是对类型的讨论。这两种类型的争论是心理学史上的主要特色。——译者注

为原始，形式不那么复杂的能量"。因此，真正的科学研究简单能量个体对复杂能量个体的影响。而且，既然我们能够用这种方式来解释我们所经历的一切，为何还要浪费时间设想还存在其他类型的原因或因果关系呢？机械论的信条精练简洁，易于理解。正如其拥护者的情绪倾向那样，机械论的信条激进而自信，倾向采取快速、果断的行动，要获得回报都要付出行动。同理，机械论的科学结论也都是从行动中获得的。因此，事实证明，将人类智慧从坐在椅子上空想拉到现实的实验研究中，机械论功不可没。

生机论倾向

生机论[①]看起来与宗教密切相关，而宗教可以比喻为一支情感上的警察部队，对道德进行约束。与唯物论者相比，生机论者的基本情绪倾向更微妙、更复杂、更难定义。这种情绪倾向会为自己寻求更大的终极好处，同时，也希望有机会支持他人。无论何时，如果纯粹的物理事实与生机论的神圣目的发生冲突，生机论者就会选择逃避，逃避到自己的想象世界中，因为那里没有物理事实存在。这种偶尔的逃避也并非一无是处。通常，这些逃避者回到现实之时，会获得全新的、有用的灵感。物理事实经常如变色龙一般，因各种奇思妙想所带来的启迪而变化出更丰富多彩的颜色。

为了让自己对科学的潜在欲求显得合理，生机论者重视形式，从先验假设开始，最终落到事实。一方面，生机论者认为，导致物理现象的不仅仅有物理原因，因此，我们似乎必须进一步假设存在一个最重要的原因，即未知属性的超物理影响。假设存在这种超物质因素，那么我们就能轻松地确定，"他"能产生、发射出物理意识，或者其本身就是物理意识。从这一点开始，生机论者与机械论者有了共同之处，只不过生机论的因果关系朝着相反的方向发展。意识是一种比有机物更复杂、更终极的存在形式，而有机物又比无机的能量个体更复杂、影响力更大。生机论者认为复杂的能量形式比原始能量个体更强大，因此，可以认为较高

---

① Vitalism，也被称为活力论。在 20 世纪四五十年代前的中文翻译习惯用"生机论"，后期主要用"活力论"来表述。指生命体与非生命体的区别就在于生命体内有一种特殊的生命"活力"，它控制和规定着生物的全部生命活动和特性，而不受自然规律的支配。它主张有某种特殊的非物质的因素支配生命体的活动。——译者注

级的能量个体为"因"，而简单的能量个体为"果"。"上帝按照自己的形象创造了人类"，让人类统治田野里的野兽，野兽统治蔬菜，以此往下类推。生机论者认为，科学就是对各种因果影响——如高级个体对低级个体、复杂形式对简单形式、有意识的存在对无意识存在的因果影响——进行研究和描述。许多科学家完全排斥这种观点，因为这一观点一开始就建立在纯粹的假想之上，并未经过证实。同样，这一观点也天真地忽略了日常生活中出现的无数例子——日常生活中，原始的物质形式（crude form）也会对人类意识本身产生决定性的影响，而人类意识，在生机论者看来，是已知能量形式中最高级的。

机械论类型与生机论类型两种因果关系并存

一方面，物理学家们因为潜意识中渴望让人类同胞得到更好的发展，所以勉为其难地接受了自由电子掌控着人类命运的观点。机械论者受到许多学者憎恶，因为他们不能从逻辑上逃脱这种论调的影响，就如"原教旨主义"传教士憎恶这种理论，因为他们可以预想到，一旦唯物论获胜，自己的饭碗就要被砸了。

显然，机械论主张中最令人畏惧的一条就是达尔文进化论。猴子用自己的形象创造出人类，这种想法是有辱人格的。为什么？因为这样的结论意味着，人类被创造出来之后，还会持续受到创造人类的那种初始力量的控制。但是即使生物进化论是真实的，也不是这样的含义。猴子（或共同祖先）可能导致人类演变成现在的样子，但另一方面，现在人类可以通过对养殖习惯施加控制性影响来随意创造猴子的新品种。

这正是生机论者理想中的因果关系类型：人类这一复杂的存在构成了"因"，影响了猴子这种简单动物的天性，这便是"果"。而且，机械唯物主义假设人类是从猴子进化而来的，虽然这种假设我们目前无法验证，但是人类对猴子产生的影响，任何时候都可以在实验室中观察到。

至少在这场争论中，我们必须承认，在史诗般壮丽的生物进化史中，与机械唯物论者提出的机械型因果关系相比，生机论者所提出的因果关系有更牢固的事实基础作为支撑。我们必须承认，尽管生机论者最初是通过虚构的推测建立其理论的，但机械论者的结论几乎也一样，是在其潜在情绪倾向的基础上，进行了推测性的提升。

同样，为了对两者公平，我们可以说，生机论类型（vitalistic-type）的因果解释与机械论一样，是对物质事实的精确观察。较为简单的能量个体不断影响着较为复杂的个体，并且在有利条件下可以控制其行为；同时，更复杂的力量集合体凭借从复杂性中得到的新属性，不断强迫较为原始的物质类型对其服从。在我们看来，这的确是对简单能量形式的完全控制。

物理学必须包括而且也的确包括机械论和生机论这两种类型的因果关系。

科学必须解释机械论和生机论两种类型的因果关系

通过实际观察，我们仍然不了解有机的能量形式是如何产生的，但是我们明白此类能量个体是存在的，任何拥有生命的物质个体在其整个生命周期内会自发地对无机物产生影响。这些影响正是生机论类型因果关系所强调的。即便是无机物质，同样也可以自发构成此类因果关系中的"因"。如放射性金属，不论放射发生的环境如何，都能够产生能量粒子。毫无疑问，物理学需要对这些现象进行全面的解释。

与此同时，拥有生命的物质个体，如植物和动物，由于有机物受到其生存环境中更为简单的物质个体的刺激，常常发生变化。一些简单而能量密集的力量，如风和浪，会毁坏更复杂的动植物有机体，或者对这些有机体的生长或运动产生决定性的影响。就无机物质而言，如酸性物质或单一的化学元素，本身远没有放射性金属那么复杂，却能影响并破坏放射性金属，加速或延迟其放射活动。这些例子都属于机械论因果关系，都是简单能量个体在对复杂能量个体起决定作用。

机械论类型和生机论类型因果关系之间的相互作用

除了需要明白这些完全独立的因果类型外，科学仍须探索机械论类型及生机论类型因果关系之间的相互作用。在探讨复杂能量个体和简单能量个体的相互影响时，科学分析最容易产生混淆与冲突。例如，让我们假设科学的目的是描述田野里正在生长的植物，很显然，土壤会对植物产生一系列的化学刺激。同样确定的是，植物根据自身固有的特性对这些刺激物作出一系列特定的反应。有些植物的反应是对土壤作出相反的刺激，而另一些植物则不会。植物对土壤施加的影响多半也会造成土壤的改变，而改变的方式是由植物的化学能力决定的。因此，到目前为止，因为土壤和植物进行相互影响，我们可以说，由复杂能量个体构成的植物在这种互相的因果影响力中起着主导作用。

但是，正如前文所述，土壤对植物进行刺激，植物作出反应，因而会产生不少变化，但这些变化不会对土壤造成任何影响。如果由土壤引起的这些植物变化是为了让土壤最终获益，那么我们也可假定，在因果关系上，较简单的能量个体控制着较复杂的能量个体。也就是说，如果土壤能根据植物自身的习性对植物施加一定的刺激，使之作出反应，从而能够让土壤利用植物这种较复杂的能量去获得最大效益，我们便可以得出这样的结论：因果控制的平衡关系取决于较简单的能量个体。这就意味着从哲学层面上承认了机械论类型因果关系占据上风。

但真实情况似乎并非如此。虽然植物因受到土壤的刺激而作出反应，但它是根据自身的行为习性来释放自身能量的，而且，其反应倾向是为了让自己最终获益。在其整个生命周期中，植物天生具有一种自我发展的能力，能够与土壤相互作用。在这种力量制衡中，植物改变土壤的程度，远大于土壤对植物造成的变化。最终，按这种方式设计出一种模式：只要受到土壤刺激，植物总是作出有利于自身的反应。因此，我们不得不得出这样的结论：在两者互相的因果影响中，植物比土壤更强势、更有效。

总之，对复杂能量个体与简单能量个体之间的相互影响进行严密的逻辑分析之后，我们似乎可以得出这样的结论：在因果影响方面，更大程度上是复杂的物质个体控制简单的能量个体并使之作出反应，而不是简单的个体控制复杂的个体。根据实际观察，如果要让生机论与机械论这两种类型的因果关系之间达成平衡，我们就必须把天平倾向生机论。但实际上，科学并不要求达到这样的平衡，而只需要描述两种类型的因果关系，不忽视其中的任何一种即可。

复杂的物质个体拥有最大的因果影响力

大体上，关于物质，我们可以作出如下描述：科学研究发现，当今世界上的能量个体复杂程度各不相同，复杂个体能够对简单个体自发施加影响，反之亦然。同时，简单个体和复杂个体通常相互作用，并且相互引发变化。总体上，在这个因果影响的互换过程中，影响力的平衡关系取决于更复杂的能量积聚。即使通过例证可以假设铅曾是铀演化的原因，但是现在，我们可以观察到放射性金属可以产生铅；而铅即便仍具有演化能力，其作用也微小到无法用现有的仪器检测。几百万年前，或许无机化合物使植物结构得以进化，但现在，蔬菜的生长至少可以在几个季度中就改变培育其土壤的整个构成；而土壤的化学影响对植物基本特性的改变则是非常不确定的。猴子这种灵长类动物可能在很久以前就已经进化成智人，但关于人类对猿类行为的影响和猴子对人类的影响，目前几乎没有比较研究。更复杂的能量形式一旦出现，便立刻对较为简单的能量形式产生更大的因果影响力，而简单形式对复杂形式的影响力却要小得多，这似乎成了自然法则。

大部分因果关系属于生机论类型，但是这一简单事实并不能说明科学可以忽视与之共存的机械论类型因果关系，必须对这两方面的因果关系进行描述。例如，物理学的目标原本一直是描述物质最根本或最基本的反应倾向，而如今却试图将所有复杂的物质分解成超简单的质子和电子系统。每个"质子-电子"构成的微观世界，其影响都必须追溯到这种微观世界对宏观集合的物理行为所产生的最深远的影响，因为微观世界是构成宏观集合的基本个体，必须描述总质量对作为其组成成分的"质子-电子"系统以及其他自由的"质子-电子"系统所产生的因果影响。

化学从已有的复杂物质个体——原子和分子出发，试图描述原子对分子的因果影响，以及分子对作为其组成成分的原子和其他分子结合体中的原子所产生的影响。同时，化学还研究由分子组成的复合群组，并且试图探索单个分子对有机和无机化合物所产生的影响，以及这些化合物对较简单的分子个体造成的因果影响。

我们从化学的世界中，跨过无机物质和有机物质的界线，来到了研究生命有机体的科学领域。在植物学中，我们试图将植物结构分解成若干细胞单元，然后探索这些细胞单元及更为简单的无机物质对复杂植物结构的影响。更重要的是，要去阐述植物利用环境并对环境作出反应的行为。一般生物科学的目的是对更为高度专业化的生理科学进行阐释。有趣的是，动物机体分为门、属、种，这种分类方法是依据动物对其环境作出的行为类型划分的，而不是依据无机体或植物环境对动物所产生的影响划分的。然而，像其他学科一样，生物学中也非常需要对这两方面进行科学阐释。

随着高度专业化的生理科学的兴起，涌现出一系列专门分析和阐释人类本身的研究。动物机体没有人类那么复杂，所以生理学实验室一直用它做实验。但是，研究这些动物的目的是运用这些知识从而进一步了解人类。换句话说，从因果关系的类型来看，生理科学的目的已经变成生机论，其目的是期望了解人类对比自身更低级的动物会作出何种反应，又是如何利用这些动物的，并且了解自身对植物环境和无机环境的影响。人类科学家的这个根本目的看起来很大程度上干扰了那些以机械论为核心的写作者和研究者，他们一再重申动物和植物的研究成果在科学上同等重要，而不去管动植物研究对分析人类自身的创造倾向有何最终影响。同样，一些唯物论偏向者也试图声称，人类的行为，从总体上看，是由比人类本身更为简单的能量个体对人类行为所产生的影响来决定的。

这一说法的真实性也许可以通过检测神经传出冲动（nervous impulses）的本质来检验。人们普遍认为，人类身体行为是通过神经传出冲动来发起和控制的。神经传出冲动起初被看作电子干扰。某一神经中传递的能量，被视为因环境刺激（environmental stimulus）或心理刺激（physiological stimulus）作用于该神经而产生的一种外部力量，这种刺激在能量结构上比神经本身更简单。然而，神经学家后来发现，神经传出冲动的本质完全由神经纤维中包含的潜在能量所决定。现今，神经传出冲动被定义为一系列爆炸，爆炸的密度和数量是由受到刺激的神经纤维的内在结构决定的，而不是由物理刺激（physical stimulus）的密度决定的。物理刺激的作用仅仅是引发比其更复杂的神经能量释放。除了在一些特定的情况下，物理刺激是引发神经传出冲动的原因外，神经传出冲动绝非由更为简单的物理刺激决定，或与之有必然的因果联系。神经传出冲动一旦出现，便会像其他复杂的能量形式一样，依照自身行为规则对自身能量产生作用。机械论者认为，如果某些因素导致了更复杂的能量形式产生，那么，这些因素继而会在其存续期间，对更复杂的能量个体进行控制。只有在简单能量个体对复杂能量个体施加这种持续控制时，这个世界才完全符合机械论的观点。但是，事实上，更复杂的能量个体（如神经传出冲动）一旦产生，便立即控制自身的行为，并且会在很大程度上控制刺激性能量单元的行为。

我相信，接下来所阐述的人类情绪分析将清楚地表明，人类作为最复杂的个体有机体，同样独立于环境刺激之外，并对环境刺激产生影响，虽然最初是环境刺激使人类产生反应的。

科学的任务

在所有专门描述人类的学科中，心理学是最年轻、最不发达的。什么是心理学特有的任务？心理学必须研究哪些特殊的能量个体群组，从而能够既考虑到更为简单的物质个体对这些能量个体施加的影响，又考虑到心理学描述的这些个体对简单个体的操控？正如我们所看到的那样，生理学家致力于研究环境对人体组织和器官的影响。同时，他们也在探索这些器官对与之接触的各类植物和物质机械力量所产生的作用。神经学也是一门较新的学科分支，特别关注身体器官和组织对神经元（neuron）网络的影响。所谓的神经系统就是由神经元构成的。神经学更为特别之处在于，这门学科关注神经传出冲动对身体各种器官和组织产生的影响。有没有比神经传出冲动更复杂的稳定能量形式？根据常识，我们可以回答："有，比如意识。"

心理学的任务

生理学家、神经学家、心理生理学家，可能还有精神分析师，基本上都同意这个答案。不管是默认还是明确表达出来。所有这些研究者一致认为，意识（consciousness）是一种能量的表现，这种能量作为独立的个体存在并进行反应，不受单纯的神经元内部干扰。如果承认这种现象中意识的独立存在，那么心理学的特殊任务就是对这种最复杂的能量形式进行描述。心理学和所有其他科学一样，必须对其主要研究对象两方面的因果关系进行分析和描述，必须发现和分析神经传出冲动对意识的影响。然而，更重要的是要研究意识对神经传出冲动的影响。通过其对神经能量的影响，意识不可避免地对身体组织产生作用，并且将身体组织作为媒介，最终影响生物体的物质环境。如果忽略意识和物质环境之间的这些因果媒介，心理学一定会在其整体科学性描述时留下缺口，而这种缺口通常会导致得出不准确的结论。因此，比较明智的做法似乎是，利用神经学领域研究者所提供的关于神经传出冲动行为的描述，在神经学的基础上建立心理学，这样心理学的出发点和应用目的才会或多或少显得方便实用。

如果心理学的任务是研究意识，如果意识与神经能量有直接的接触，那么心理学便可以有两种方式来利用在身体器官中观察到的生理变化及身体本身的运动。首先，身体运动可以被视为上述心理-神经因素的体现。这些重要的意识因素（将会在下文详细阐述）存在的证据不应依赖内省式的观察来获得，而应根据意识特殊机制中的已知结构和功能建立清晰、客观的标准，来判断我们观察到的身体变化或运动是否由意识引起的。其次，倘若这些变动或变化不是由意识引起的，有趣的是，心理学仍然有可能证明这些变化或运动是产生意识的原因。也就是说，这些可测量的身体变化或运动说明，简单能量个体导致了意识的产生，或者引起了意识的改变。我们必须再次强调这样一个事实：身体的变化对意识可能有影响，也可能没有影响。实际上，意识是否发生改变，应尽可能取决于客观数据，而不是由内省得来的数据。

总之，可测量的身体变化及可观察的身体运动在以下两个方面对心理学研究者有很大的价值：第一，心理学家可以将身体变化作为衡量意识是否已存在的指标。在这种情况下，意识属于生机论类型因果关系中的"因"，而"果"则是带来身体的变化。第二，测量到的变化可能对心理学研究者有很大的价值，这些变化可以作为指标来衡量意识接下来要发生何种改变。在这种情况下，身体的变化代表的是一种机械论因果关系：意识的改变是可预测的结果。

不同情绪研究学派强调的原因类型

前文已经概述心理学的基本观点，在此基础上，我们可以通过梳理不同类型的研究者各自侧重的任务，来考察心理学研究的各个方面。

心理生理学家

心理生理学家可以被视为对身体内部变化进行仔细实验测量的研究者。更特别的是，我们甚至发现这类研究者会侧重从机械论因果方面来分析数据。也就是说，心理生理学家似乎特别关注一点——试图通过测量到的生理变化来描述所引发的意识。有了这种偏向，心理生理工作者长期以来一直都在努力证明：身体的变化构成了机械论因果中的诱因，导致一些感觉（sensation）产生，而这些感觉就是情绪（emotion）（詹姆斯-兰格理论）。但是事实上，这种努力只是白费力气。

另外，少数心理生理学研究者试图将生理指标作为衡量先前是否存在情绪因素的征兆或指标。这类研究包括关联反应时间测试、血压收缩压测谎实验及使用电流计进行情感检测的实验。由此，身体的变化被这些研究者默认为情绪传出冲动的结果，属于生机论类型的诱因。心理生理学家认为，所有意识从最终本质上看都由感觉构成，但这种假设毫无意义，因此已经严重妨碍了他们的研究。但是，在其研究结果的应用上，他们总体上并没有表现出什么偏见，没有非要将这些成果归为单纯的机械论或生机论类型因果关系。简而言之，大部分心理生理学家已经进行了身体测量，或者已经仔细地记录了受试者的内省过程，但是对于记录的两套数据，即使有因果关系，他们也没有武断地断定因果概念的类型。

心理测试统计学家

在对心理学工作进行梳理时，我们很难将心理测试统计学家归入心理学领域。有时，我们忍不住会想，这类学者的工作范畴根本不属于心理学领域。然而，即便真的如此，仍可确定的是，对许多纯粹的心理学问题而言，统计测试类型的研究结果会给予宝贵的启发。例如，托马斯·布朗（Thomas Brown）参加陆军甲种测验[①]，分数为 200 分，在他的测试报告中很难找到内在的心理学意义。据我所知，目前没有发现实验中所涉及的各种意识因素有何关键之处能确保在这个特定测试中取得 200 分；而受试者采用何种心理神经机制来取得这一罕见高分，也没能在现存资料中找到说明。对于心理测试而言，这一分数仅仅能说明，在执行和主持一系列任意安排的任务时，托马斯·布朗的效率远远高于其他几百万人。在对布朗进行真正的心理分析时，如果要使用这个结果，我们必须设想这些任务对这一特定人物产生了什么样的心理神经机制。将这样的测试分数应用到心理学上并不像听起来那么困难。对测试有了一点实践经验之后，我们意识到，意识的某些特征，如反应速度和服从情绪技巧，对于获得测试高分是必要的。这是对测试结果进行粗略、简单的分析后，将其归入一些名目繁杂的"心理特征"（mentaltrait）。心理测试专家对于这种分析十分在行。例如，桑代克（Thorndike）

---

① Army Alpha Test，是第二次世界大战期间，美国军队用来评估新兵素质的测试。——译者注

多年来致力于分析精神测试结果。对这样的天才而言，测试表格对心理学研究有着巨大的启迪价值，这一点，我们看看他对心理学的理论贡献就明白了。如果将这种心理测试的启迪价值（而不是计算结果的统计公式）视为这种调查方法对心理学的主要价值，我们便可以将心理测试程序归入生机论类型，专门研究生理学方面的因果关系。受试者的身体动作可以视为意识能量和神经能量的体现，而意识能量和神经能量构成了生机论类型的诱因，所测量到的身体行为正是由这些诱因引发的。

行为主义者

约翰·B. 华生（John B. Watson）提到[1]，1912 年，行为主义者决定要么废除心理学这一学科，要么使之成为一门自然学科。如今，许多人都认为，华生派的行为主义者不仅废除了心理学，还使其成为自然学科。当然，华生本身就带着机械论偏向，再加上其对科学观测有着异乎寻常的热情，已经奇迹般地将心理学转变为客观科学。但是，与此同时，大量的证据显示华生自己也放弃了心理学。在其最新的文章中，他将人类心理学的主要研究内容界定为"人类的行为或活动"[2]，但是他明确地将人类行为与活动的意识排除在外了。如果华生在这个隶属心理学的不起眼的领域获得了成功，那么他自己也不用为了生计而奔波了。

神经学家研究神经元活动，生理学家研究身体组织，普通生物学家研究所有动物（包括人类）的所有身体行为。心理学也与人类相关，所以，心理学当然也可能让自己冠以"某某生物学"之名，列为生物学的分支。在这种情况下，心理学实际上就成为神经学和生理学的信息交换所，其中有一块领域负责发布人类在活动中的复合运动图。但是，事实上，行为主义者似乎并没有按照自己的学科研究任务中的这种理念来行动。例如，华生已经在其文献中报告了大量仔细把控的实验。在这些试验中，他试图分析和解释身体内部机制，人体的所有行动最终都是由这些机制引发的。

---

[1] J. B. Watson, *Behaviorism*, New York and London, 1925, p. 16.

[2] J. B. Watson, *ibid*., p. 3.

当然，华生现在正忙于照料自己的生意①。近来，他表示对描述制约反应的复杂身体机制（尤其是中枢神经系统的机制）不感兴趣，这也许是因为他缺少时间进行实验，而不是因为他的科学态度发生了任何根本性的改变。于是，总体来说，我们可以得到这样的结论：华生派的行为主义仅仅基于机械论理念，便试图通过简单的应激方法来消除行为主义者自己无法描述的任何内容，以此将心理学转变为客观科学。而他们消除掉的部分，恰恰就是意识。这对于心理学没什么，但是对于行为主义却是不幸的。

面对行为主义引起的风波，如果我们敢于承认意识是一种相当复杂却又稳定的能量形式，而且必须纳入人类活动的范畴，那么，我们可以得出结论：对于物质环境和身体组织对意识的控制，华生和他的伙伴们会产生浓厚的兴趣。华生坚持认为只存在机械论类型因果关系。他认为中枢神经系统只不过是其他身体组织的一个分支而已。这些身体组织能够完全控制中枢神经系统。此外，他声称身体组织和神经系统的反应完全受到物质环境的控制，这好比希腊神话中的阿塔兰忒（Atalanta）发现自己完全受到金苹果的控制②。但是，在接下来的论述中，华生几乎都在试图说明人类如何能够摆脱宗教、社会习俗及其他环境因素的束缚。

最近，他主张如果父母不按照孩子的本性、身心状况和情绪去好好学习如何调节他们的生活，那么就没必要再生育更多的孩子。在各种坚信生机论类型因果关系的论调中，这一主张无疑是最引人关注的。如果人类的意识真的受到环境中较为简单的能量形式的控制，那么这些关于人类自我调节的想法纯粹是无稽之谈。在华生所倡导的这项计划中，父母复杂的人性意识就是强有力的原因。父母的人性意识随着知识的增加而变得更加复杂，华生期望这种复杂意识能控制并调节孩子的简单意识。事实上，控制着阿塔兰忒的，不是金苹果本身，而是令弥拉尼翁（Milanion）丢掉苹果的复杂意识。

因此，在我看来，根据华生这种无意识的自我表达来看，我们也许可以希望行为主义的大师们不要只是单纯地进行机械论方面的描述，也要重视一下生机论类型的因素。当然，这两个方面在任何学科中都是不可分割的。如果对意识的客

① 华生 1921 年开始进入商界，用行为主义的方法进行广告宣传。——译者注

② J. B. Watson, *Psychology from the Standpoint of a Behaviorist* , Philadelphia and London, 1919, p. 3.

观检测程序和描述能变得更加完善，我们便能放心地预言，今天的行为主义者能够完全转变为明天的心理生理学家。

心理分析学家

最后，我们来简单地描述一下心理分析学所重视的因果关系。对于相互冲突和扭曲的各种意识因素对人类行为的控制，心理分析学家似乎有着极大的兴趣。很明显，这属于生机论类型的因果关系。然而，当我们进一步研究心理分析学的学说，我们会发现这些冲突的意识因素被视为另一类型的实际存在物——力比多（libido）的产物。如果力比多是无意识的、身体或生理方面的大量能量，那么心理分析系统的整个基础就必须被看作彻彻底底的机械论；另外，如果发现力比多本身带有意识性质，我们便可以得出结论：心理分析学说的核心问题又要回到生机论的因果关系上来。

自然物体和环境情况对儿童情绪意识的影响属于纯粹的机械论类型因果关系。也就是说，根据心理分析学家的学说，物质环境中的简单物质形式对幼童的情感意识有着不可抗拒的影响，因此儿童意识特别容易受其控制、扭曲或误导。人们普遍认为，随着儿童的成长，这些因素的影响会减小，他的意识便不那么容易受到破坏或扭曲。但是，如果他产生了力比多，并且在这时遭遇来自环境方面的负面因素，这些外部的负面因素对其意识的控制会大于力比多对他的影响。总的来说，我们可以将心理分析描述为一种思维体系，这种体系假定在生机论类型与机械论类型两种因果关系之间存在一种持续的身体冲突状态，生机论类型的诱因源于环境刺激，而机械论类型则源于力比多或意识本身。心理分析学家公开宣称，其意图是为了说明其受试者能进行自我控制，是由于意识方面的原因，而不是机械论所宣称的环境方面的原因。如果可能的话，这些物质方面的影响会逐渐与人类的天性相协调。或许，我们可以得出一个普遍性的结论：心理分析学家认为心理学研究的是生机论诱因与机械论诱因之间的冲突，这两类诱因都与意识有关。

小结

上述研究者各自强调不同的原因，对情绪心理学作出了最重要的贡献。我们可以总结如下：心理生理学家既对意识进行内省式的实验检测，同时也在精密仪器的帮助下对受试者的生理变化进行测量。这类研究者通常对机械论诱因与生机论诱因都感兴趣，他们不需要且通常不会致力于弄明白到底是意识引起了身体的改变，还是身体的改变已经控制了意识。这种立场无可厚非，尽管有人表示，既然意识已经被视为一种物理能量形式，心理生理学家在解释其研究结果中的因果关系时，不妨表现得更为大胆一些。

心理测试统计学家采用的研究方法在心理学研究上具有相当大的启迪价值，因为其测试结果可以用于检测意识的存在或发展趋势。因此可以说，他们探索的是生机论类型的因果关系。

华生派的行为主义者虽然在其目前的宣传中似乎偏向机械论，但实际上仍然对生机论类型因果关系有着很大的兴趣。因为这些行为主义者认为，人类是最复杂的物理能量个体，有能力将自己的行为从环境控制中完全解放出来。

心理分析学家对机械论和生机论两种因果类型之间的关系有着浓厚的兴趣。这两种对立的因果类型之间的关系，在心理分析学家看来，属于冲突的关系，心理分析学家会从生机论类型因果关系的角度来解决这种冲突。致力于情绪理论问题研究的各类研究者中，似乎只有心理分析学家明确承认同时存在以上两种类型的因果关系，并且认为，处理好这两者关系对于心理学而言十分必要。

情绪心理学的初步定义

将我们关于机械论、生机论和心理学的结论应用于情绪心理学，建议将我们的前瞻性研究领域初步定义为："情绪心理学是情感意识的科学描述。"如前文所述，"科学描述"必须包括发现和阐述机械论类型和生机论类型的诱因及其在定义的领域内的相互作用。

具体来说，我们可以认为，情感起源于机械论类型的诱因：首先是神经传出冲动，其次是身体变化，最终是环境刺激。这三种类型的诱因构成的是较为简单的能量形式，而不是意识本身。我们也可能发现，许多情感意识的元素会因为相同的机械论类型诱因而消失。遗憾的是，我们也非常确定，环境刺激下情绪意识的调节作用大部分受机械论类型因素的控制。也就是说，我们会发现，当情绪意识对特定环境刺激作出频繁反应时，情绪意识的质量取决于这种刺激的偶然重复，或者无机环境最先呈现给受试者的刺激条件。如果是这样的话，那么无机体，或者说简单能量形式，就完全控制着情绪反应的性质；而所激发的情绪意识也会反作用于环境，这种反作用的类型，会间接受到简单能量形式的影响。在这整个过程中，因果关系的类型仍然主要是机械论类型。

另外，我们也必须做好心理准备，把情绪意识的身体表达看作由意识能量本身引发，这便属于生机论诱因。换句话说，我们必须记住，身体行为或生理行为（这些行为被视为情绪意识的体现）确实是由情绪能量产生的身体原因所导致的。只要情绪意识是通过改变更为简单的能量形式（如神经传出冲动、身体组织或环境中无意识的物体）而表现出来的，就应被视为生机论类型的诱因。此外，我们还可能发现，情绪意识会对自身结构中较为简单的个体产生影响，这也属于生机论诱因。情绪意识中更大、更复杂的个体，会通过迂回的方式来控制较简单的意识个体，如迫使神经传出冲动产生反应，并且自己作为中介进行调节，促使环境刺激产生新的情绪意识体。在某种程度上，可以认为这些情绪意识的新个体大部分都是特别定制的。所以，我们发现，华生所倡导的完全控制自己情绪状态的方法，可能是通过运用生机论的因果关系进行控制的，并且按自己的目的来利用机械论类型的诱因。这种方法，不是让两个都属于生机论类型诱因的现有情绪意识个体之间互相斗争，而似乎是一种情绪自我控制的自然方法。简言之，情绪意识作为一种生机论类型诱因，不仅能够对神经传出冲动、身体状况及环境外力产生影响，还能影响较简单的能量个体。这些简单的能量个体作为机械论类型诱因的影响力可以延长或消除现有生机论类型诱因——情绪意识。

正如情绪心理学中出现因果分析那样，这种详细的科学因果分析的目的在于，初步确定任何合理的情绪理论都必须满足的要求。如果要将这种因果关系作为研究框架的话，我可能得说，要满足这些要求并非易事，但是，在这些要求最终都得以满足之时，我认为最后得到的心理学结构应该会被各种各样对情绪心理学作出贡献的研究者所认同。在现今的心理学内战中，休战的好处是极大的，因为，只有建立这样一个共同起作用的研究假说，才能让形形色色的研究成果中的相当一部分内容对所有人都有价值。

第三章

意识的精神粒子理论[①]

自从有了思辨性思维，"什么是意识"这个问题就一直被人追问，却从来无人可以回答。然而，现在还产生了当今时代所特有的一个新问题："意识存在吗？"对于一个生活在学术阴影之外、不受各种智力幻想影响的人来说，这个问题看起来很可笑。然而当老一代学院派的教授们试图去说服那些抱有怀疑态度的年轻人"意识这东西的确存在"时，教授们也开始犯难了。

"意识是什么呢？"华生的学生问道，"它在哪儿呢？请向我证明意识的存在！"

教师一再强调："每个人都知道什么是意识，因为每个人都是有意识的。""许多现象虽然看不见摸不着（为了识别意识的存在而进行的行为主义测试似乎便是如此），但还是可以证明它们的存在的。"然而这种解释并没有用。

"很好，"学生们回答道，"那就证明给我们看看。"

意识存在的客观证据必须是间接的证据，就像电、电磁波，以及在神经组织中的传播扰动，都是如此。无线电波、电流或神经传出冲动本身并不是有形的实体，没法通过现有仪器来辅助人类感官进行观察。这些力量虽然本身不可见，但是它们对有形材料的影响却可以观察到。这种影响不仅可以作为检测这些力量存在的证据，还可作为科学的描述标准，来确定这些看不见的因素属于何种性质。因此，电流可以驱动电压表或电流表，电磁波可以在三极管里产生不同的电导率，

---

① "意识的精神粒子理论"第一次出现在《反常行为与社会心理学杂志》1926 年 7 月刊中。该理论的详述出现在《精神》1927 年 7 月刊的一篇文章中。这两篇文章的部分内容均在本章中有所涉及，我非常感谢编者允许我使用这些资料。

神经传出冲动导致的肌肉纤维收缩也能轻易被记录。

如果我们用同样的客观性来检测意识，我们必须假设意识本身或产生意识的物理机制确实是物理力量，能够引起一些有形物质的变化，并且通过这些变化向我们显示它的存在和性质。此外，意识这种力量，如果存在的话，那么我们需要在正常成人的复杂反应中去发现。根据上一章因果关系的初步分析，我们现在需要去证明被称为意识的这种生机论类型诱因存在于人类有机体的某些部位；我们还需要证明被视为复杂能量形式的意识能够对身体内部的简单能量个体产生巨大的影响，这些影响能够通过肉眼或实验仪器的辅助进行观察。

即便没有心理学家的帮助，大多数人类家庭也能观察到：对受试者本身而言，一些人类活动似乎比另一些活动有更多的意识参与。习惯性的反应，如散步、转动手表的链子或挥动一根拐杖，这些行为似乎并没有伴随任何意识。另一方面，有些人类行为，例如，作出重要决定需要花费几小时、几天，甚至几周，这种人类活动包含大量相关的意识。事实上，习惯性行为是否真的完全没有意识参与，这个问题目前被视为纯粹的学术性问题。如果我们的受试者一致报告说某种行为比其他行为更有意识，如果随着意识的增加，我们能够客观地观察到意识的影响也在增加，便能够作为可以接受的科学证据，证明意识的确是一种作用于我们身体的物质力量，属于生机论类型的诱因。同样，电压表指针波动被视为一种科学证据，来证明电流的隐形存在，电流作为生机论类型的诱因，对仪器中的物质产生影响。如果后来我们发现，意识这种具有因果影响的力量就是大脑某些部位中的神经能量，意识仍然是生机论类型的诱因。也就是说，与它所驱使的物质材料相比，意识是一种更复杂的能量形式。此外，心理学研究走上正轨以后，应从物理能量个体的视角对物理意识进行清晰的阐述。

那么，我们的第一个问题是：身体行为中的什么变化一直伴随着文中所提到的意识？

意识存在的证据

1. 反应中的意识越强，反应就越慢

人们常发现，行为反应中的意识越强，从接受环境刺激到产生外显身体反应

之间的延迟时间越长。正如上文所述，接触刺激后，习惯性行为会很快发生；然而，在作出重大决定时，外显行为会被推迟数天或数周。膝跳反射中没有检测到受试者有意识参与，这种反射的反应时间比习惯性反应更短。但是，某些"思考"活动会持续几小时，人们认为整个过程中有强烈的意识，但这种活动可能永远不会出现可检测的最终反应。那么，要观察意识对身体行为的影响，方法之一便是观察刺激和反应之间的时间间隔被延长了多少。

2. 反应中的意识越强，刺激消除后意识持续的时间越长

意识能量对身体行为的第二种常见影响结果与上文所提的第一种恰恰相反，第二种影响结果也同样很常见。如果移除了环境刺激，完全的反射或习惯性行为便会很快停止。比如，在机器停止运行后，工厂里的机器操作员就不会再继续按下止动杆。又比如，穿上睡衣后，人们就不会继续像钟表转动那样忙个不停；舒服地躺在安乐椅上伸展四肢时，也不会再像走路一样摆动双腿。

另外，如果在某个动作上有大量的意识参与，在完全消除有效的刺激后，该动作会持续一段较长的时间。假设，有人偶然对某个年轻人说"你精神不正常"，这个年轻人经过几周的深思熟虑后，决定成为一个心理医生（这个实际案例发生在我的诊所，因而引起了我的注意）。几个月中，他开始对这类言辞采取真正的行动，第一步就是进入医学院；但是，即便分析自己的个性，他也必须经过长年训练才能做到。随后的日子里，他或许不会再遇到有人说他精神不正常，但他最初的反应，在情绪和理智两方面都伴随着强烈而持久的意识，而这种反应，在环境刺激消失后，并没有消减，仍然持续了数年之久。

或许大部分生理学权威专家会赞同这种观点：激烈而长期的反应并不代表某个单一的反应，而是一系列的反应。因为这些反应大部分被集中引发，并且统一服务某个目的，那么原始的刺激一定已经在中枢神经系统的某处激发大量的能量，这些能量在长达数年的时间里继续控制人的行为。按照这个想法，罗伯特·塞钦斯·伍德沃斯（R. S. Woodworth）[1]在他的行为倾向理论和预备反应理论中提出，那些"累积的能量"可能长年累月地存在于中枢神经系统中，一旦受到适当的环境刺激，就会像涓涓细流一样从穿孔的大坝中源源不断地流出来。

---

[1] R. S. Woodworth, *Psychology* , New York, 1925, pp. 82-84.

3．反应中的意识越强，反应节奏与刺激节奏的一致性就会越弱

对于习惯性行为或反射性动作，最终产生反应的节奏与接受刺激的节奏比较协调一致，而对于那些具有更强意识的动作，两种节奏的一致性就会差很多。挥动拐杖或调节半自动机器时，身体反应的节奏会自动调整成刺激的节奏。在熟练地合唱、跳舞、弹钢琴或打字这类属于高度反射性的活动中，这种调整要表现得更为突出。相反，行为越有意识，在刺激节奏与反应节奏之间的自动对应性会越容易遭到破坏。如果让舞者突然去关注自己的舞步，打字员突然去关注计算机键盘，钢琴家突然去关注自己弹出的音符，那么就会打乱已经建立好的节奏。优雅得体会变得尴尬不已，准确无误会变得错漏百出，节奏和谐会变得杂乱无章。众所周知，性格内向的人或那些面对刺激就会表现得非常不自在的人，如果参加一些要求身体反应节奏与环境刺激节奏一致的比赛或体育活动，会表现得十分笨拙慌乱。他们的身体行为不稳定，即使他们努力使其行为节奏与物理刺激的节奏相适应，但仍然会要么过慢，要么过快，总是无法与物理刺激保持同一节奏。意识的增强似乎扰乱了刺激节奏与反应节奏之间的一致性。

4．反应中的意识越强，反应强度与刺激强度之间的一致性就会越弱

一些几乎不涉及意识的简单反应，其反应强度在一定的范围内与物理刺激的强度保持密切一致。倘若调整大钢琴伴奏的音量，歌手会自然而然地唱得更大声。一个人沿着小路行走时，会根据路面出现的不同强度的压力刺激作出反应，会在行走中无意地作出一些微小的调整。在有点坡度的地方，脚部受到的压力会增加，身体感觉器官感受到的肌肉压力强度会增加，肌肉收缩的强度也会不知不觉地随之增加。但是对于有大量意识参与的反应，刺激的强度和对刺激的反应强度之间几乎或完全没有一致性。如上文提过的那位年轻精神病科学生，别人说他"可能不正常"，这句随意的评论实际上代表了一个轻微强度的刺激。这句话或类似的话，对于该学生的所有朋友们来说，也许并不会有什么特殊影响。但是在上文提到的特殊案例中，却产生了一种被视为"意识"的能量，这种能量的强度比刺激强烈数千倍，也远远超过了其他更强的刺激所引发的反应。另外，可能在其他一些例子中，意识越强，反应的强度与刺激的强度相比，反而越弱。比如，当歌手会认为"钢琴声音太大了，我要压低自己的声音，让钢琴跟着降低声音"时。有时候，反应强度的降低也可能是一种积极的抑制。有机体内的一些活跃力量的

积极作用能解释此观点。此类影响的表现之一，就是外显行为的整体消失，而这种整体消失是由于人们在经历了一个令人气恼的刺激后，会"停下来思考"。比如，某个孩子用很大的力气扇了另一个孩子一个耳光，受到侮辱的这个小家伙记着幼儿园的教诲——"在反击之前，必须得数十下"，数完十以后，发现自己已经不想再进行反击了。自主增加的意识似乎已经完全消除了对一个强烈刺激的反应。总体来说，意识似乎能够明显地改变刺激强度和反应强度之间的一致性。

5. 阈下刺激中涉及的意识越多，产生累积效果的可能性越大

有些刺激处于受试者能够观察到的范围内，却几乎或完全没有引起受试者的任何意识。这类刺激非常微弱，即使大量重复出现，也不能引发受试者的反应。比如，在纽约居住的头两年，我乘坐公交车或汽车经过大都会艺术博物馆达数百次之多，但我从来都没有进去过。最早的时候，有一次去镇上，同伴向我指出这个博物馆，那时我已经养成一种习惯——喜欢望着马路的那一面。尽管我能够控制眼球的转动，但是我随后的视觉并没有唤起任何关于这栋建筑物或其内容的思想或情感。简言之，大都会博物馆的视觉感知构成了一种几乎"无意识"的刺激，这种刺激轻微到不足以产生它所预期的反应——进入这栋建筑。也就是说，不断重复的刺激并没有带来最终的反应。在纽约住了两年后，一位来自美国其他地区的客人碰巧在我面前说起了大都会博物馆的奇观。虽然这个刺激暂时引起了我的兴趣，让我产生了许多有意识的想法和感受，但仍然太微弱，所以我没有产生想要参观博物馆的反应。一个多月后，我的另一个朋友向我表达了他对大都会博物馆的热情，他的这一行为唤起了我对这个博物馆的更多意识。这个刺激加上先前的刺激，成功地让我迈进了博物馆的大门。对我来说，几乎不可能依靠大量习惯性视觉重复最终带来能量累积，或者说，不可能凭着两年中几乎每天看到这栋建筑，就能让我进入这栋建筑。当然，也许有人会反驳，朋友们的那两段关于博物馆的描述，要比仅仅站在外面观望能产生更强烈的刺激。事实确实如此，但这里要指出的是，仅仅那两个引起更多意识的刺激结合在一起，就引发了某种反应，然而那数百次几乎无意识刺激并没有带来同等的效果。在日常生活中也可能有许多类似的情况。某个人在走过一家店时会无意识地看几眼，几个月来每天如此，但从未进过店。随后的一天，橱窗上出现了广告横幅，这个人在那一瞬间对这个东西有了兴趣。第二天，这个广告横幅再一次引起他的好奇心。到第三或第四天，他可能就会走进这家店，购买香烟或广告横幅推荐的商品。我们现在不是在推测广告横幅如何激发顾客更多的意识，而是要注意到这种现象：有意识的刺激重复出现，会产生更加迅速、高效的累积效应，从而引起预期反应；而无意识的刺激则不会有如此的效应。

6. 反应中的意识越强，越容易让受试者感觉疲劳

在任何活动中，意识越强烈，疲惫感就越快来临，不管你作出的反应是思考，还是进行一项剧烈的体育锻炼。许多长跑的人发现，因为路边的一些突发事件，自己暂时分神，没有关注自己的运动，竟会奇迹般地感到体力又恢复了。换句话说，当他运动中的意识减弱时，他就没感觉那么累了。顺着这种科学的思路，一个工作中长期都需要思考的人，在工作时如果停止对工作的思考，扩大注意力范围，就能相应地缓解精神疲劳，这样有可能减少一半伴随其心理活动的意识。当然，最终还是会感觉身体疲劳的，这是由于剧烈运动或工作过程中会产生令肌肉疲劳的物质。不过，也有训练有素且体质强健的人会不知疲倦，这是非常惊人的，因为肌肉运动对他们来说，竟然可以自然而然、毫无意识地完成。美国印第安人的耐力不俗，其中一些佼佼者更可傲视各大陆人种，其体力持久的程度令人惊叹，这些都是有力的例证。意识很强烈的时候，就会感到很疲劳，而各种无意识活动中的耐力极限也是很难确定的。

7. 反应中的意识越强，刺激的阈值越容易改变

关于意识对有意识反应所产生的影响，另一个容易注意的地方就是，因为意识的参与，我们很难预测产生该反应所需的环境刺激的精确强度。简单的反射反应通常可以通过强度大致相同的物理刺激诱发，即使这样，也还存在一定的可变性。例如，卡尔森（Carlson）[1]发现，空腹时，胃因为强烈饥饿而收缩，膝跳反射的刺激强度阈值会下降，兴奋度就会增加。即使因为饥饿而引起髌骨反射所需的刺激强度会有所不同，然而在生理实验室外并不能对这种差异进行测量。

一方面，有一些活动比简单的反射更复杂，但仍属于无意识行为，这些活动肯定受到特定刺激强度的影响。如果将电车或公共汽车上目的地指示牌的灯光稍微调暗，人们通常不会对指示牌作出无意识反应；如果车前指示牌上的字母比平

---

[1] A. J. Carlson, *The Control of Hunger in Health and Disease,* p . 85, Chicago, 1919.

常略小，人们便会不习惯，常常来不及作出反应去拦车乘坐；如果机器操作者依赖机器中的某种声音来作出换挡反应，当声音略小于常规音量时，他们便可能无法照常操作；如果家庭主妇在使用电咖啡壶煮咖啡时，喜欢根据水冒泡的声音来判断咖啡是否已经煮好，当这种关键性的冒泡声比往常小时，她们有可能无法及时关闭电源。

另一方面，活动中的意识越强，就越难确定一定能引起某种反应的固定刺激强度。有些反应需要大量意识，例如，当有人提议去打网球或去长途自驾游时，作出决定便需要意识。一个普通人会立刻同意这个临时提议，但是到第二天，也许没有人再进行劝说，甚至没有合适的经济刺激，因此也就无法激起他打网球或驾车出游的兴趣了。如果这些反应成为习惯，成为受试者的工作职责或日常活动的一部分，受试者在这些活动上的相关意识便会急剧减少，同样还会降低引起反应所需刺激强度的变化弹性。同样需要注意的是，我们现在并不是在研究造成这些差异的心理-神经机制。还有一点似乎也很重要，如果某个反应有大量意识参与，要引发这个反应，有时候可能只需要轻微的刺激，而有时候却可能需要极强的刺激；但是，如果是习惯性行为或无意识行为，那么在任何条件下，引发这种行为的刺激强度几乎都是一样的。

8．反应中的意识越强，反应就越容易受到抑制

与几乎不带意识的反应相比，具有强烈意识的活动更容易受到抑制。例如，一位年轻女士可能需要连续好几天或好几周的时间来决定如何回应某人的求爱，这个过程中伴随着大量的意识，但是这种回应常常会由于对方不经意的一次皱眉或一个不耐烦的手势而完全受到抑制。再比如，一位成年男性带有极其激进的目的，而且这些目的都具有持久、强烈的意识，这样的人也同样容易在某个节骨眼上，因为一些干扰而停止行动，即使这个突如其来的刺激强度非常微弱，不过可能是搭档的反对，或其计划中另一个相关的人离开了这座城市而已。另一方面，一些习惯性的反应，如走路或穿过大城市中拥堵的车辆前往办公地点，即使受到最强烈的刺激，如经商失败或失去一位至亲，也丝毫不会受到抑制或削弱。这些习惯性反应只会因逼近的汽车发出刺耳的喇叭声才会停止，因为此时产生了意识。如果一个成年人吃饭时使用刀具，要改掉这一习惯就得在每次使用刀具时都让他充分意识到自己的行为。如果一个人正在执行一项任务，这项任务要求他考

虑每个步骤，那么仅仅别人的一个建议就足以影响他的反应。这样看来，意识似乎与对反应的即时抑制相关。

9. 两个或两个以上的反应中，意识越强时，这些反应之间就越容易互相促进或彼此干扰

我们发现，有意识行为还有另一个典型倾向，非常类似于消除上文所说的抑制。无意识的简单反射性反应，似乎不会显著地受其他同时发生的反应所影响。然而，如果增加行为中的意识元素，就会促进或阻碍强烈意识反应的产生。心理学学生经常做一个有趣的实验，训练自己写字的时候，同时还计算加法，或者与别人闲聊。当具备这种能力时，我们便处于这种情形：两个反射过程都需要有意识，而且同时进行，而我们并没有观察到两者有何相互影响。在日常生活中也有这种类似的效果。一个没有经过社交训练的人仍可以一边轻松地与别人闲聊，一边往茶里加糖或柠檬。汽车驾驶员需要用一只手掌握方向盘，用另一只手打开车灯，还要用右脚踩油门，同时左脚松开汽车离合器，通常他必须同时执行所有这些动作，并且彼此之间不会相互影响。

当反应必须伴随着大量的意识时会发生什么呢？假设两个研究生正在深入讨论某个实验所需的仪器装置，这时另一个学生将自己做实验用过的装置带到了实验室。要检查这个学生的装置，最开始讨论的两个学生需要发出一组全新的复杂反应，而他们的检查反应肯定会以某种方式与之前开展的讨论相结合。如果这台新装置符合他们刚才讨论时制订的计划，他们的讨论便会立刻变得热烈起来，讨论的次数也会显著增多。反之，如果他们在检查装置时发现，根据他们所讨论的操作程序，使用这台装置会遇到迄今尚不明确的困难，这时，新的反应与之前的反应会产生冲突，这种冲突在旁观者眼中会以犹疑、争论和意见分歧的方式表现出来。对新装置的检查几乎不可能与之前的讨论同时进行，甚至也不可能与讨论交替进行而对讨论没有影响，这种影响可能是促进或干扰，或者既有促进又有干扰。我们发现，当反应自身已经有很强烈的意识时，通常不可能与一组新的意识反应同时进行。也总会有这种情况，即如果后面追加的反应不能完全抑制前面的意识行为，新的反应会和旧的反应相结合，要么提高反应效率，要么产生明显的冲突。这个结果，无论是按传统说法来解释——随着意识的增加关联性也增加，还是用更明确的神经机制来解释，造成的事实是一样的：任何两种反应，意识越强，便越有可能彼此影响，要么结合起来彼此促进，要么以冲突的形式降低彼此的效率。

10．反应中的意识越强，这种反应就越容易因为药物而消除或增强

带着强烈意识的反应可能因为使用药物而完全消除，然而，对于几乎没有意识的低阶反射反应，使用适当剂量的麻醉剂，只会轻微减弱。吸入乙醚，先消除的是意识参与最多的反应。病人自愿吸入他能够吸入的全部麻醉剂之后，无意识反应基本不会减弱。

适当使用其他药物，如不同种类的吗啡和印度大麻，能极大增强意识较强的反应；而对于意识较弱的行为，这些药物的影响却是微不足道的。德昆西（DeQuincy）极富想象力的文章便可作为例证。他在报告中说，在使用适量的药物之后，大大加强了具有强烈意识的反应。这些药物在身体里生效后，在后期也有可能消除或抑制习惯性反应；但是最初出现并在数量上最显著的影响，都发生在意识最强的活动上。

W.W.史密斯（W. W. Smith）[1]提出，适量的酒精会对研究受试者的情绪反应产生影响，他把这种影响称为"全或无"（all or none）效应。这就是说，带有大量意识的丰富情感反应，需要受到强烈得多的刺激，才能激发出来；但是，在这些具有强烈意识的反应被唤起时，它们的强度与这些刺激的强度是不成比例的。我们已经注意到，对具有意识的情绪来说，有效刺激的强度可变范围较大，而且这些情绪的强度与刺激的强度并不一致；但是对于意识较弱的反应或无意识反应，刺激强度的可变性较小，反应强度与刺激强度比较一致。因此，史密斯的研究似乎能说明，少量酒精对具有大量意识的反应有着非常明显的影响。那么，不管药物对人体的影响体现在哪个方面，最显著的影响总是体现在具有强烈意识的反应上。

综上所述，随着意识的增强，人类行为也会发生一些客观变化。现将十种易观察到的客观变化总结如下：

（1）从受到物理刺激到出现身体反应的周期更长。

（2）物理刺激消除后，身体反应仍在持续。

（3）反应表现出的时间节奏或间隔，与受到环境刺激的时间间隔并无对应关系。

---

① W. W. Smith, *The Measurement of Emotion* , ch. viii., p. 124.

（4）最终的身体反应强度与刺激强度不成正比。

（5）一些强度太弱而无法唤起反应的刺激，更容易产生累积效果，叠加在一起来唤起反应。

（6）更容易感觉疲劳。

（7）在不同时期，不同强度的刺激更可能引起相同的反应。

（8）更容易因为强度相对较轻的刺激而受到抑制。

（9）更容易与同时发生的反应相结合或相冲突。

（10）更容易受到药物的影响。

随着上述意识的出现，人类行为中会出现这十种行为变化。像本·富兰克林（Ben Franklin）的"风筝线"中的火花一样，它们释放出一种特别而又难以描述的能量。这种能量与意识相同吗？

当然，从逻辑上来看，有一种可能性也不容忽视，即前面所提到的结果可能是由于能同时产生意识的生机论因素引起的，而并非直接由意识本身引起的（虽然意识也表现为一种生机论因素）。然而，对于该逻辑问题的阐述主要属于学术范畴。上面提到的所有结果，因其积极性质，其引发因素必然是某种形式的强势能量（potent energy）。而确定这种强势能量到底是会产生意识，还是本身就是意识，则更多地属于哲学问题，而非心理学问题。从科学的目的来看，后一种说法看起来更为简单和准确。

因此，如果在人类有机体内的某个地方存在一种可以描述的能量形式，并且能以上述方式来影响人类行为，而且，如果这种强势的能量形式总是与意识同时出现，那么，我们至少可以从心理学目的的角度得出以下结论：人类已经发现的这种能量形式就是意识。如果最后发现，意识只是一种能量副产品，隶属于引发上述结果的某种强势力量，那么，我们必然会发现由意识引发的一系列可观察的新结果，即意识这种能量副产品不仅能直接影响母能量，还能间接地影响与意识同时发生的身体行为结果。

我们可以用类比的方式来考虑这个问题。比如，在水电解期间，我们可以很容易发现两种物理现象：一是氢气的释放，二是电极旁气泡的形成。在打开电流后，在一段时间内，这两种变化同时发生。在初始阶段，我们会错误地认为其中一种现象是由另一种现象引起的，而不会认为这两种现象都是于电流这一个共同的原因产生的。但是，不久以后，气泡的形成轻微地干扰了电流的通过。所以，气泡形成得越多，释放的氢气就会越少。两者关系之间的改变很快可以表明，两种现象之间必然存在着一个共同的原因。而对于意识和人体表现出的行为这对并列关系，从我自己的研究来看，并未发现有什么变化能暗示两者都是同一个原因引发的。简而言之，假设表现出的行为结果与意识的出现完全一致，并且意识出现时没有附带其他变化，那么意识极有可能就是引发身体行为表现的主要强势能量。当我们找出这种能量的本质时，对这种能量一定可以像其他能量那样来进行描述。

意识不是神经元内部的能量

那么，这种意识能量的本质是什么？在哪里可以找到呢？在回答这些问题时，最简单的答案似乎是意识在物理属性方面仅仅是一种神经元内部的能量。一些生理学家倾向于这一假设，如果有人要求他们解释为什么一些反应中存在很多意识，而另一些反应中存在很少的意识或根本不存在意识，他们会这样回答：只有在大脑高度进化的部分，才有足够的神经能量积累、足够的强度或其他属性的神经能量，能够产生意识。一些理论家会说，大脑中的某个地方存在一种特殊的神经细胞，能够制造意识的能量；但是，据现有文献资料，在中枢神经系统其他部分目前还没有发现不同于神经元的新型脑细胞。因此，这样的说法，纯粹是想象性的猜测，没必要予以采纳，除非使用现有的一切手段都不能断定意识是否属于任何一种已知能量形式。那么，在生理学家关于足够的神经能量的命题中，什么才可能在本质上构成意识呢？

神经干传导是否与意识一致？这种理论的证明面临着多重困难。

第一，最重要的是，我们发现上面列举的十种可能由意识引发的人类行为，在神经元内部现象中完全没有找到其物理基础。相反，这些行为可能是受突触的影响而产生的。谢灵顿（Sherrington）[1]列举了上文提到的这十种人体最终反应，以及其他一些类似的反应，他认为它们仅存在于反射弧传导中，而在简单的神经干传导中根本就不存在。谢灵顿进一步表明反射传导的主要特点是突触介入了总的神经传出冲动回路，产生上述反应的现象就发生在这些突触的位置。也就是说，

---

[1] C. S. Sherrington, *The Integrative Action of the Nervous System* , p. 14.

在任何神经回路中，突触越少，就越不可能出现具有意识特征的反应。

简单反射行为的特点是，意识非常弱，但包含的神经元内部干扰（或者说神经干中简单的冲动传导）却是比例最大的，同时包含的突触却是最少的。如果这些神经干冲动真的像一些生理学家所说的那样能构成意识，那么证据和理论便完全相悖。在意识出现得最少的地方，神经干活动的比例最大，反之亦然。因此，似乎不可能将意识定义为简单神经组织中的全部变化或能量，因为这并不包含我们日常生活中最具意识特征的反应机制。

第二，同一批神经干可以服务于几个目的，也就是说，用于传达传出冲动，最终与两个或两个以上不同的意识建立联系。按照"全或无"定律，每根神经纤维如果作出反应，一定是完全响应。大脑中的神经干长度不等，意识个体的传递路径也不相同。如果不同的意识个体由不同的路径出现在大脑中，并且有很大一部分的纯粹内神经元成分完全相同，我们能否从这些明显的相似之处，区分出这些意识个体？例如，疼痛传出冲动在其神经回路的第一部分中，穿过的感觉神经元至少与寒冷、压力、听觉、视觉及其他类型的传入性应激反应所经过的神经元是一样的，但这几种感觉神经元的形态在意识上是有所区别的。

哈佛医学院的 A. 福布斯（A. Forbes）[1]强烈反对该观点[2]，他引用了阿德里安（Adrian）和佐德曼·C. J. 赫里克（Zotterman. C. J. Herrick）[3]的著作，其中说道："从这个观点可以推断，大部分感觉神经在必要时可以执行疼痛神经的功能。"赫里克认为，除非刺激非常强烈，否则意识的疼痛特性会体现在受刺激的感觉器官所产生的普通感觉意识上。此外，从生理学和心理学关于视角和其他感觉的理论来看，最终产生不同感觉的应激性反应也许源于同一感觉器官，因而使得传入高级神经中枢的路径大致相同。但是在最后的感觉意识中，这种相同之处似乎已经不复存在。

从运动神经方面来看，"最后通路"这一术语的意思从字面上就已经显而易见了。所有不同来源的运动神经传出冲动必须经过最后通路，因而这些冲动的神经兴奋含有大量相同的成分。当然，生理学家可能不想多生枝节去探讨这个问题，

---

① 见福布斯致笔者的信。

② The argument under discussion was advanced more briefly by the writer in "The Psychonic Theory of Consciousness," Journ. Abnormal and Social Psychology , July, 1926.

③ C. J. Herrick, *Introduction to Neurology* , 1920, p. 277.

所以根本就不承认有运动神经意识这回事，即便这样做会让他们的意识概念前后矛盾——他们认为身体（运动神经）中有一半神经传出冲动（运动神经）不是意识，而另一半（感官传出冲动）是意识。在此情况下，若不进一步研究赞成和反对运动神经意识的论据，我们就可以强调这样一个事实：意识的各种感官元素虽然最初使用相同的传入神经路径，但这些感官元素缺乏相似性，这一点可以作为证据来反对这一生理学理论——神经干兴奋就是意识。

　　第三，不同的神经元经常用于产生相同的意识元素。集中产生的感觉，如对红色这一颜色的记忆、对腿和手臂肌肉感觉的记忆、对小提琴音调的记忆，与那些已经被身体记住的原生感觉没有丝毫不同，这些感觉是由于环境刺激作用于适当的感觉神经而直接产生的。然而，我们知道神经传出冲动不能通过传入路径进行逆向回溯，在这种情况下，负责已记住的感觉的实际神经传出冲动，必须和引起原生感觉的内神经传出冲动有很大的不同。在这些情况下，如果意识由神经传出冲动的实际总和构成，那么可以设想，已记住的红色感觉与由视觉神经传递的神经冲动所产生的红色感觉会有很大的不同。假定由环境刺激产生的红色感觉与已记住的红色感觉在大脑视觉中枢使用相同的最后感官路径，那么所有视觉神经主干能量都由原生感觉支配，而不是由记忆支配。假设增加的这部分能量本身就是意识，那么我们能够假设这些能量对原生红色感觉中的意识总和不会产生任何作用吗？

　　大脑高级中枢内的传导纤维很短，与之相比，视束神经干的长度要长得多，如果不是因为这个原因，上文所说的情况便很有可能存在。如果神经传出冲动的每个能量个体都是意识的话，我们难以理解，大脑中枢极短的传导束如何能产生更多简单的神经传出冲动能量，而较长的传入神经干却不能；我们更难理解，大脑中相对微小的传导干（conductor trunk）如何能产生足够的神经传出冲动，从而掩盖了传入神经干所产生的内神经元能量。如前所述，如果在产生不同感觉的过程中，大量相同的神经能量个体未能使这些不同的感觉有任何相似的话，那么，与某一特定感觉相关的大量神经干能量的出现，似乎也不会导致这种感觉与其他情况下（没有类似数量的神经干参与，或者神经干参与的位置不同）产生的同一种感觉有任何不同之处。

第四，虽然在与相邻细胞形成习惯性连接①的过程中，每个神经元个体的行为存在固有的记忆因子，但是可以清楚地发现在神经内部根本不存在结构性变化，而实际上这种变化可以构成功能连接的过程，因为按照定义，这个过程发生在突触中，外部要与所有相关神经元细胞内的细胞质相连。因此，如果认为这个过程是由一个反射弧中任何神经细胞的内部变化所引起的，那么就不会有一连串连贯或连续的意识存在。这是因为每次神经传出冲动从一个神经元传递到另一神经元，细胞之间的能量传输性质都完全不同②，所以，我们也不再把它纳入"意识"的定义中。

此外，所有神经传出冲动都试图找到一条共同的神经通路，这些传出冲动之间的促进与冲突大部分都会出现在拮抗神经元和细胞（两类传出冲动都试图进入该细胞）之间的突触中。如果这种拮抗仅仅局限在神经元内部的活动，那么在"意识"现象中联合与对抗就不会同时出现。然而，我们经常听到这类术语，如"冲突的感觉""意识挫败"，另外，"如释重负"和"和谐感"等感觉似乎都有赖于既对立又联合的神经传出冲动之间的外在关系，而这种关系也是我们一直以来所关注的。

最后，我们知道，不同节奏的刺激同时起作用，并且通过同一最后通路去唤起相同的肌肉反应。这些刺激不会相互干涉，也不会打乱反应现有的节奏③。这就说明，两个独立的神经传出冲动虽然可能同时使用同一神经元，但是也不会以任何形式与传导神经细胞相融合。如果是这样，那么将"意识"界定为神经元内部的变化则没有充分考虑到所有心理方面的融合、变化和意识元素的重组，几乎所有的观察者都经常提到这些现象。倘若这种融合确实像设想的那样在突触处发生了，那么在任何反射链上单个神经元内部发生的改变，都不可能向它们传达意识。

---

① C. J. Herrick, *Neurological Foundations of Animal Behavior* , New York, 1924, p. 112.

② C.S.谢灵顿表示，将分隔层或隔膜的横切面插入传导体，一定会改变传导过程。他还表示，突触隔膜是这样一种机制：在这里神经传导（尤其是如果其本质上主要属于物理性质的话）会将一些特性（如能区分反射弧传导和神经干传导的特性）移植到突触隔膜上。见 *The Integrative Action of the Nervous System*，第 17 页。

③ C. S. Sherrington, *The Integrative Action of the Nervous System* , p. 188.

意识即突触能量

在上述简单回顾中，我们已经知道，从神经传出冲动的角度来界定意识，已经遭到大量反对。因此，我们仍存有这样的疑问：什么是意识？在讨论意识的内神经元理论之前，我们提出了意识可能对人类行为产生的十种影响，并用这十种影响作为证据，证明人类有机体某处产生了一种活跃的能量，具有意识属性。在讨论我们反对内神经元原理的第一条理由时，我们揭露了这一事实：尽管这十种意识影响并不构成传导神经传出冲动的原因，但是神经学的权威人士仍将神经传出冲动的原因归于突触处所发生的反应。谢灵顿列举了一些现象来说明突触处影响神经传导的特征，具体如下[①]：

（1）潜伏期。

（2）后放[②]。

（3）刺激的节奏与人体最终反应的节奏不一致。

（4）对强度等级的干扰。

（5）时间上的叠加。

（6）疲劳感。

（7）刺激阈值易改变。

（8）抑制作用。

（9）传出冲动的相互促进与冲突（谢灵顿初期的论文中将这两点分开论述）。

（10）药物敏感性增加：神经传出冲动方向的不可逆性、明显的不应期现象、通导（bahnung）、休克、对血液循环的依赖性。

值得注意的是，上面列举的十种突触影响与意识对人类行为的影响一致；同样，我们也很容易发现意识与提到的其他突触影响紧密关联。本书没有进一步探讨这些更深的关联，是为了避免过于技术性的描述，使我们偏离主题，变成神经学方面的专著了。

---

① C. S. Sherrington, *The Integrative Action of the Nervous System* , p. 188.

② 谢灵顿认为，当引起中枢兴奋的刺激停止作用后，中枢兴奋并不立即消失，反射常会延续一段时间。这就是中枢兴奋的后放或后作用。——译者注

　　而人类的反应，从最简单的到最复杂的，都可能依赖反射弧传导。根据谢灵顿的说法[1]，每个反射弧包含至少三个神经元，因此，两个突触之间的反应越复杂，涉及的反射弧也越复杂。也就是说，在任何反应中，经过的突触数量越多，需要考虑的突触现象就越多。随着反射弧复杂性的增加，与简单神经干的能量相比，突触的能量也在增加。而且，正如我们所观察到的，反应越复杂，伴随的意识越强烈。简单反射和习惯性行为是由最大的神经干能量和最小的突触能量引起的。简单的反射反应几乎或完全没有意识，这一点受试对象可以在自己身上观察到。复杂的主观反应包含最大的突触能量和最小的神经干活动量，这些都被视为意识最多的反应。

　　内神经元理论认为，意识只出现在大脑的高级中枢，因为在人体其他部位没有发现足够的神经传出冲动能量汇集，而这种能量是意识的物理基础。这里指的"高级中枢"，位于大脑的灰质。灰质的主要特征是，有着巨大数量的突触接连发挥作用。事实上，灰质主要由微小的神经元组成，众多相似的神经元形成了大量的突触，因此，大脑中枢（一些生理学家认为意识存在于此处）几乎完全由突触连接组成。

　　假如意识的物质基础位于大脑的高级中枢，并且主要由大量的突触连接构成，同时，根据所提供的证据显示，意识对人类行为的影响也是通过突触造成的，那么从上述两点可以得出结论：意识等同于突触能量。

精神粒子和精神粒子传出冲动的概念

　　不管怎样，"突触能量"是个有些模糊的术语。特定类型的能量，通常是通过描述其起源物质的类型来定义的。"物质"是一个有点脱离时尚的词，因为当前的潮流最终是从能量的角度来认识物质本身的。然而，如果人们将"物质"一词理解为长期公认的能量形式，因而产生了一种相对统一的经验，在探讨诸如我们现在正在研究的话题时，"物质"仍然是一个非常方便使用的词语（见图1）。

---

① The reflex-arc consists, therefore, of at least three neurones," Sherrington, *ibid*, p. 55.

描述各种复杂程度下的能量个体行为

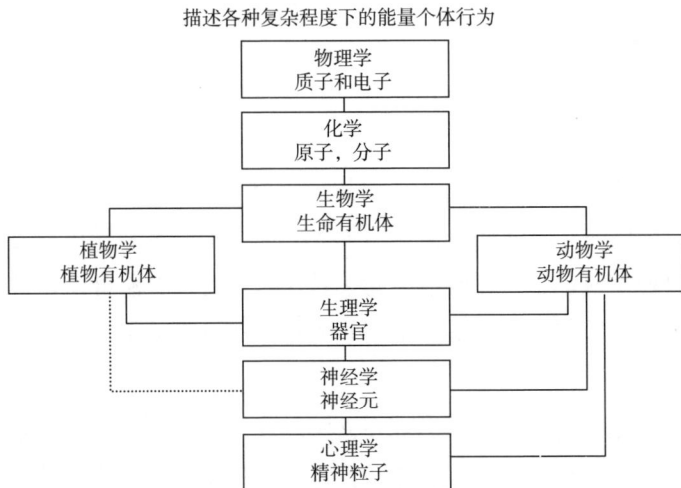

图1 各学科的任务

所有的物理科学都假设有某种物质在持续运动中。任何物质形式中发生的所有相关联的变化及其运动的描述都可以视为在同等复杂程度下对其"行为"的一种研究。

物理学力求用其最基本的形式"质子和电子"来对物质行为进行基本的描述，并把较大质量的物质行为倾向追溯到在原子内部质子和电子系统之间的相互作用。

化学始于物理学止步的地方，并且涉及原子和分子的行为规律，两者都含有不同的质子和电子数量。化学主要研究制约原子和分子结合成更复杂的物质形式的规律。生物学则研究更复杂的物质个体的行为，常称为各种各样的"生命有机体"。

生物学包括植物学和动物学，前者研究的是一类被称为"植物"的生命有机体，而后者则研究的是另一类被称为"动物"的生命有机体。动物是相当复杂的物质个体，它们的组成部分已成为多个专业学科的研究对象。生理学专门描述动物的一些特定部分，如身体器官，还研究动物的行为。神经学的研究对象是被称为"神经"的物质个体，许多身体器官行为很大程度上都依靠神经，神经学试图对这些神经行为或神经元进行描述。如果再没有其他类型的物质个体能改变神经行为，那么在我看来，心理学就要失业了。倘若我相信这种事实，那么我就有必要认为心理学家和神经学家之间的关系，就像木匠与建筑师之间的关系一样。依我来看，我应该勤加研究，与知识丰富的前辈为伍，从而尽力摆脱技能的固定束缚。

但是，如前所述，如果在神经元外还存在另一种物质个体，这种物质个体能发生一系列独特的变化，称为"意识"或"物理"变化，并且进而引起了神经元的行为改变，那么只有心理学才能在各类物理学中真正找到一个与生理学和神经学并列的位置。

神经学家告诉我们，在各类神经系统上的突触处确实存在一个特别的传导结构，且进化得要比腔肠动物的突触更快。谢灵顿[1]指出："众所周知，两个细胞结合在一起并不是真正的融合，其表层分离了两个细胞，起分离作用的表层从生理学角度来说是一层薄膜……突触隔膜是这样一种机制：在这里神经传导（尤其是如果其本质主要属于物理性质的话）会将一些特性（如能区分反射弧传导和神经干传导的特性）移植到突触隔膜上。"

神经学家赫里克说[2]："大多数腔肠动物级别以上的动物群体，构成其神经系统的细胞（或部分细胞）彼此相互连接，这和在形成神经网的原生质链网格中看到的细胞完全不同。神经系统的神经元之间有分离膜。在突触连接处存在这样的屏障并不意味着神经元不处于原生质的连续性中，因为分离膜本身是活性物质。这表明，在突触屏障中，传导性物质的物理化学性质会发生改变。兰利（Langley）将这种屏障称为"结合组织"（junctional tissue），毫无疑问，这种屏障有着重大的生理意义。

随后，生理学家达成一种共识，即在突触处存在一种特殊类型的物质单位（见图 2），能够产生与神经传出冲动有极大不同的特殊类型的能量。然而，神经学专家对这种连接组织的物理描述没有达成一致。如毛纳斯细胞和相邻神经元之间的突触，在用特定的方法进行固定与染色后，就可以通过显微镜对其进行观察和研究。乔治·沃克·巴特尔梅兹（G. W. Bartelmez）在最初的报告中指出[3]，他看到第八神经的轴突纤维的球状尾部与相邻细胞的表面接触。巴特尔梅兹在根纤维上看到一个独特的质膜，或者说是隔膜，并且在被垂直切割的外侧树突周围，可以

---

[1] C. S. Sherrington, *Integrative Action of the Nervous System*, p. 16.

[2] C. J. Herrick, *Neurological Foundations of Animal Behavior*, 1924, pp. 104, 114, 115.

[3] G. W. Bartelmez, "Mauthner's cell and the Nucleus Motorius Tegmenti," *Jour. Comparative Neurology*, 1915, vol. 25, pp. 87-128.

看到一个比较小的隔膜。这个突触几乎不会延迟，但巴特尔梅兹发现通过彼此接触形成连接的两个突触膜必须得到能量，才能继续通过受体神经元进行传导[1]。另外马瑞（Marui）使用不同的固定和染色方法进行研究，他表示，能够通过末梢外膜找出微小的连接纤维，并且追踪到这些微小的原生质线，至少是与相邻的神经元相接触的。马瑞表示："这清楚地表明细胞内和细胞外神经纤维之间是相互连接的。"

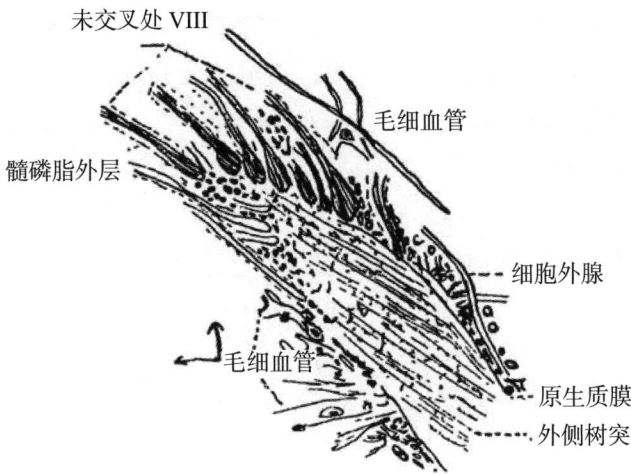

第八神经的末端枝节、毛纳斯细胞外侧树突的细胞外膜都取自一成年鲔属大脑的同一部位，其大脑用锇酸和固定液固定，并且用铁苏木素着色。这部分倾斜穿过外侧树突的底部，呈现了第八根纤维的球状末端，并且其表面也未附着细胞细网状神经纤维网（摘自巴特尔梅兹《比较神经学杂志》1915）。

A 部分

图 2　突触

---

① K. Marui, *Jour. of Comparative Neurology* , Vol. 30, pp. 127-158.

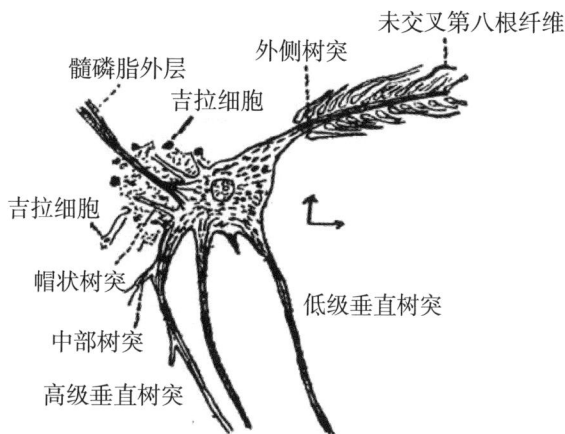

图中标注：
- 未交叉第八根纤维
- 外侧树突
- 髓磷脂外层
- 吉拉细胞
- 吉拉细胞
- 帽状树突
- 中部树突
- 高级垂直树突
- 低级垂直树突

　　右侧毛纳斯细胞取自一年轻鮰属大脑，该大脑用甲醛、锇酸、固定液固定，并且用铁苏木素着色。一张 5μm 厚、放大率为 250 倍的 10 个区域示意图，展示了树突、细胞体轴突，以及细胞中两个突触（位于外侧树突的未交叉第八根纤维末端与呈帽状覆盖细胞中部表面的轴突）之间的联系。这里只展示了四种帽状树突。

B 部分

图 2　突触（续）

　　巴特尔梅兹在之后的一篇论文中[1]，批评了马瑞当时所用的技术。他指出，马瑞在着色处理时使用了甲醛，使用这种固色剂会导致细胞间纤维呈现异常形态。因此，在巴特尔梅兹看来，这种方式连接而成的单纤维只能称为人工制品。谢灵顿[2]在其近期的一篇论文中提出一个突触现象理论，该理论假定存在一种膜，这种膜与巴特尔梅兹所描述的那种膜相似。而另一边，福布斯[3]也提出一种关于突触的理论，该理论基于这种观点：不同的突触现象产生的原因在于相邻神经元在突触处受到压迫而产生神经传出冲动，这种神经传出冲动通过细胞间纤维来传递能量，细胞间纤维比树状神经纤维要小得多。该观点与马瑞关于结合组织

[1] G. W. Bartelmez, "The Morphology of the Synapse in Vertebrates," *Archives of Neurology and Psychiatry* , Vol. 4, pp. 122-126.G.W.

[2] C. S. Sherrington, "Remarks on Some Aspects of Reflex Inhibition." 1925. *Proc. Royal Soc* ., VCII, 519.C.S.

[3] A. Forbes. "The Interpretation of Simple Reflexes in Terms of Present Knowledge of Nerve Conduction,"*Physiological Reviews* , Vol. II, No. 3, July, 1922, pp. 361-414.

（junctional tissue）的物理形态的描述一致，但与巴特尔梅兹的观点不同。也许，对于突触连接组织的确切结构，目前的描述仍有值得商榷之处。无论认为结合组织是由相邻纤维的表层细胞膜构成的一对电极板，还是最终将其比作电灯的钨丝，我认为这种设想与意识理论几乎没有区别。无论最后证明哪一种说法最为准确，至少已有证据说明，突触处能产生意识。

综上所述，我得出以下结论：只要连接膜源源不断地从相邻细胞的能量输出和接收中获得能量，从本质上来说，由两个神经元之间的结合组织所产生的总能量就形成了意识。

在课堂上阐述该理论时，我发现，要描述可能需要讨论的结合组织的某一单位，用一个简单的术语非常方便。例如，神经学，即关于神经行为的科学，可以将其结构单位简称为神经元。以此类推，我斗胆为心理学的结构单位制定一个术语，作为一门学科，这个术语必须能反映心理行为和意识行为的研究，这个术语就是"精神粒子"（psychon）。

从本质上说，任何精神粒子或结合组织单位间的能量传递，与单个神经元之间的能量传递肯定是不同的。因此，参照神经学系统的逻辑，我们可以用"精神粒子传出冲动"（psychonic impulse）这一术语来概括精神粒子产生物理化学刺激时形成的波形。

神经学家明确指出，神经元的主要功能就是传导功能。我认为精神粒子的主要功能就是传递意识。无论经过精神粒子会出现何种形式的能量传递，随之都似乎会调整精神粒子对传递中的能量所产生的主要影响，例如进行抑制和调节。电灯泡里的钨丝肯定是将电流从一个电极传导到另一个电极；但是，尽管如此，钨丝的主要功能也只是照明。因此，我认为虽然我们也许可以将精神粒子看作神经内能量的一种特定的导体，但对于其主要功能，也许只能界定为产生意识，这样才恰当。

第四章

运动神经意识是感觉和情绪的基础

总的来说，获取有关情绪的实质性的心理神经假说，对心理学而言，其重要性怎么夸大都不为过。目前，情绪领域的研究者们发现自己处于进退两难的局面：是选择詹姆斯-兰格情绪理论，还是被心理学的新派冒险者说服，去接受罗格（Jolly Roger）的理论，放弃原有的理论与成果，从统计相关性角度去研究所有人在各种情况下如何作出反应。这些年轻的冒险者极力主张"不存在绝对的知识"，他们认为，从孤立的情绪数据推导出类似科学定律的东西，这种做法最终只会令人叹息。

孤立的事实需要分别研究，相关未必存在因果。坚持这种新做法，从研究方法的客观性来看，倒也有可取之处。但是从比心理学建立更早的同类学科来看，甚至从心理学本身来看，这些学科的发展都在一定程度上依赖建构主义理论。例如，爱因斯坦和其他科学家对牛顿定律做了重大的改动，然而，谁又能去质疑牛顿假说对物理学及同类学科的进步或发展所起的至关重要的作用呢？从原子理论中不足以得出当今的化学数据，但是当代化学却正是在原子理论的基础上才发展到现有的高度。因此，詹姆斯-兰格情绪理论也是如此，心理学也许马上就要超越詹姆斯-兰格情绪理论，但是我们一定要否定自我，立刻投入不科学的混乱狂欢中去吗？

很显然，人们正在努力使情绪心理学朝这个混乱方向发展。因为理论分析有吸引力，而且，理论分析也不容易出现自我矛盾的风险，于是有人就仅凭这种理论分析来得出自己的研究结果。通过这种研究方法，能得到的只是某种自以为是的轻松和对科学的漠不关心。然而，要想使心理学成为像神经学和生理学那样的学科，相关人员必须抓住机会构建基本理论。

生理学家对詹姆斯-兰格情绪理论的反驳

詹姆斯情绪理论有两种截然不同的构想：第一种隐含在一些简单的论断中，"因为我们逃跑，所以会感到害怕。因为我们攻击，所以会感到愤怒。"我完全同意这个理论，因为它合情合理。因此，这本书会试图对该理论进行阐释说明。

然而，在需要解释其激进的思想时，詹姆斯又陷入了完全不同的、本质上和兰格理论相一致的情绪理论中。我们很容易明白詹姆斯是如何不得已陷入这种自相矛盾的转变之中的。通过内省式和客观手段两种方式进行观察之后，他得出以下结论：人们感知到令人兴奋的事实之后，紧接着身体便会发生变化，而身体变化出现时，对这些变化的觉察（awareness）就是情绪。但是，在需要解释我们是如何觉察（aware）到我们有机体内发生变化的时候，詹姆斯却只找到一些现有的感觉术语来描述我们所讨论的"觉察"。如果我们感觉不到身体的即时变化，那么我们又怎能意识到这些变化呢？所以詹姆斯不得不假设最初的身体变化刺激肌肉及内脏中的身体感觉末梢器官，构建了另一个系列的反射弧，这些反射弧产生身体感觉。雷纳德（Lennander）[1]和其他研究者关注到内脏感觉机制的不足之处，詹姆斯对他们的报告进行了精确的分析，他并没有像兰格那样强调内脏感觉也是情绪的一部分，然而，他将内脏感觉及动觉（kinaesthetic sensation）作为情绪的成分或典型特征。如果是这样的话，我们会认为詹姆斯否定了他最初的观点——身体变化出现时，对这些变化的觉察就是情绪。如果情绪由感觉构成，那么最重要的感觉是由最初身体变化引起的那些感觉，且这些感觉仅出现在主要身体变化发生之后。詹姆斯-兰格的理论是以感觉为内容的构想，认为情绪由感觉构成，我们只需证明感觉消失以后，情绪仍然在持续，便能构成对该理论的驳斥。

---

[1] K. G. Lennander, "Leibschmerzen, ein Versuch, einige von ihnen zu erklaren," *Grenzgeb. d. Med. u. Chir* ., 1906, vol. XVI, 24.

谢灵顿的成果

这项驳斥工作是由谢灵顿[①]开始进行的，他采用合理的方法对狗进行了脊髓横断实验，消除了这些动物因情绪刺激而带来的内脏感觉与肌肉动觉。行为主义的证据表明，在脊髓横断手术之后狗的情绪保持不变。对其中一只狗用狗肉进行刺激（这种刺激在狗做手术之前从未有过），谢灵顿所说的"厌恶"的证据立刻显现出来。在这次实验中没有出现对先前感觉的记忆，也不存在表现这些行为的先决条件。谢灵顿于是得出以下结论：身体变化会产生感觉，情绪也许可以由这些感觉进行补充，但是本质上，情绪并不是由这些感觉构成的。

戈尔茨的成果

相反的是，戈尔茨（Goltz）证明在进行了大脑切除术以后，狗的所有情绪，除"愤怒"以外，的确消失了[②]。戈尔茨根据詹姆斯-兰格情绪理论，在实验准备中将构成动物情绪的感觉留存下来，但是切除了有更高关联性的情绪和运动神经中枢。这样的动物没有乐趣，没有性反应，甚至没有欲望。从各种补充数据来看，戈尔茨认为"愤怒"也是中枢神经系统的产物，但与其他情绪所需的神经中枢层次相比，愤怒处于较低层次。

兰利和坎农的研究

对于如何确定内脏感觉到底在情绪构成中扮演什么角色，兰利（Langley）[③]找到了另一个解决办法，他描述了内脏的"自主"神经支配。兰利的描述表明，如果任何一部分内脏的神经受到充分支配，大量相关区域必将经历相同的变化，当然，也会产生相同的感觉。

坎农[④]是运用神经学事实去批判詹姆斯-兰格理论的第一人。坎农通过实验证

---

① C. S. Sherrington, "Experiments on the Value of Vascular and Visceral Factors for the Genesis of Emotion," *Proc. Roy. Soc* ., 1900, LXVI, 390.

② F. Goltz, "Der Hund ohne Grosshirn," *Arch . fur d. gesam. Physiol* , 1892, vol. LI, 570.

③ J. N. Langley. "Sympathetic and Other Related Systems of Nerves"; Schafer's *Textbook of Physiol* ., vol. II, 616-697, 1900; also *Ergebnisse der Physiologie* , Wiesbaden, 1903, vol. II, 818.

④ W. B. Cannon, *Bodily Changes in Pain, Hunger, Fear and Rage* , 1920, N.Y.

明，实际上实验中动物的"愤怒""痛苦"和"恐惧"反应中确实存在着几乎相同的内脏变化。他指出，区分这些主要情绪的意识特质不可能取决于根本不存在的感觉差异。像谢灵顿、戈尔茨和其他人一样，坎农得出结论："情绪反应是一种模式反应……神经传出冲动突然快速通过中枢神经系统中互相协作的特殊神经元群。这种传播方式不可预料，也不可自主再现。"

以公正的态度来看，这些生理学方面的研究成果是依靠詹姆斯-兰格情绪理论得出的，但并不是以大家普遍接受的方式得出的，这些成果似乎是对"情绪由感觉构成"这一观点的决定性反驳。然而，那些仍旧坚信感觉理论的人在讨论中经常会指出一个漏洞——在实验室测试中可能显示某种情绪并不依靠感觉，但是，难道就不会出现下列情形吗：这种情绪最初由几种感觉整合而成，这些感觉与其他主要情绪构成有细微差别，并且随后在与该类型的刺激产生关联时被记住。如果果真如此，那么这些感觉的组成成分一定在人出生前就生成了。因为华生已经证明[1]，人类婴儿无须经过任何初步的学习过程，天生就显示出至少三种具有情绪性质的反应，它们分别是"愤怒""恐惧"和"爱"。

未解决的问题

因此，我们必然要回到詹姆斯在介绍其理论时所说的一句简单的话：我们以一种既定的方式去感受，是因为我们的行为方式也是既定的。反应发生时，我们对自己的反应有了觉察，这种觉察就是情绪。除非我们选择像华生一样，否认"觉察"或"意识"构成了心理学家所描述的身体现象。我们发现自己正面临着和詹姆斯同样的问题，詹姆斯因此而被迫提出"感觉-内容"构想，而前文刚讨论过，这一理论站不住脚。

问题是，我们怎样用神经心理学术语来描述反应发生时我们对这种反应的觉察呢？

---

[1] J. B. Watson and Rosalie R. Watson, "Studies in Infant Psychology," *The Scientific Monthly*, 1921, 493-515.

运动神经意识理论

目前，人们都认为"意识，最终本质上是感觉"，这已然成为一种时尚，有谁知道为何会如此吗？否认运动神经意识存在，难道不是华生派行为主义者所逃避的大麻烦吗？他们为了避开这个麻烦，便不断强调运动神经方面的因素在行为中的重要性。例如，华生把重点放在强烈抨击诸如"感觉"（sensation）之类的元素及因此镜像出来的意向（image）。"我们称之为意识的这种东西，"他说，"只能通过内省来分析，即审视我们内心的历程。"诚然，很多现代心理学的基本设想已经被隐性假设（tacit assumption）所采纳，这些隐性假设是基于最初错误的内省证据。也许，认为运动神经意识不存在，可能是这些心理学理论的局限之一——这些内省式的研究显得无凭无据。事实上，上文中我们已经观察到相当多的情绪证据，这些证据清晰地表明，反应一发生，大脑马上就有了明白无误的情绪觉察。华生曾断言意识只能通过内省方式来进行分析，我对这一说法提出质疑。基于上文对意识本身的客观描述，我可以通过对案例进行客观分析来证明运动神经意识的存在。

我们已从前一章中得出这样的结论：谢灵顿及其他神经学家假设的内神经元能量，与在单个神经元内传递的干扰具有完全不同的特点，这种能量可以被称为"精神粒子能量"。我们还进一步提出，有大量证据表明我们可以试着接受这一假说，即精神粒子能量就是意识。

在继续讨论这一假说之前，如果我们采用其他关于意识属性的物理理论，那么我们可以说运动神经意识存在的客观证据就不会如此不突出了。例如，生理学认为，每次神经干扰传递都会产生意识。中枢神经系统的总体规划和结构，以及其他支持运动神经意识的观点，在这里都同样适用。下面我们简要讨论一下这些客观证据的要点。

运动神经意识存在的证据

（1）在生物学上，运动神经功能占据主要地位，而感官和连接机制则占据次要地位。帕克（Park）说[1]："如果用前面讨论中所使用的术语来陈述这个结论，则可以说在海绵体的细胞整合中有效应器，但没有受体或调节体。它们标志着神经肌肉机制开始出现，因为它们拥有该机制最古老、最原始的成分——肌肉。有了肌肉，身体系统的其他部分随之进化而来。"赫里克说："通过一些高等动物的例子发现，肌肉可能独立于神经，如人的虹膜，这再次证实了这一最终结论。"事实上，福布斯[2]甚至指出："肌肉具有单一型干扰的能力，这一现象在肌肉和神经纤维中极为常见。"

发现运动神经元素完全没有在意识这一产物中出现，这是我们最意料不到的事，但并非不可能。这种运动神经元素中仍然存在感官和连接器组织，但又有些许不同。

（2）人体中枢神经系统中的运动神经元，在细胞结构和突触组织类型上，都明显有别于感觉神经元[3]。我们已经知道，运动神经细胞具有更大的细胞体，且能提供更丰富的嗜染质。在固定和染色的准备中，可以看到这种物质是一种有序排列的小颗粒，而非处于分散状态，这显然是为了实现更快、更强的神经放电。此外，运动神经通道中包含的子突触最少，一旦这些又大又强的运动神经传出冲动群得到了中央突触赋予的通行权，它们就会以最少的中断次数，向合适的放电器官前进。简而言之，运动神经细胞是为携带更大、更强的能量个体而构造的，而感觉神经束似乎是为了携带更小但更多样的传出冲动群而设计的。

对于这一假说——精神粒子能量的较小单位含有意识，而较大且较简单的单位却不包含意识，我们是否能找到充足的理由来支持呢？或者说，如果意识被认为是神经传出冲动内部天生固有的，那为何这类传出冲动经过更强大的积累后却失去了意识的特征？此外，我们对比一下运动神经传出冲动和感觉传出冲动的特点，自然会发现这种差异：主要情绪意识十分强大但其传播却相对简单，而对细微感觉的觉察，表现得并不明显，但形式更为多样。如果我们找到了两种类型的神经元、两种类型的突触排列，以及两种类型的传出冲动群，我们有什么客观理

[1] Quoted by C. J. Herrick, *Neurological Foundations of Animal Behavior*, New York, 1924, p. 86. Quotation by Herrick, following taken from *same page*.

[2] A. Forbes, "The Interpretation of Spinal Reflexes in Terms of Present Knowledge of Nerve Conduction," *Physiological Review*, 1922, Vol. II, 361-414.

[3] C. J. Herrick, *ibid*., p. 237.

由认为其中一个是意识而另一个不是意识呢？

（3）需要再一次说明的是，**运动神经传出冲动现象可能独立于感官刺激之外。**任何单个的传出冲动或传出冲动群在共同的运动神经路径入口受阻，其原因不是受到与之竞争的传出冲动群阻碍，而是受到神经物质内部的物理化学条件影响。如果感觉是意识的唯一元素，这种现象就永远无法成为意识的体现，因为它们只能在刺激弧上造成感觉缺失。受试者不能觉察到运动神经阻碍，是否因为他缺乏准确的口头描述能力呢？这种情况我们经常观察到。

（4）**情感状态随着运动神经放电（motor discharge）而产生，说明情感状态应该比引发身体变化的后续感觉更加多样化**[1]。但相反的是，许多研究人员报告说，情绪状态大致相同的运动神经放电所引发的身体变化具有很大的多样性，而这些身体变化的感官意识也当然具有相应的多样性[2]。在这两种情况下，情感意识可以在受试者（包括人类和动物）的口头汇报及我们在受试者身上所观察到的运动神经态度或定势（motor attitude or set）中得以证明。许多实验者坚称自己并不相信意识，他们选定某种情绪后，不使用任何精密仪器，仅凭自然状态下观察到的受试者的运动神经态度就断定了该情绪是否在受试者身上存在。他们的这种自信真有意思。这些愤世嫉俗的客观主义者其实也依赖于自己的内省吗？

然而，如果我们假设这些报告提供了某种程度的客观证据，这些证据认为情绪意识是存在的，而这种情绪意识与因此产生的感觉有着根本上的区别，但与运动态度或主要反应模式非常一致，那么要把这种情感状态与感觉或感觉之间的意识关系联系起来，就非常困难。另外，如果我们愿意将它与"运动神经感觉"（motations）[3]关联起来，那么，要解释这些情绪就相当简单了。"运动神经感觉"是指运动神经意识的简单单位及它们在主要运动神经模式中的推断关系。

（5）**显然，情感基调可以随着改变运动神经定势（motor set）而发生变化，而与之相关的感觉却不会有丝毫变化。**十多年来我对自己进行过一系列实验，其中有三次，我通过改变自己的"潜意识"或"无意识"运动神经定势，从抗拒所施加的刺激，到接受这种刺激，从而成功地消除了严重牙痛带来的不愉快。每一

---

[1] W. B. Cannon, *Bodily Changes in Pain, Hunger, Fear and Rage* , 1920, New York.

[2] C. Landis, "Studies of Emotional Reactions," *Jour. Comp. Psy* ., 1924, Vol. IV, 447-509. (And other studies, all uniformly negative in findings).

[3] 这个术语根据上下文猜测应是 motor+sensation 的缩略。——译者注

次，运动神经定势的这种改变都通过眩晕、脸色苍白、收缩压下降等客观证据显示出来；运动神经放电的迷走神经通道因为对抗疼痛刺激由开放状态变为关闭状态。通过这些变化，我们也可以说明运动神经定势的变化。有两次，我将运动神经定势恢复为抗拒状态，那种极度的不愉快感（疼痛）又再次出现了。

波林（Boring）[1]和卡尔森（Carlson）[2]都提到一些受试者（厌食症患者），这些人感觉不到那种饥肠辘辘的痛苦，没有觅食的反应，相反，出现的是眩晕、被动的运动神经态度和对食物的厌恶。我对这种类型的一位受试者进行了三年的研究，成功地对她进行了训练，让她感受到了饥饿感出现时的强烈不适。这位受试者的运动神经态度发生了显著变化，从被动状态转为极端的觅食欲望，而且饥饿时的不愉快感也随之恢复，一定程度上，这种变化可以通过收缩压的读数得到证实。另一个初步的实验是 1926 年在我的指导下进行的——多个受试者在硫化氢刺激下态度的转变。在整个过程中，硫化氢（臭鸡蛋味）都被当作一种新型香水放在香水瓶里[3]，试验中并未产生任何愉快感。但其中一名受试者是餐厅老板，他的运动神经态度发生了变化，从抵抗变成了接受，闻到硫化氢已经不再感到不愉快了。他无法理解在吃饭时，为何瓶子一打开，就有几个顾客离开了他的餐厅。嗅觉疲劳或感觉适应性造成的影响，可以通过延长刺激间隙的长度来消除，即两次刺激的间隙为 24 小时。

单纯以感官意识的变化为基础，去解释这些研究成果是相当不易的（虽然也许不是完全不可能的）。但是，如果假设大脑能基本觉察到各种运动神经感觉及其相互关系，那么，解释起来就简单清楚了。从抵抗性的运动神经定势可以看出，运动神经感觉的冲突似乎不那么令人愉快，而消除运动神经冲突，不愉快的意识也会随之消失。

---

[1] E. G. Boring, "Processes Referred to the Alimentary and Urinary Tracts: A Qualitative Analysis," *Psy. Rev* ., 1915, vol. XXII, 306-331, at p. 320.

[2] A. J. Carlson, *The Control of Hunger in Health and Disease* , Chicago, Second Edition, 1919, p. 92 ff.

[3] 该实验由塔夫茨大学的学生于 1925 年至 1926 年完成，研究成果目前尚未公开发表。

（6）我曾在别处提到[1]，黑德（Head）和霍姆斯（Holmes）[2]的研究有力地证明了这一点：强烈意识的产生依赖运动神经的自由释放，而发生在中枢神经系统中的运动神经冲突和联合也在相应增加。如果丘脑的病变消除了大脑的抑制效应，就会产生过度反应，意识也会同时增强。我花了几乎一年的时间，试图对这个问题及相似现象进行解释，当然，我也没有偏离这一流行观点——意识是由感觉及感觉之间的相互关系构成的，除此之外，没有别的组成成分。对这个问题，赫里克（Herrick）和其他神经病学家花的研究时间要长得多，而且他们也面临着同样的大难题——对运动神经意识的否定。[3]然而，采用这种简单的方法作为意识的精神病理论，不仅默许将运动神经意识视为情感和情绪的真正基础，甚至将其作为先决条件。通过将意识的心理神经因素（我们将其视为基础）数量加倍，我们不仅可以把心理学理论所带来的复杂性降低一半，还能有其他许多成效。我们在讨论中不会考虑运动神经定势对感觉所产生的间接影响，运动神经感觉也像一般感觉一样，被客观、简单地对待。

但是，我们仍得面对当代心理学界的主流观点，因为目前心理学明确否认存在任何形式的运动神经意识。那么这种态度从何而来呢？

过去并不认为运动神经意识等同于情感

过去的心理学认为，在研究中否认运动神经意识的存在是完全有必要的，它通常给出表面的原因——没有内省证据可以证明运动神经意识中具有可识别的、与随后的身体运动有关的因素。也就是说，在对某一感官刺激作出反应时，如果动觉以这样或那样的方式消除掉了，那么即使受试者的手臂或腿被移动，他也无法说出自己的身体部位被移动过，因为他无法从视觉上感知自己的运动。当然，这方面的一些实验结果受到了严重的质疑。至少，冯特（Wundt）和其他研究者引用了同样有效的一些案例，在这些案例中，某些瘫痪患者称，由人的意志所产

---

① W. M. Marston, "Thoery of Emotions and Affection Based Upon Systolic Blood Pressure Studies," *Am. Jour. Psy.*, 1924, vol. XXXV, p. 496 ff.

② H. Head and G. Holmes, "Sensory Disturbances from Cerebral Lesions," *Brain* , 1911, vol. 34, p. 109.

③ C. J. Herrick, *Introduction to Neurology* , Phil., Second Ed., 1920; see especially, pp. 284-290.

生的神经支配感觉能够使这些瘫痪患者运动起来。在这些案例中，其实是不存在实际运动或运动的动觉的。①

同样，不时有人发表一些值得怀疑的报告，讨论他们观察到或观察不到的"神经支配感觉"或所设想的纯运动神经意识个体。但是，近几年，人们的注意力逐渐从这个方面转移到其他的争论上面，这些争论更为简单，也更能直接引发兴趣。心理学一直以平和的态度、最大的可能容忍着一种基本的意识范畴——感觉，人们一直把所有的意识体验都塞进感觉这个意识范畴，不管这些意识体验变得多么扭曲。关于感觉是什么，人们作出各种臆断，所有可用的物质基础已经被这些推断占据。要用感觉术语来定义运动神经体验是一件痛苦的事情，没有一位精确的内省者愿意忍受。因此，许多心理学家设想，明显带有运动特性的意识因素（如意义、意图、目的等），必须依赖非物质基础②。也难怪，心理学家们能够从这一设想中找到些许慰藉。

事实上，这些年里，心理学家似乎并没有找到运动神经意识，这只是因为他们不知道要寻找的是什么，因此，也便一次又一次地与运动神经感觉擦肩而过。关于感情基调或情感的本质，从已知的最早推测中，我们可以经常发现这种论断：感情基调本身存在于感觉之中，愉快与不愉快这些情感特质都是感觉体验不可缺少的部分。从内省的角度可以观察到，感情基调与感觉之间的联系是非常紧密的，因此，即便最为严苛的逻辑分析都无法试图割裂二者的联系。奇怪的是，这一点似乎没能令这些心理学分析学家发现，在正常的情况下，感情基调中能体现出丝毫的运动神经意识。

运动神经感觉被认为是人体对运动的一种感官察觉，因此，人们一直在参与骨骼肌肉神经支配的运动神经传出冲动通道中，在不可能存在的意识形式中寻找运动神经感觉。心理学一直在寻找一种"运动-神经感觉"，只要有运动神经传出冲动通过测试中的神经干，"运动-神经感觉"就会让受试者得知。这种察觉（如果存在的话）本质上仍属于感觉。如果真正能发现"神经支配情感"这类意识因

---

① For brief summary and discussion of this early controversy, see E. B. Titchner, *Text Book of Psychology* , New York, 1912, p. 169 ff.

② Wm. McDougall, for instance, holds that meaning, value, purpose. and unity of consciousness have no physical correlates in the brain, W. McDougall, *Body and Mind* , 1918, pp. 175, 271, 298, etc.

素，那么它一定是一种整合体，整合了想象的动觉（能提示受试者发生了运动），以及从感官上觉察到物体的阻力运动（不管是受试者的肢体还是来自外界环境的物体）。因为所有的组成因素都是感觉方面的，从这种整合体验上，我们没有理由将单独的分类作为运动神经意识根本的、唯一的类型。心理学似乎一直在寻找一种新型的人类——能伪装成有三条腿的人，却没有意识到，就算找到这种人，他所代表的也只不过是人们早已知晓的怪物而已。

情感刺激是中枢神经内部的，不是源于外界环境的

此外，心理学接受感觉却排斥运动神经感觉，还有心理学方面的原因。引发感觉的刺激是明显的环境方面的刺激，而引发运动神经感觉的刺激（假设运动神经感觉是运动神经中枢的整合性精神能量）是一种隐匿的、很难接触到的刺激。在突触连接处形成运动神经感觉的特殊运动神经传出冲动，因受到中枢神经系统内的刺激而进行传播。这种刺激能决定感觉中枢内部激发的感觉传出冲动，而这种感觉传出冲动最初是受到环境刺激而激发的，环境刺激很容易观察到。人们普遍承认的事实是，虽然某一环境刺激总是在各种场合都能唤起几乎相同的感觉，但这种感觉可能有时是愉快的，有时是不愉快的。尽管在本章开头，我们已经间接证明，只要有不同的情感基调产生，实际上，就已经激发了不同的运动神经传出冲动，但是，不管是哪种情况下激发的运动神经传出冲动，我们都无法直接对其进行观察。

因此，我们也不难理解，心理学，就像乔治·艾略特（George Eliot）的小说《罗慕拉》（Romola）里的蒂托·莫乐马（Tito Melema）那样，已经采取了看似最简单的方式摆脱一个难题，即对于引发该难题的隐藏根源相关的所有主张，一概否认。于是，心理学家一直忽略了中枢运动神经传出冲动的情况，下意识地寻求虚假、简单的科学描述，而这种描述本应该是从感官意识的角度来定义感觉和情感的。

尽管心理学目前似乎是安全的，然而，心理学不能指望一直逃避这个问题——确定将感觉和运动神经整合的基本原则。正是通过这种整合，由环境刺激机械地引发的初始传入传出冲动，成为精神感觉的能量单位，或称为感觉。正是通过这些集中产生的感觉单元的隐藏属性，才能因为生机论因素而形成所有形式的连接

性整合和运动神经整合。

环境刺激与身体运动之间的干预因素分析

中枢系统的精神能量刺激通过激发中枢内的运动神经传出冲动作用于传出神经。这种刺激具有独有的特征，与目前归为感觉刺激的那些刺激一样，清晰而容易发现。这种刺激是环境刺激与最终身体行为的因果关系链的中介，是生机论型的诱因。这种刺激的性质及其对运动神经放电的影响不能由环境刺激的性质来提前确定，环境刺激只是起了间接引发的作用。因为存在太多干预因素，这些因素受受试者机体整合机制的影响，也受刺激发生时的机体状态影响。如果所有这些变量都是已知的，那么完整的心理-神经描述必须包括以下内容：

（1）机械论的诱因

（a）环境刺激，引起。

（b）传入，感觉，神经传出冲动，引起。

（c）感觉，即感觉中枢的精神传出冲动，引起。

（2）生机论的诱因

（d）思想，即连接中枢的精神传出冲动，引起。

（e）运动神经感觉，即运动神经中枢的精神传出冲动，引起。

（f）传出，运动神经传出冲动，引起。

（g）身体行为。

比较古老的心理学内省主义学派倾向于从诱因（d）"思想"，跳到诱因（f）"运动神经传出冲动"，并将诱因（e）"运动神经感觉"与一个或多个上述因素结合起来。而目前，即便心理生理学家也几乎不会考虑诱因（c）和（d），因为两者都带着内省主义色彩，所以现在产生了更大的差距，几乎所有的心理物理学描述都从诱因（b）"感觉传出冲动"，跳到诱因（f）"运动神经传出冲动"。在这些描述中，通常认为感觉和运动神经感觉都发生在中枢神经系统中的感觉兴奋传导中。但华生派的行为主义者是所有人中跳跃得最为灵活的。他们扬扬自得地从诱因（a）"环境刺激"一下子跳到最终结果（g）"身体行为"。他们觉得这样做让自己避免了很大的心理学难题啊！但是，如果这些行为主义者真的遵循自己描述的公式，那么刺激和反应之间的因果链中将会留下怎样不可解释的空白？这就像将几滴酸倒入一个装满沸腾的未知化学品的大桶中，然后分析大桶混合物的样品以确定这种酸性刺激物对大桶中原有物的作用。

心理学的创始者都是内省主义者，他们的错误不在于过多地赘述心理-神经链中的诱因，而在于忽略了一个非常关键的诱因，那就是运动神经感觉。因为，正如我们看到的，运动神经和突触都有各自独特的结构和组织，所以，这就要求从整体上将其作为一种基本诱因进行分析与描述[①]。赫里克说道："简言之，对于反射反应和协商反应（包括自愿反应），在神经突从传入弧转到输出弧，其本质就发生了突变。"

回顾心理学否认运动神经意识的态度，我们可以将其与一个小孩相类比。这个小孩知道他自己的玩具与圣诞老人或快递员之间的因果关系，但完全不知道新生儿是从哪里来的。因为他知道玩具都是别人送来的，所以他会认为新生儿一定也是由别人送来的，所以当得知医生送来了自己的妹妹时，他看起来满心欢喜。迄今为止，心理学已经能将感觉与能看到、能接触到的原因联系起来，但似乎还没能将感情与隐藏的或无法接触到的原因联系起来。所以心理学满足于这一观念：情感是现成的，受已知的同一类刺激——环境刺激所激发。心理学还进一步推断，因此而获得的任何东西，包括情绪，必然都是某种形式的感觉。

随着心理学的不断发展，它会发现这些都不过是我们自产自销的作品。通过研究感觉，心理学会发现刺激是来自体外的，然而反应，即感官意识是来自体内的；此外，在运动神经感觉（情绪）的研究中，刺激（连接运动神经意识）来自体内，而反应（身体行为）来自体外。对这两种刺激和这两种反应都必须进行客观描述。但是，引发感觉的环境刺激容易观察到，须视为诱因；对运动神经感觉作出的身体反应已受到检测，须视为结果。如果这些潜在的因果关系能清楚地为人们所理解与接受，那么心理学家应该就能相对轻松地估算这些未知的因果关系组的数量了。

小结

总体来说，在本章我尝试忽视运动神经意识的专业禁忌。无论是根据精神病

---

① C. J. Herrick, *Neurological Foundations of Animal Behavior*, New York, 1924, pp. 235-236.

学，还是根据生理学的理论来对意识进行客观分析，都能发现至少有六种证据支持以下结论：运动神经意识必然存在，并且构成与感觉意识同等重要的一个分类。因为，在结构与组织方面，中枢神经系统的运动神经机制与感觉机制有着本质上的区别，因此我们建议，就其物理机制而言，运动神经意识必须在整个心理神经学中，作为一个明显的独立诱因来进行研究。我们已经竭尽全力地按序阐明这一系列诱因，这些诱因将环境刺激与最终身体反应联系起来。我们发现，在这条因果链上的一个环节——运动神经意识，迄今为止一直为心理学的所有学派所忽略。至于心理学在这一问题上的古怪行为，究其原因，很有可能是因为从未有人将运动神经意识等同于感觉和情感，因而运动神经意识也从未被大家认可。心理学一直在寻找"神经支配感觉"及对运动的觉察（与感觉类似），借此机会寻找隐藏在某处的运动神经意识，但是，它当然不在那里。运动神经意识是一种情感意识。运动神经感觉或运动神经意识最简单的单位是愉快与不愉快这两种情感，而主要情绪在运动神经感觉的一系列复杂情绪中居于次位。

在本章的开头部分，我们从生理学角度对詹姆斯-兰格理论进行了批驳。我们的分析显示，迄今为止，情绪心理学最重要和最紧迫的问题，仍然是詹姆斯最初意识到但给出了错误回答的问题。这个问题就是：在运动神经反应出现之时，如何用心理神经学的术语来描述对这种反应的觉察？对此，本章已经给出了一个新的答案，即运动神经反应出现之时，我们通过运动神经意识或运动神经感觉或情感意识（这三个术语是同义词）可以意识到我们的运动神经反应。在中枢神经系统的运动突触处有一些精神组织，或者说连接组织，运动神经意识（或者情感意识）是这些组织内部所释放的精神能量。

第五章

主要情感的整合原则

否认运动神经意识的存在，不仅阻碍了情绪理论的充分发展，也将心理学在情感基调理论带入了死胡同。冯特（Wundt）[1]于 1896 年提出了情感三度说（tridimensiony），这是唯一一个彻底偏离普遍观念的主张。普遍公认的观点是主要情感只包括愉快和不愉快两种，而冯特认为存在六种主要情绪：愉快和不愉快、兴奋和沉静、紧张和松弛。冯特的理论几乎完全基于内省，也许他已经尽量做到足够精确，但该理论没有将愉快和不愉快之外的其他四种情绪要素与明确的心理-神经机制联系起来，以证明其理论所述的六种情绪都是主要情绪。

铁钦纳（Titchener）也非常精通内省，认为"兴奋、沉静、紧张和放松是众多不同情感的泛称。"[2]也就是说，铁钦纳的自省让他相信由冯特提出的另外四种情绪是的确存在的，但应该将其视为复杂的情感体验而不是主要情感基调（primary feeling tones）。为了支持其理论，冯特提出的唯一一类客观数据来自以下研究（这些研究包括测量六种主要情绪应表现出的生理变化），这些研究旨在表明，从内省角度提出的这六种主要情绪，都是彼此独立出现的，尤其与愉快和不愉快的情绪无关。海斯（S. Hayes）[3]和其他学者发表了研究成果，在这一点上准确地反驳冯特的结论。这些研究倾向于表明，冯特提出的另外四种情绪体验要么与愉快和不愉快的情绪密切相关，要么是更复杂的情感体验，可由实验条件设

---

[1] W. Wundt, *Grundzüge der Physiologischen Psychologie*, ii, 1902, p. 263.

[2] E. B. Titchener, *A Text-book of Psychology* , New York, 1912, p. 251.

[3] S. P. Hayes, "A Study of Affective Qualities." Ph.D. Thesis Cornell. *Am. Jour. Psy* ., 1906, XVII, pp. 358-393.

立，与任意客观标准都没有独立联系。随着时间的推移，所有争议逐渐消失，并且随着内省派至高无上的地位的下降，很少再听到有人列举出除愉快和不愉快之外的其他主要情感。因此，目前我们可以集中注意力去讨论最初的这对主要情感基调，因为其存在似乎是有充足的客观证据的。

主要情感包括愉快和不愉快，
二者产生于运动神经的联合和冲突

生理学家和神经学家的理论似乎在这一点上出奇地一致，都认为不愉快的感觉与神经传出冲动之间的冲突或相互干扰是有联系的，而愉快的特征表现为没有冲突，或中枢神经系统中传出冲动的畅通无阻。赫里克（C. J. Herrick）[1]的观点在心理学家中或许颇具代表性，他说："只要反应变成了意识，明确、复杂的神经回路能产生让人愉快的自由活动，这种神经回路的正常释放就让人产生愉快感（当然，在严格意义上，大部分的这些反应是本能反应，不具有意识性）。相反，不管在何种情况下，对这种释放的阻碍会导致神经中枢的郁积、刺激的累加和没有得到释放的、不愉快的神经紧张状况，直到发生恰当的适应性反应之后才得到释放。"然而，"神经中枢中没有得到释放的刺激累加（包括郁积、紧张及对紧张能量自由释放的干扰），造成一种不愉快感，这种感觉反过来（至少在更高类型的意识反应中）对其他参与反应的相关神经中枢形成一种刺激，直到最后，适应性反应的合适通道打开了，这种情况才得到缓解。随着紧张的缓解和释放，情绪明显转变为愉快。"也许应该指出，赫里克并没有特别说明，未得到释放的刺激累加或神经传出冲动的释放导致不愉快或愉快的感觉，是在哪一种特定类型的神经中枢（感觉中枢还是运动神经中枢）中发生的。但是，他说，在一个临近通道中，也许因为两种传出冲动争夺同一个最后的通道，发生冲突，因而引起这种郁积，而且，我们必须假定这些神经传出冲动的相互促进和干扰发生在中枢神经系统一些适当的连接体或运动神经中枢内。

---

① C. J. Herrick, *Introduction to Neurology*, 1920, Phila, and London, pp. 286-287.

　　黑德（Head）和霍姆斯（Holmes）[1]的研究清楚地表明在神经传出冲动行为中，所发生的变化不管与愉快和不愉快的增加有何种联系，这种变化主要体现在所涉及的各类反射弧的运动神经方面。他们研究的是丘脑受损伤的人类受试者。在这些案例中，这种损伤最重要的影响在于，消除了大脑半球对运动神经放电很大一部分正常的抑制作用。黑德（Head）和霍姆斯（Holmes）所述的行为变化包括对感官刺激产生的过度身体反应，同时伴随愉快或不愉快感的增加，而愉快或不愉快感与体验到的感觉相关联。似乎感觉阈值没有变化，纯粹感官反应的任何部分也没有大的改变。总之，总体上的影响属于运动神经方面而不是感觉方面，并且，如受试者所称，运动神经的联合和干扰数量的增多和程度的增强导致了愉快与不愉快感也增强。

　　受该研究及医学心理学的其他相似数据的影响，人们普遍认为，神经能量的自由流动和神经传出冲动之间的互相冲突和干扰（生理学家和神经病学家认为它们与情感基调有着明确的联系），应该在运动神经中枢而非感觉中枢中去寻找。例如，伍德沃斯（R.S.Woodworth）[2]从这个角度给出了他的解释：如果把这一事实用神经术语来表述，我们认为，愉快是伴随神经调节而产生的，目的是使事物保持原状；而不愉快伴随的神经调节指向解脱（riddance）。"让事物保持原状的神经调节"一定是由畅通无阻的运动神经传出冲动自由流动构成的，所有一切都联合起来，目标都指向整个机体的统一行为模式，而且没有遇到任何反对。而"指向解脱的神经调节"也同样明确，一定是由一个运动神经定势（motor set）而非感觉定势（scnsory set）构成的。这种定势也暗示了与客体之间存在一些运动神经冲突，个体会自己摆脱这些冲突。在神经学上，一些主要情感的产生源于运动神经定势而非感觉定势。

运动神经的联合和冲突是如何产生意识的

　　这一结果让研究情感的心理生理学理论面临一个问题，该问题与情绪理论面

---

① H. Head and G. Holmes, "Sensory Disturbances from Cerebral Lesions," *Brain* , 1911, vol. 34, p. 109.

② R. S. Woodworth, *Psychology* , New York, 1925, p. 178.

临的问题相同（情绪理论我们会在最后一章讨论）。该问题是：如果我们的两种主要情绪——愉快与不愉快依赖运动神经中枢内神经传出冲动之间的联合与对抗，那么，这种运动神经现象是如何产生意识的？

关于"情感是感觉的必要部分"的理论

我们已经采取了两种不同的方法，来试图完成一个看似不可能的任务，那就是从感觉的角度将运动神经现象纳入意识范畴。许多老一派的心理学家都采用了第一种方法，这种方法提出一个简单的假设，即假设情感只是感觉的必要部分。那么，愉快与不愉快都应被称为感官体验的不同方面，而且我们必须作出这样的假设：没有情感基调就没有感觉。该假设离真相近在咫尺，但是要解释为什么某种感觉所经历的情感基调发生了变化，而感官刺激并没有发生变化，却无比艰难。情感发生了变化，针对所体验到的感觉而作出的运动神经反应似乎也会同时发生变化，感情的变化似乎并非感觉意识固有的部分。而且，我们仍然很难找到这样一种后继发生的神经机制，这种神经机制可以作为一个感觉事件必不可少的一部分反射回去，而这个感觉事件可能之前早已发生，或者在运动神经现象产生之时已经完成。

当时，我自己研究这一问题时，顾虑心理学对运动神经意识问题的避讳，花了大半年时间，想要在心理学或神经学文献中找到某种可行的机制，使运动神经冲突与联合可以视为将情感基调加入已有的感觉中。我想到的最好办法是，假设运动神经阻碍会导致感官传出冲动阻碍，从而增强了其在感官中枢的强度，使之高于明确的感官意识的上阈限；而运动神经传出冲动的相互促进作用则会导致感官传出冲动的强度减弱，低于下阈限。这一理论只是将愉快和不愉快定义为近似感觉（阈上和阈下的感官觉察），但从感觉层面来勉强解释运动神经现象，我也只能做到这一步了。最初想到这个方法，我自认为相当巧妙，但经过约两年的观察和实验，我发现这个理论有缺点。事实并非如我所想象。感觉和它们所依赖的运动神经现象，不能简单地从近似感觉的层面来定义，它们显然发生在感觉完成后，并且完全独立于感觉。证明自己的理论有误后，我跟之前的大多数心理学家一样，不得不把与"情感基调是感觉的必要部分"相关的所有尝试一并放弃。

关于"内脏感觉也是情感"的理论

第二种方法是一种现代方法，即使在当下，许多心理学家仍在采用这种方法，努力从感觉角度将运动神经现象归为意识，这种方法把某些感觉（通常是内脏感觉）任意分配，以此构成情感基调。至于为什么内脏感觉一般被认为具有特殊的情感价值，这很难说。其中一个可能的原因是，比起源于身体表面的那类感觉，内脏感觉不是很明确，同时长期以来也未被认可。直到1912年，坎农（Cannon）和沃什伯恩（Washburn）成功识别了饥饿带来的胃部感觉[1]，而卡尔森（Carlson）[2]、博林（Boring）[3]和其他人对消化道感觉的实验观察，也是当代研究者正在做的工作。这些实验确实表明内脏受体虽然微小但也对极端的温度、压力和痛苦有明确反应。它们会唤起可识别的感觉，但不会唤起情感。如果按照詹姆斯-兰格的说法，主要情感和情绪完全由内脏感觉组成，那么如何解释内脏感觉既具有感觉又有情感的双重特征，而由身体表面相应的受体机制产生的其他感觉只拥有感觉这一单一特征？

然而，如果没有其他更加难以克服的困难，这种心理生理结构上的细微特性，并不能阻止心理学家对这种内脏-情感理论的孜孜以求。然而，对拥护詹姆斯-兰格学说的人来说，确实存在着明确的实验证据，使内脏感觉不能从理论上发展为情感基调意识。正如上一章中指出的，坎农已经证明（按照兰利描述的内脏自主神经支配），由中枢神经系统的运动神经放电引起的内脏变化规模很大而且模式统一。也就是说，影响内脏的自主运动神经以非突触神经网络的方式发挥作用。因此，如果内脏的一部分以某种方式发生改变，所有该神经网络控制的内脏区域都会同时受到同样的影响。坎农表示，在这种情况下，不同的情绪和情感状态会产生相同的内脏变化。如果内脏的变化是相同的，那么这些变化产生的感觉怎么

---

[1] W. B. Cannon and A. L. Washburn, "An Explanation of Hunger," *Am. Jr. of Physiology*, 1912, vol. XXIX, pp. 442-445.

[2] A. J. Carlson, *The Control of Hunger in Health and Disease*, Chicago, 1916, Ch. VII, p. 101, *The Sensibility of the Gastric Mucosa*.

[3] E. G. Boring, "The Sensations of the Alimentary Canal,"*Am. Jou:. Psychology*, 1915, vol. XXVI, pp. 1-57.

会不同呢？坎农认为没有不同，并且得出以下结论："一些心理学家认为，人体的不同状况可以区分不同情感。也许这些能够区分情绪的身体状况并不是在内脏中，而是在别处。"①

有人会认为生理学家对这个问题的讨论就是最终结论了，但显然，有些生理学家在疯狂冲动的驱使下，千方百计地想把情感基调与感觉拉上关系，坚持不懈地想找到心理学权威意见中的漏洞。奥尔波特（Allport）就是其中一员，他说②："自主颅骶神经……支配这样一些反应，该反应带来的传入传出冲动与愉快的意识特性相关。交感神经部分则产生代表不愉快意识的内脏反应。"这个想法恰恰是坎农的结论所驳斥的。但是奥尔波特想用自己对坎农结论的解读来支持内脏情感假说。他引用坎农的理论说，以愉快为基调的情绪会导致运动神经放电，这个过程通过自主神经系统的颅骶分支来完成。所有不愉快的情绪都会通过自主神经系统的交感分支（胸-腰）释放到内脏器官。我确信奥尔波特并非有意曲解坎农的结论，所以我们只能假设，由于其对内脏情感假说的热爱，奥尔波特以出人意料的方式过度解读了坎农的理论。因为坎农③说："例如，在恐惧、愤怒和极度兴奋时，内脏中的反应太统一，不能作为区分人体状态的有效手段，这些状态至少在主观特性上十分不同。"根据坎农的理论，恐惧、愤怒和强烈的喜悦导致了交感运动神经放电，就像情绪会产生性高潮、产生焦虑、欢愉、悲伤和深切的厌恶④一样，也会导致这种放电。奥尔波特把强烈的喜悦、欢愉和性高潮看作不愉快的情感状态，我们能接受吗？如果不能，那么奥尔波特的理论，通过交感运动神经传出冲动导致不愉快的感觉就自相矛盾了。同样，坎农强调，各种强烈的不愉快情感，如极度的恐惧，都可能导致骶骨运动神经放电，从而使膀胱和结肠排空。对于坎农的这一观察，奥尔波特一定没能找到什么依据来支持他理论的第二部分，即将愉快的情感等同于由骶骨放电而产生的感觉。

---

① W. B. Cannon, *Bodily Changes in Pain, Hunger, Fear and Rage*, New York and London, 1920, p. 280.

② F. Allport, *Social Psychology*, Cambridge, 1924, p. 90.

③ W. B. Cannon, *Bodily Changes in Pain, Hunger, Fear and Rage*, New York and London, 1920, p. 280.

④ W. B. Cannon, *Bodily Changes in Pain, Hunger, Fear and Rage*, New York and London, 1920, p. 279.

内脏情感理论的妙处在 W.W.史密斯[①]那里已经达到了极致，首先要说明的是，史密斯将其情感成分命名为"积极情感基调"和"消极情感基调"，分别指促进或延迟对所记忆词汇的联想回忆。他说，这些情感非常接近愉快与不愉快。史密斯一开始就申明坚定不移地相信詹姆斯-兰格的情绪理论，并进一步假设所有的情感状态仅由"内体感觉"组成。因此，他的问题是：哪些内脏感觉构成积极的情感基调，哪些又构成消极的情感基调？史密斯的回答同大部分人一样，基于运动神经传出冲动的情况；同时，像其他人一样，他认为积极情感基调就是和谐的运动神经放电，来自合作的想法，而消极情感基调就是冲突的运动神经放电，来自对立的想法。

然后史密斯努力要成为"创造奇迹的人"，他试图以一种极其新颖的方式将这些和谐和矛盾的运动神经传出冲动转化为感官意识。他说，运动神经传出冲动是潜意识的，这些传出冲动有独特的能力，以我们难以理解的方式，去唤起内脏感觉，从而构成实际的积极或消极情感的意识内容。史密斯说，如果"受潜意识支配的生理机制"是不相容的，"由此产生的内脏感觉，如果我们去观察的话，会产生一系列的情感基调"（消极的）。这种潜意识诱发的内脏感觉冲突相对缓和后，就带来积极情感基调，这一点"在本质上构成对比效应"。这真是令人震惊的学说！奥尔波特可能修改了兰利和坎农的理论来迎合自己的需要，他坚信，同一内脏感觉会因引起该感觉的愉快或不愉快而不同，但是史密斯的观点更胜他一筹。史密斯不但认为神经网络类型的传导器能够造成内脏的不同变化，而且似乎还暗示，在这一神经网络内部起作用的阈下运动神经传出冲动，能超越其分类限制，产生比最强烈的阈上传出冲动带来的情绪更强烈的最终反应。愿这一理论永存！愿它像座纪念碑，让后代看到人类怎样勇敢而徒劳地光耀内脏感觉这一事业，杂技般的心理学达到了怎样的高度！

尚未解决的问题

即使从上述简短的评论中也可以看出，许多权威专家大体赞同愉快和不愉快需要物理基础。尽管大家基本认同，情感基调取决于运动神经倾向的联合或冲突，

---

① W. W. Smith, *The Measurement of Emotion* , New York and London, 922.

但两种将运动神经传出冲动纳入感觉意识范畴的方法均已宣告失败。一方面，没有事实依据能够支持这一假设——运动神经现象可通过追溯的方式将其自身属性带入先前感觉。另一方面，诚然，运动神经放电与强烈的情感基调有关，但生理学家发现，运动神经放电并不能产生足够强烈或丰富的感觉，因而不能与愉快和不愉快的相关情感联系起来。把情感或运动神经放电纳入意识范畴的问题仍未解决。

情感基调即运动神经意识，或运动神经感觉

在上一章，我提出了自己的解决方案。我大胆踏入了许多人不敢涉足的地方。我跨入了心理学长期以来奉为禁忌的运动神经意识的大门——运动神经意识。一旦进入这一禁地，就会发现，构建情感和情绪理论的材料唾手可得。既然接受了权威专家一致认同的结论，即运动神经的相互促进和冲突是愉快和不愉快的基础，我就只能在运动神经中枢必然会产生的精神粒子能量中选取合适的单位，因为运动神经传出冲动就是在运动神经中枢进行整合的。注意！运动神经意识的这些成分就是愉快和不愉快。承认有运动神经意识存在，就无须转弯抹角地去解释由运动神经放电引起的情感觉察。这种觉察已经在精神粒子中出现，而我们所讨论的运动神经传出冲动就源于精神粒子。

愉快和不愉快的整合原则

连接性的神经传出冲动从各个相关的大脑中枢到达特定的初始运动神经精神粒子，并且在那里整合为有特定导向的运动神经传出冲动。这些特定的运动神经传出冲动继而会相互结合形成精神粒子连接，或者与先于它们占领最后通路的运动神经传出冲动结合形成几组精神粒子连接。在大脑最高级的运动神经中枢与通向肌肉和腺体的最后神经通路之间，在这一系列的精神粒子中，受神经支配的、联合或对抗的整合关系也许就存在于各种运动神经干扰之间，这些干扰在所述的精神粒子中结合起来。因此，每一运动神经传出冲动的突触连接必将产生两种主要运动意识元素之一，即愉快或不愉快，也必将形成各种复杂的运动神经感觉，这些运动神经感觉与附加的复杂传出冲动关系相对应。

据此，运动神经精神粒子中任意两个运动神经传出冲动的相互促进构成了愉

快的意识，而运动精神粒子内部两个或两个以上运动神经传出冲动的拮抗则构成了不愉快的意识。

运动神经感觉基本元素（愉快和不愉快）的因果属性

根据之前提出的理论，愉快和不愉快是运动神经意识的基本元素，但说它们是基本元素并不意味着所有复杂的运动神经感觉都源于这些元素或单位。在我看来，这种对因果概念的误解，就好比误以为水只由氢和氧构成一样，或者说，误以为氢和氧本身就包含了形成水所需的全部元素。正确的看法应该是：当氢和氧按一定数量比例结合成复杂的关系时，构成氢原子和氧原子的简单能量个体会相应地生成更为复杂的稳定能量，即生成水。的确，这种复杂的能量形式包含氢原子和氧原子，但它还包含自身特有的能量单位，而这些能量单位此前并不存在于氢原子或氧原子中。这种观念只不过是将物理学的基本分析方法运用到机械论类型和生机论类型诱因上。氢和氧作为机械论类型诱因形成了水，而水作为生机论类型诱因，其所拥有的能量并不是它所谓的元素（氢或氧）中固有的。同样，为了厘清思路、消除对"基本元素"这一普通概念的误解，最好将愉快和不愉快看作既简单又综合的单元体，可形成更为复杂的情感基调单元。尽管这些复杂的情感单元可能都含有愉快或不愉快，或者愉快和不愉快都包含在内，但它们必定会获得新的运动神经感觉属性，而这些属性并不属于愉快和不愉快的本质属性。

对愉快与不愉快理论可能存在的异议

对于这一假设——愉快和不愉快是基于神经传出冲动的简单促进和冲突——有哪些异议？有一种反对观点不时地引发争论，这种观点认为，不愉快并非基于运动神经冲突，因为我们一些最快速的反应是极为令人不快的。这一论点认为，快速反应并非由运动神经冲突引起，因此，极度不愉快出现之时，并没有相应的运动神经干扰。然而，与当前诸多心理学难题一样，该观点的提出，仅仅是由于无法厘清仍有待商榷的神经传出冲动问题。确实，快速反应并非源于之前结合的运动神经冲突元素，但毫无疑问，几乎所有紧急情况下作出的快速反应都会引起运动神经冲突。例如，一个人静静地走在乡间小路上，正做着"白日梦"，幻想着有什么好事要发生，这时，一辆轿车从身后冲出来，鸣着喇叭，这个人受到惊吓，会以最快的速度跳到路边。运动神经传出冲动宣泄出来，并且引起跳跃，这一过程中运动神经传出冲动并未减少。但在这之前，是什么传出冲动一直控制着这个人的身体和思想？就在听到喇叭声之前，大量运动神经放电已在宣泄，但随后全部被跳跃传出冲动猛地切断了去路。因此，运动神经传出冲突一定此前就存在，而运动神经放电的强度，可以说明之前的运动神经定势是被强行中断的，而不是进行和谐的调整。这类在危险的压力下作出快速且高效的反应，似乎证明了不愉快就是运动神经冲突，而不能作为反对这个观点的证据。

与之相反，这一反对观点还认为，愉快并非基于运动神经传出冲动的积极促进，因为由愉快引起的情绪看起来散漫而随意，就像之前提到的乡间漫步一样。但同样，这一观点似乎并未完整准确地了解这其中的神经关系。同时跨过特定精神粒子的不同神经传出冲动之间的相互促进，不应同由其引起的、（位于最后传出路径中的）运动神经应激反应的强度相混淆。事实上，福布斯（Forbes）和格雷格（Gregg）已指出，任一单个神经纤维的应激反应，其正常上限是很快可以达到的，而强烈刺激随后会对神经内部的正常干扰附加上一种次节奏。因此，似乎只有联合后的传出冲动强度极弱时，运动神经传出冲动完整的相互促进才不会受传出冲动波次干扰[①]。肌肉运动的迅速和果断，并非源于任何运动精神粒子中运动神经传出冲动的完整促进，而是源于成功的运动神经传出冲动的强度，这些运动神经传出冲动引起了肌肉收缩。简言之，正是两种运动神经传出冲动结合的完整性，决定了我们感受到的愉快的程度。而运动神经放电的强度与此无关，除非随着两种或两种以上运动神经传出冲动中任一传出冲动强度的增加，这两种或两种以上运动神经传出冲动的完全结合会越发困难。换言之，身体行为越迅速、

---

① A. Forbes and A. Gregg, "Electrical Studies in Mammalian Reflexes," *Am. Jour. of Physiology*, vol. XXXIX, Dec. 1915, pp. 232-233.

"当哺乳动物的神经干，如猫的坐骨神经或其主要分枝之一（腘或腓），受到强度分级的单一感应冲击，由此引起的反应电流用弦线电流计进行单相记录，电反应的强度会随着刺激的增加而加强，直到刺激强度的值达到约 40 Z 单位。之后，只要仍保留着简单反应电流记录的典型形式，刺激强度继续增加，而反应强度不再增加。简言之，反应电流有个最大的上限值。感应冲击的强度增加到足够大（通常约为 200Z），电反应便不再显示为简单的曲线，而呈现为不规则的形状，这一点，随着冲击强度继续增加而变得越发显著。"

越突然，就越难以是完全愉快的。

对于将愉快等同于运动神经传出冲动放电的自由流动的说法，另一种反对观点建立在以下论据上：任何经过练习的反应都会来得更顺畅、更不受突触的阻碍。因此，某一行为越习以为常，引起该行为的运动神经放电也必然越顺畅。然而，这类行为并不比练习少的反应更使人快乐，它们反而在情感基调中会变得淡漠。该观点谬误首先在于，运动神经传出冲动的自由放电根本不等同于结合的精神粒子中神经冲动的相互促进。习惯性行为确实能实现运动神经放电最大的自由化，但习惯性行为并非源于不同运动神经传出冲动之间相互促进的最大化。恰恰相反，某一反应越习以为常，就越是低阶的身体反射。也就是说，根据意识的精神粒子理论，这些反射用到了最少的突触，使得能量放电可以不断自由地穿过单个运动突触，引起一种最少的意识。而那些需要在数以百计或千计的运动突触中进行运动冲动整合的身体行为，会引起最大化的促进（愉快）或冲突（不愉快）。因此，对习惯性行为的淡漠态度，再次正面支持了我们提出的理论，而且似乎每一点都与我们的理论相一致。

纯粹地练习某一反应会导致冷漠或不愉快，这个说法远非事实。这种主张就好像说，一个不会打高尔夫球的人，可能更喜欢每次击球，而不是最后获胜；或者说，一个人会更喜欢一个赛季的练习，而不是练习几个月后，获得完美的回报。而实际情况并非如此。只要与该运动相关的意识本身并不减弱，将某一动作练得越完美，完成的人就越愉快。也就是说，只要该运动不是由一个更机械的、包含的突触和精神粒子数量更少的心理神经反射来完成的，那么，将某一动作练得越完美，完成的人就会越愉快。

有人反对该理论的运动神经意识说，他们认为，大多数运动神经传出冲动最终都可能释放出来，而不是必须与任何想要占用共同通道的运动神经传出冲动形成促进或干扰的突触关系。有人认为，如果是这样，我们就能设想，几乎我们所有的反应都会产生冷漠的情感基调，而事实上，几乎所有人类反应中不属于习惯性的或无意识的反应是能明显感觉到是愉快还是不愉快的。我完全同意的是，一个完全无动于衷的反应是相对罕见的，因此，我们的运动神经意识理论，必须能解释与大多数反应相关的、运动神经传出冲动间的相互促进或冲突。引用谢林顿

（Sherrington）的观点来说，[①]任何两个共存的运动神经应激反应之间完全的冷淡感是否有关联还有疑问，因为中枢神经系统，特别是大脑的整个突触结构很复杂，而且紧密相连。不管怎样，这个问题非常重要，如果可能的话，它将有利于发现神经系统整体功能的基本条件，进而解释为什么所有运动神经传出冲动在最终传出放电前，必须形成突触促进或对抗。在对有机体的连续或紧张性放电研究中，可以探求到这一基本原因，该放电现象在有机体整个生命中贯穿始终。

稳定的紧张性放电引起最初的愉快或不愉快

最近的神经学研究倾向于强调紧张性运动机制的重要性，这种机制持续抵抗环境力量，随时准备着作出适应行为。关于去大脑僵直（这种情况影响的机制与紧张性放电中的机制相同），谢林顿（Sherrington）写道[②]："它主要影响的肌肉是那些在某种姿势下（通过紧张反射维持的姿势）对抗重力的肌肉。在站立、行走、跑步时，如果没有髋、膝、踝、肩、肘伸展肌的收缩，四肢将会在身体的重量下下垂；如果没有颈部的收缩筋，头会耷拉着；如果没有举肌，动物的尾巴和下巴也会松弛下垂。这些肌肉抵消了一种外力，即重力，重力总是持续作用的，想要改变自然姿势。这种外力持续起作用，因此肌肉展示出一种持续动作肌肉强直。

"因此，有两个可分离的运动神经支配系统控制两组肌肉组织：一个系统表现出加强反应的瞬时阶段，加强反应构成反射性运动；另一个维持稳定的紧张反应，该反应提供姿势所需的肌肉紧张。从初始的紧张性神经支配状态开始，运动的第一步往往是弯曲，并且在"交互神经支配"下对伸肌应激反应进行抑制。这便涉及该应激反应是通过局部反射还是通过运动皮质。

"紧张系统在抑制其传递时，对预先存在的姿势作出反向运动，从而参与交替运动和补偿反射。这两个系统，即紧张反射系统和主动协调反射系统，共同在各个肌肉组织单位之间产生互补性的影响。"

因此，显而易见，运动神经传出冲动一路穿行，抵达运动神经出口，从而影

---

① "在抛物线感受器和大脑中的弧面前，机体中很少有这样的接纳点，在这些点发生的活动，相互间是完全无关的。相距很远的反射点之间的关联性，是大脑对个体的神经整合作出的巨大贡献。" C. S. Sherrington, *Integrative Action of the Nervous System*, p. 147.

② C. S. Sherrington, *Integrative Action of the Nervous System*, p. 302.

响身体行为，它的每一阶段，或每一过渡组肯定都会与已有的紧张性放电发生冲突（产生抑制），或者会促进（协助）持续产生紧张性放电。根据谢林顿的观点，这种相同的促进或拮抗现象一定会出现，无论阶段性传出冲动采用的是什么级别的反射中枢，即无论是最低级别（局部反射）还是最高级别（运动神经皮层区）。因此，如果愉快和不愉快这两种情绪以精神粒子运动神经能量的形式产生，每当联合或对抗出现在运动神经中枢，我们就必须设想，某些愉快的或不愉快的情绪都会先于最终身体反应发生。这是因为，在每个最终反应发生之前，激发这种反应的运动神经传出冲动不得不与预先存在的紧张性放电相联合，或者与之相拮抗。

这一结果似乎与经验事实极其吻合，针对目前热议的运动神经感觉的批评也提到这些事实。但是，我想补充一点，如果阶段性传出冲动和紧张性传出冲动之间出现最小量突触连接，如果该反应缺乏阶段冲动间的大量联系，愉快与不愉快的情绪会太过微弱，因而受试者并没有觉察到。同样，如果连接传出冲动间的相互联系占主导地位，在这类反应中，几乎没有运动神经能量进入最后的传出路径，那么，情绪状态自然也就难以觉察。倘若"思维"是基于神经的这种关联类型，那么，这种情绪上的淡漠为什么会表现得很明显，也便可以解释了。

小结

综上所述，关于愉快的假设似乎都具有很好的神经学权威性。这一假设认为，愉快这种情绪的产生，要么因为中枢神经系统中神经冲动自由畅通地放电，要么因为神经冲动积极地相互促进，总之与这两者之一有某种关系。同样，权威人士也指出，不愉快这种情绪与神经冲动在神经中枢的堵塞、郁积或相互干扰相关。海德（Head）与霍姆斯（Holmes）的研究进一步证实了这一结论，他们指出，与情感基调相对应的传出冲动促进或干扰，必定出现在中枢神经系统的运动神经中枢，而不会出现在感觉中枢。明显的反应过度——运动神经反应过度（motor exaggeration）发生时，愉快与不愉快的情绪也会增强，然而感觉整合或受体机制却未发生改变。

所以，心理学长期面临着这样一个问题：我们怎样才能意识到运动神经传出冲动的联合与冲突？第一种回答，尝试着将情感看作感觉中真实的一部分，并且试着建立一些心理神经机制，通过这些机制，先前存在的感觉会受到运动神经现象的逆向影响，但是，这样的机制似乎不存在。另一些人也试图解决这个问题，他们不去管人们设想的能引起初始运动神经传出冲动的特殊感觉组，而是提出以下主张：这些感觉单元并不是作为感觉进入意识的，而是作为情感基调进入的。在各种感觉中，这些人最喜欢研究的是内脏感觉。但是，内脏感觉既稀少，且微弱，不能由中枢神经系统的运动神经放电有选择性地激起，因为自主神经网（只有在大型区域才会兴奋）在中枢神经系统与内脏之间产生影响，并且，内脏感觉会产生愉快和不愉快的情绪。

意识的精神粒子理论直截了当、毫无遮掩地回答了这个问题。该理论认为，运动神经的联合与冲突在运动神经突触处一发生，我们便意识到了。一旦在运动神经精神粒子上形成了两个或多个运动神经传出冲动之间相互促进的关系，就产生了愉快的情绪。同理，这种运动神经传出冲动之间的拮抗关系，造成不愉快。通过对反对该理论的几种意见所提出的证据进行检验，我们发现，所有这些数据都与该理论极为相符。

第六章

主要情绪的整合原则

上一章提到，有人认为，所有阶段性运动神经传出冲动必须与紧张性传出冲动相结合或相冲突，以一种可简单称为自然反射平衡的模式持续放电[①]。在愉快和不愉快产生的过程中，我们假设阶段性传出冲动和紧张性传出冲动之间存在一种定性的简单关系，即一对一的简单关系。如果这种极其简单的一对一关系真的存在，那么除了紧张性传出冲动和阶段性传出冲动之间联合或对抗的程度以外，等式中应该不存在任何可变因素。这样一个在理论上已经简化的等式，由于两种聚合起来的传出冲动单位数量均衡，我们可能找到纯粹的愉快或纯粹的不愉快，而没有任何其他复杂因素。但一旦我们考虑的是紧张性传出冲动和阶段性传出冲动相结合，其中一种传出冲动在数量上占明显优势的情况，一套新的整合关系便出现了。

回到化学的世界，我们可能注意到，如果将各种化学原子进行一对一的对比，得到的只是所观察的原子内部构成要素之间的相异性或相似性；而一旦我们改变结合起来的其中一类原子的数量，就会出现一系列必须说明的新现象。也就是说，我们必须注意与一个氧原子结合的两个氢原子的特性。这一系列新现象称为化合。对于每类与其他类别结合的原子，整个化合过程是很长的一系列化合反应，这些反应是根据每次化合过程中参与化合的原子数量来排列顺序的。各类原子间各种可能的化合反应组成的整个系列，其排列方式可以让我们看出，在这个系列

[①] "反射平衡"是谢灵顿使用的术语，描述中枢神经系统在紧张性放电受到一个间发反射的干扰之后恢复到正常的状态。参见 C.S 谢灵顿 *Integrative Action of the Nervous System*, p. 203.

的一端，原子数量最少，彼此间吸引力却最大；而在这个系列的另一端，原子的
数量最多，但彼此间排斥力也最大。

不同强度的紧张性传出冲动和阶段性传出冲动是怎样进行整合的呢？我们
面临的首要问题是探索变化的一般原则，这种变化源于每种结合的不同强度。具
体来说，就是尽可能地找到阶段性传出冲动之间或强或弱的联合或对抗，对紧张
性放电的整体强度有何影响。我们已经注意到，一个阶段性传出冲动群组的联合
或对抗，影响着紧张性传出冲动联合的倾向，也影响着紧张性传出冲动与阶段性
传出冲动的对抗。此外，我们可能还想知道，阶段性传出冲动群组的相对强度对
紧张性放电的整体强度有何影响。为了找到这些基本的整合原则，我们需要研究
紧张性反射的本质及其强化和弱化机制。

紧张性机制

上一章我们提到，紧张性反射的目的是抵消引力、气压等环境影响。若未能
抵消环境影响，就会放弃有机体生存和活动所需的姿势和姿态。因此，某些感受
器或感觉器官与紧张性运动中枢有联系，紧张性运动中枢会放电到肌肉中，这些
肌肉会选择性地对需要抵消的外力作出反应。半规管及其他受引力影响的感受器，
会对头部位置的变化作出快速反应。由平衡感觉引起的运动神经放电会使肌肉收
缩，以支撑头部和身体，达到必要的平衡状态。这是紧张性机制的正常平衡或反射
平衡，而且遇强则强，半规管的刺激强度会因引力等的增强而立即增强。通过紧
张性中枢，运动神经放电得到代偿性增强，直至身体恢复正常的平衡状态。

我们认为，还存在另一种不同的紧张性机制，其运作独立于刚才提到的平衡
反射。谢灵顿（Sherrington）认为[1]，身体的骨骼肌中存在某种本体感受器的感觉
器官，会受到肌肉紧张的刺激。这些刺激使运动神经放电回到肌肉本身，于是，
肌肉因不断受到刺激而收缩。例如，将一只去大脑僵直的实验动物放在固定支架
上，使其四肢和尾巴悬空，完全通过这种所谓紧张性反射来使之僵硬地伸直。紧
张性运动神经放电引起的伸肌收缩决定了四肢的走向。倘若现在实验者将其中某
一肢体强行朝反方向移动，伸肌收缩的强度就会增加。当压力解除，该肢体就会

---

[1] C. S. Sherrington, *Integrative Action of the Nervous System*, p. 300 ff.

弹回比之前更远的位置。

紧张性放电使肢体朝着某一方向伸展，如果用电力刺激产生一种干预反射，将肢体朝相反方向移动，也会出现与上文相同的结果。这说明，这种现象的产生，可能要么因为对肢体的被动控制，要么由于肢体的主动协调反射运动，使肢体朝着与紧张性反射运动相反的方向伸展。如果切断来自肢体的传入神经，传出放电随即减少或完全消失，则说明，紧张性放电的增强依靠肢体肌肉的感觉传出冲动，因为肌肉会因受到的压力而愈发紧张。也许，在主动协调反射刺激引起运动的时候，也存在一些整合效应，与这种机械效应有着相同的效果。福布斯（Forbes）、卡贝尔（Campbell）和威廉姆斯（Williams）[1]通过电流计，对反射性收缩中由肌肉紧张的增强而引起的动作电流进行了测量。测量结果显示，一组本体感受传入传出冲动由肌肉的反射性收缩引起，而第二组传入传出冲动因肌肉收缩遇到增强的阻力试图摆脱该阻力而引起。

紧张性机制的重要性

整个中枢神经系统的运作取决于反射神经应激反应中紧张性系统和阶段性系统之间的相互作用。下面我们简单讨论一下这一作用能达到什么程度。

心理-神经概念正在快速传播。这一概念认为，大脑和脊髓就像分开的电话线，突触部分就像转换开关。"但反射作用的概念并非像所有人想象的那样，是一把能够打开大脑和心里所有秘密的通用钥匙。最近该概念一直被用于一些探究性的生理学分析研究中。"赫里克说[2]，并且，"对于每个这样的反射系统，其所有部分都通过神经纤维的分支和相关神经元彼此紧密相连，并与其他系统各部分紧密、交错相连，因此，能够为任何典型反射模式或主要反射模式的大量变体提供一些解剖机制。这种横向连接（如果有的话）的哪些部分会在某一反应中被激活，取决于当时的外部和内部整合因素。"

迄今为止，任何时刻都在起作用的、最重要的内部因素是紧张性能量，它持

---

① A. Forbes, C. J. Campbell, and H. B. Williams, "Electrical Records of Afferent Nerve Impulses from Muscular Receptors," *American Journal of Physiology*, 1924, vol. LXIX, pp. 238-303.

② C. J. Herrick, *Neurological Foundations of Animal Behavior*, pp. 234-236.

续刺激脑、脊髓和周围神经干等大型神经束。人们很早就知道，小脑主要负责维持持续的紧张性运动神经放电，这对于保持身体平衡的自然状态是必要的。小脑被称为主要的"平衡大脑"。赫里克说："大脑皮层就像潜在的神经能量库，可以在需要的时候从中汲取能量注入任何神经运动器。其对于稳定的影响可以与大型轮船上的陀螺仪相比，陀螺仪通过平衡海风和海浪的冲击，确保船舶沿着航线稳定前进。"[1]

谢灵顿已经证明，不仅小脑是紧张性放电的器官，脑干的某些中枢也与维持紧张性运动神经的流出相关。他发现去大脑僵直，看起来是消除了大脑正常的抑制性调节作用后的一种自然反射平衡状态，实际上不会因为小脑的切除而消失[2]。

拉什利（Lashley）发现大脑皮层本身可能与维持紧张性放电有关，他说："可激发的大脑皮层的一个正常功能就是为促进传出冲动而提供一个亚层，通过分级更精细的传出冲动以某种方式使最后通路被激发。"（这种传出冲动来自主动的协调反射。）[3]

许多心理学家始终认为，中枢神经系统是一团不活跃的传导材料，其所在的环境会导致主动协调反射应激反应，这种应激反应只受同时发生的阶段性刺激控制，不受别的控制。这一观点，从上文中引用的几段话（这些引文来自近期的著作和研究报告）可以看出，已经站不住脚。用一个更加贴切的比喻，可以将中枢神经系统比作能够在有机体整个生命过程中高速且稳定地发电的强大电机。不时由环境引起的阶段性应激反应就像控制该电机的变阻器开关上的手柄。一种阶段性影响会提高发电机的速度，而其他的则降低其速度。某些阶段性传出冲动可能减少导体中已被电机激发的反应，而其他的则增强这种应激反应。但是，除非地球本身的力学和化学定律不再起作用，也就是说，除非引力、温度、气压等停止对有机体的固有作用，不管机体所处的特定环境发生何种细微变化，产生何种影响，中枢神经系统的大电机每天、每小时都会产生一定的紧张性运动神经放电。

瞬时主动协调反射的确在很大程度上决定了一个特殊的出口，通过这个出口，由"电机"产生的能量能够与环境产生联系。

---

[1] C. J. Herrick, *Neurological Foundations of Animal Behavior*, p. 242.

[2] C. S. Sherrington, *Integrative Action of the Nervous System*, p. 302.

[3] K. S. Lashley, "The Relation between Cerebral Mass Learning and Retention," *Journal of Comparative Neurology*, August, 1926, vol. 4.

赫里克说:"哪些特殊的运动神经中枢会收到来自小脑的神经传出冲动放电,这很显然不在于小脑中发生了什么,而取决于在神经系统的其余部分中,哪些系统发挥了实际的功能……脑干中发生作用的电路往往会捕捉并利用小脑的放电。"[1]

拉什利提出的证据得出了一个结论,震撼了以前的"电话连接"行为理论。他选取一只受过专门训练、形成了某些特定运动习惯的动物,切除其大脑运动神经皮质,发现特定肌肉的传出冲动并没有从所谓的大脑运动神经区域发出,经过锥体束传出[2]。在随后的研究中,他得出以下结论:阶段性运动神经传出冲动从大脑皮层发出,经过额外的锥体路径,从而产生"适应性运动的细微区别"[3]。这也许意味着,如果可以从不完整的结果中进行猜测,那么运动神经区域本身主要负责不断按路线将紧张性放电传递到遍布全身的随意肌,将所有这些不同的肌肉保持在或多或少持续应激的稳定状况。只要一块肌肉接收到的紧张性能量比其他肌肉多,这种反射平衡就会改变,就会引发身体的适应性行为。阶段性的或瞬时的环境刺激只是一个杠杆臂,使紧张从一块肌肉微弱地流向另一块肌肉。通过在合适的突触内加大紧张性能量的外流,或者促使能量通过两种运动神经传出冲动(阶段性和紧张性)共同的神经通道和突触进行传播,都可以在神经系统内产生上述效果。

从总体来说,最近的一些研究把恒定的紧张性运动神经能量描述成相当稳定的运动神经放电,可以对瞬时性的运动神经能量(阶段性传出冲动)进行"捕捉",也可以被阶段性传出冲动"捕捉"。

阶段性传出冲动对紧张性运动神经放电的"捕捉",或紧张性传出冲动对阶段性应激反应的"捕捉",必然会发生在与反应最终展示的心理学-神经水平相符的运动神经突触上。因为紧张性运动神经能量不断流出,这些中枢所有的精神粒子在接受阶段性传出冲动前,必须处于持续的应激状况。因此,根据意识的精神粒子理论,比腔肠动物高级的所有动物(也就是拥有突触神经机制的动物)从生

---

① C. J. Herrick, *Brains of Rats and Men*, Chicago, 1926.

② K. S. Lashley, "The Retention of Motor Habits after Destruction of the so-called Motor Area in Primates,"*Archives of Neurology and Psychology*, 1924, vol. XII, p. 249.

③ K. S. Lashley, "The Relation between Cerebral Mass, Learning and Retention,"*Journal of Comparative Neurology*, August, 1926, vol. 41.

前到死后（现在全少是医学上证实"已死亡"）存在一定的运动神经（情感）意识残留。通常来说，因为来自不同紧张机制和紧张中枢的运动神经传出冲动必须紧密、有序地联合在一起，残留的运动神经意识应该是一种温和的、普遍的快乐，因此在共同的精神粒子中有能力稳定、持续地相互促进。普通个体身上这种持续快乐的背景与我的研究结果（实验、临床分析和内省报告）十分吻合，这些结果是从我所研究的大多数受试对象、朋友和学生中得出的。它似乎是"生活乐趣"的基础。似乎因为体验到愉快感的存在，大部分还活着的人没有去自杀（至少，如华生[①] 所述，那些没有被自杀工具吓倒的人是因为愉快体验才活下去的）。

"运动神经本性"和"运动神经刺激"的概念

由于反射性的紧张运动神经放电，在受试者机体中某一特定时刻存在的所有精神粒子（突触）的应激反应，为方便起见，我们称之为"运动神经本性"（Motor Self）。这一术语的定义不包括不能客观描述或说明的现象。

阶段性运动神经传出冲动，与紧张性运动神经刺激一同形成了精神粒子（突触）连接，为方便起见，这种阶段性传出冲动可被称为"运动神经刺激"（Motor Stimuli），它与运动神经本性的关系，就像传入传出冲动与机体感官机制的关系一样。这样客观地定义运动神经刺激，可以使其在任何情况下都不会与环境刺激相混淆。所谓的环境刺激则是作用于机体感受器的物体或外力。

运动神经本性与运动神经刺激的反应规律

运用前文定义的术语，目前我们可以将运动神经本性和运动神经刺激之间可能存在的关系总结如下：在中枢神经系统中，运动神经精神粒子内的运动神经刺激要么彼此间联合，要么与运动神经本性对抗。这样的运动神经刺激又会反过来促使同类刺激与之联合，或激发来自运动神经本性的对抗，由此产生了神经学家所说的"传出冲动的相互促进或冲突"。这种情况，在意识领域，便是愉快或不愉快的运动神经感觉。这种运动神经感觉，如果是愉快的，将会添加至正常的、

---

① J. B. Watson, *Behaviorism* , New York, 1925, pp. 147-148.

已有的愉快中，形成运动神经本性；如果是不愉快的，则会削弱或取代运动神经本性的正常愉快感。

但是，如前所述，相互促进或抵抗的关系完全独立存在、不对现有的运动神经本性强度产生额外影响的情况极其罕见。这需要与运动神经本性强度完全相同的运动神经刺激[1]，来产生一种最终的、简单的联合关系，并且在刺激与反应物之间不存在任何其他关系。我们发现，大多数情况下，运动神经刺激与运动神经本性之间存在强度差异，所以第二种普通类型的复杂关系通常可以在愉快情绪或相互促进中找到。

运动神经本性和拮抗性运动神经刺激（强度高低关系）

接下来，让我们尝试着探寻反应的一般原则，这种原则体现在运动神经本性改变自己的强度或数量，以此回应强度或数值高于或低于运动神经本性的拮抗性刺激。在这里所说的"低于"指的是"运动神经刺激的强度比现有的运动神经本性的强度低，或前者数量比后者少"，"高于"指的是"运动神经刺激的强度比现有的运动神经本性的强度高，或前者数量比后者多"。上文简要讨论过调节性的紧张机制，可以看出，紧张性放电会增加或减少，这是对反作用力的回应，这种反作用力会影响身体平衡，或影响受紧张性神经支配的肌肉张力。这种身体平衡或肌肉张力的改变，不管源于何种影响，都会增加紧张性运动神经放电的强度。那就可以设想，在我们目前所考虑的所有关于紧张性放电增长的实例中，运动神经刺激的强度比与其对抗的紧张性运动神经传出冲动的强度要低，这些拮抗性运动神经传出冲动可能已经在两者的争夺中，成功地占有了通向肌肉的最后通路。否则，增加的紧张性放电怎么通过该肌肉的收缩增长量来衡量呢？

也就是说，如果一个相反的运动神经刺激试图通过最后的传出通路到达屈肌，而该通路在刺激发生时正被紧张性传出冲动所占用，紧张性传出冲动通过最后的通路到达对立的伸肌，而且，如果我们发现伸肌的收缩由于阶段性运动神经

---

[1] 需要强调的是，这种一对一的关系可能不包含绝对相同的强度，而是相当于紧张冲动和阶段冲动反应力的强度，据谢灵顿所说，前者相对后者更容易被干扰。要比较紧张性应激反应和阶段性应激反应的强度，需要明确测量的相对性。

刺激干扰而加强，那么我们必须设想，紧张性运动传出冲动或运动神经本性能完全控制新加入的、连接最后通路的精神粒子。这似乎就意味着运动神经刺激比已有的紧张性运动神经放电的强度更低、力量更弱。如果运动神经刺激比运动神经本性的强度高，那么它就会剥夺紧张性神经传出冲动对这些精神粒子（这些精神粒子连接最后通路）的控制权，我们就会观察到屈肌发生收缩，而不是伸肌收缩的增强。这样，我们就可以认为，强度低的运动神经刺激会增强运动神经本性。

谢灵顿提到的一个实验中，实验者用外力对狗腿的伸肌向屈肌方向增加压力。的确，虽然强度高的拮抗性刺激并没有解除运动神经本性对到达伸肌的传出通道的占有，但是，强度高的外力，除非能激起干预性的主动协调反射，否则肯定不能拥有整合性力量，也不能发挥什么重要作用，而狗腿上的这一短暂动作不能激发这种主动协调反射。电刺激激发的主动协调反射强度比紧张放电产生的强度更高时，在这种持续的干预反射中，进入伸肌的紧张放电就被消减，直至在竞争中获胜的主动协调反射中，看不到紧张放电的作用[1]。因此，事实似乎是，一个成功的、比现有紧张放电强度更高的干预性主动协调反射，会通过持续的高强度运动神经刺激，使这一紧张放电（和运动神经本性）减少。

由此，我们发现，运动神经本性和运动神经刺激之间强度关系的一般原则，大概如下：

（1）拮抗性运动神经刺激强度低于运动神经本性的强度时，运动神经本性在反应中强度增加。

（2）拮抗性运动神经刺激强度高于运动神经本性的强度时，运动神经本性在反应中强度降低。

---

① 谢灵顿后来发现的"抑制后反弹"（Post-inhibitory rebound）与所抑制的紧张活动量没有相互关联，因此，这种反弹不能仅仅归因于在过渡时期干扰性刺激控制着最终通路时持续渐增的紧张能量。然而，显而易见的是，这种反弹代表了对干扰性运动神经刺激的次级中心反应，这种刺激来自动物大脑半球缺失时的初始整合。我们也许可以这样理解抑制后反弹，即将其看作紧张性能量的后继复苏，而不是在高强度运动神经刺激占优势时，运动神经本性的增强。

运动神经本性与联合的运动神经刺激（强度高低关系）

我们还得考虑运动神经本性强度变化的原理是否适用于与运动神经本性联合的运动神经刺激，因为到目前为止，所考虑的两种类型的运动神经刺激对最后通路的影响是互相对立的。前面引用的福布斯、坎贝尔和威廉姆斯的实验表明，与紧张性放电联合的干扰性反射在对共同支配的肌肉产生最终影响时，因为受到低强度的拮抗性运动神经刺激干扰，往往会产生相同的影响——强化紧张性放电或运动神经本性，这一点我们在前面已经看到。显而易见，这类实验中激发的运动神经刺激，如果是在正常动物身上以自然方式激发的话，其数量会少于或等于先前存在的运动神经本性。当对已经处于紧张性收缩状态的肌肉施加更大的负荷时（如谢灵顿的实验中，狗的腿已经处于肌肉强直伸展状态，再将其往反方向移动），由于受到数量较少的主动协调反射整合的干预，最终会产生相同的影响——导致紧张性放电加强。

谢灵顿描述了在紧张性增强时的反射性神经与肌肉状况，具体如下[1]：在所讨论的例子中，膝盖的伸肌成为紧张性传出冲动放电效应的器官。对其适当地增加标有重量的砝码，使肌肉被动拉伸，这时肌纤维中的感受器官就会激发传入传出冲动。这些应激反应进入神经索，然后传出的紧张性强化传出冲动就会从神经索出现，并且从传出神经轴突干上返回到最初引起反射的肌肉。因为这种运动神经放电，受到刺激而进行收缩的个体肌肉纤维比之前更多了，这样就抵消了加在肌肉上的对抗性重量，而肌肉在整体上也几乎恢复到施加重量之前的状态[2]。

有人认为，个体肌肉纤维不能进行部分收缩。每根纤维只能要么收缩到最大限度，要么根本不收缩。因此，只有让更多的个体肌肉纤维发挥作用，才能实现紧张性强化。有人认为，传出神经中的个体轴突纤维支配着个体肌肉纤维，因此，肌肉收缩的总量取决于收缩的个体肌肉纤维的最多数量；个体肌肉纤维数量又取决于激发的个体轴突纤维的数量（根据神经传导的全面性或无规律性，要么最大

---

[1] 以上数据来自谢灵顿爵士 1927 年 10 月 25 日在纽约市医学院前的演讲，笔者根据笔记进行了整理。

[2] 根据谢灵顿近期提出的一个观点，他在自己的讲座中也曾提到上述情况，即膝关节的屈肌是一种能对抗紧张的肌肉，不具备逐步的自我强化机制。

激发，要么完全不激发）；而个体轴突纤维的数量，根据谢灵顿的观点，取决于到达运动神经中枢的神经应激反应的数量，传出纤维在运动神经中枢接受这些产生应激反应的刺激。

谢灵顿证明了每根运动神经纤维在运动神经中枢内具有独立的突触激发阈值。当传入的增强干扰到达该运动中枢时，立即最大限度地"抓住"运动神经纤维，然后，不再控制达到最高突触阈值的纤维，而在一段时间内继续激活阈值较低的运动神经纤维。

那么，设想一下这种情况：一个联合性质的运动神经传出冲动（allied motor impulse），其强度低于现有的紧张性放电，与中枢神经系统中其他来源的运动神经传出冲动到达同一运动神经中枢。根据定义，该联合性的运动神经刺激能"抓住"最多数量的个体传出神经纤维，因为它们已经被该中枢内的整体紧张性应激反应所激活。然而，存在未使用的潜在紧张性应激反应，从伸展的肌肉纤维通过传入神经进入该中枢。这种潜在的增量本身不会成为活跃的精神粒子（神经元间的应激反应），因为它达不到仍待激发的传出纤维的突触阈值。然而，这种潜在的、未使用的紧张性能量，应当通过与其新盟友之间的相互促进来释放，新的盟友指强度较低的、联合性质的阶段性运动神经刺激。因此，潜在的紧张性增量将变为有效的精神粒子传出冲动，跨越到阈值相对高的、迄今为止处于休眠状态的运动纤维，从而增加运动神经本性的强度，该强度与能量较弱的联合性运动神经刺激强度相当。

另外，假设到达公共运动神经中枢的联合性运动神经刺激在强度上高于现有的运动神经本性，那么可能先同样释放出潜在的紧张性增量。但是，一旦强度高的联合性运动神经刺激抓住最大限量的传出纤维，就必然产生一种新的现象：更多的个体轴突纤维将被激发，更多的个体肌肉纤维将收缩，数量超过补偿性的紧张性强化所需的总量。也就是说，对持续施加在肌肉上的重量的补偿将超额完成。如果25%的肌肉纤维需要完全补偿，实际上35%的纤维因强度更高的联合性运动神经刺激而收缩，由重物施加在肌肉上的拉力，将分布在更多的个体纤维之间，并且每根纤维所受拉力将相应地减小。

随着每根激活的肌肉纤维中拉力的减少，每根肌肉纤维内本体感觉器官的刺激强度将降低，并且发送到运动神经中枢的传入性强化应激反应总量将相应减少。随着这种减少，紧张性刺激本身抓住的传出神经纤维也会减少；同时，紧张性源头的精神粒子应激反应总强度将衰减。由于这种精神粒子兴奋等同于运动神经本性，我们发现，强度更高的运动神经刺激整合使运动神经本性减少，减少的强度等于联合性运动神经刺激高出的强度。

实际上，这种理论上可预测的结果确实发生了，最明显的体现就是，在"性"（爱）激情期间，肌肉紧张程度和因紧张性放电而产生的其他身体反应明显减少。有的迹象容易观察，如身体疲劳和虚弱，特别是女性受试者，对于激情本身的感觉是最强烈和最普遍的。这种弱化自我、完全屈从优秀的具有力量的爱人，恰如萨福（Sappho）不朽的诗句：

"当我看着你，我说不出话，我的舌头凝住了，微妙的火在我皮肤下流过，我的眼睛看不见东西，我的耳朵嗡嗡作响，我浑身流汗，全身战栗，我比小草还要无力。这种疯狂，似乎比死人好不了多少。"[1]

这样的描述表明，存在紧张型运动神经放电（流汗等），但是运动神经本性本身逐渐减弱（比一个死人好不了多少）。

此外，在性爱兴奋期间采集的收缩压记录显示，有时在性高潮之前的短暂间隔中，收缩压会发生较大的持续下降，这种下降可能表明，靠紧张维持的心跳强度减弱，不是因为运动神经本性的抑制作用，而是因为运动神经本性的紧张能量流出整体减少。

不过，可以将这样的心血管现象解释为：肌肉紧张度在整个身体上的减少，似乎清楚地说明了紧张性放电的减弱。运动神经本性的这种减少不会在性爱兴奋开始时立即发生，也不会非常频繁地发生在男性受试者身上，甚至不会发生在情感极度激烈的女性受试者上，除非条件非常有利。这种现象似乎取决于，整个性爱情境刺激过程中，产生的阶段性运动神经放电数量是否达到某一阈值。当这个运动神经刺激的量已经变得足够大时，运动神经本性会发生减弱的现象，有时甚至突然发生改变。当性爱运动神经放电总量超过了联合性紧张性神经传出冲动的总量，就发生这种现象，难道不是这样吗？

如果我们前面的分析是正确的，那么我们就会发现，运动神经本性遵循这样的一般原理：不管运动神经刺激与运动神经本性是联合的还是对抗的，只要运动

[1] Second Sapphic fragment, H. T. Wharton, *Sappho*, London, Reprint of Fourth Edition, 1907, p. 65.

神经刺激强度低于运动神经本性，运动神经本性就会增加自身强度；同样，不管二者是联合的还是对抗的，只要运动神经刺激强度高于运动神经本性，运动神经本性就会减弱自身的强度。

运动神经本性与联合性刺激及拮抗性刺激之间的差异

然而，在这一点上应当指出，我们需要将以下两种情况区别对待：第一种情况是，增加或减少的运动神经本性在精神粒子处进行整合，其增加或减少伴随着互相促进的作用；第二种情况是，运动神经本性在数量或强度上发生变化，同时伴随着运动神经本性和运动神经刺激的相互对抗关系。当运动神经刺激与运动神经本性对立时，冲突中的胜利者赢得通行权，经过所争夺的精神粒子，到达最后通路。但是，似乎没有神经学证据证明，在这种冲突中胜利者有能力迫使争夺失败的传出冲动以某种方式改变其节奏或传出冲动频率，使其符合和促进获胜对手的传出冲动频率。然而，在所讨论的冲突中，运动神经本性获得了几乎完全相同的结果，因为它在赢得胜利的过程中增加了自身的强度，增加的这部分与失败对手的强度一样大。因此，虽然较弱的对抗者实际上并没有转化为征服者的本性和形态，但是胜利者在其本性或形态上有力量或数量的增加，增加的强度与失败刺激的强度相同。

如果胜利方是运动神经刺激，结果和刚才讨论的就不太一样了。当运动神经刺激获胜进入所争夺的通路，它没有自我强化机制，因此依然保留最初的力量强度。在这种情况下，运动神经本性会减弱，这种减弱代表了紧张性放电的调整，允许胜利的阶段性传出冲动保持自己特定的路径，而不是根据运动神经刺激的胜利，按比例减少运动神经本性的数值。总之，运动神经刺激勉强胜利，并没有使自身增强，整合完成之后，运动神经本性会再次调整，恢复和谐的整合模式。通过这种调整，运动神经本性的所有部分（除了已经中断的）及运动神经刺激也可能按照自己的路径运行，各自相安无事，不会相互干扰。

然而，在运动神经本性和运动神经刺激真正联合的情况下，无论哪一方在数量上占优势，都会继续和另一方联合。联合后的运动神经刺激强度更大时，运动神经本性便会相应减少，但可以说，运动神经本性并没有退居一旁，而是让胜利的运动神经刺激继续畅通无阻地前进。尽管减少的运动神经本性即便被迫因为胜利的运动神经刺激而变小，但是仍必须继续促进运动神经刺激通过共用的精神粒子，到达最后通路。因此，这种关系似乎代表着对抗性整合的逆转。在对抗性整合中，运动神经本性获得胜利并得到加强，增加的数量与对手数量相当。然而，运动神经本性获胜时，增强的运动神经本性与被击败的对手之间没有进一步的关系，而运动神经刺激获胜时，减弱的运动神经本性必须继续与胜利者保持盟友关系并为其服务。

有时候，运动神经本性和较弱的盟友形成联合，而运动神经本性又得到了加强，这时，强度高和强度低的联合成员之间，这种持续的联系也同样存在。虽然这种整合的情况非常接近（虽然不是完全等同）对抗性整合的反面，在对抗性整合中，运动神经本性减少了，随后被迫为了获胜对手的通行权而进行调整。在后一种情况下，运动神经本性在随后的重新调整中可能恢复运动神经放电的内部协调，而且，如果获胜的传出冲动有足够的数量，可能单独进行互相促进，但这不会影响运动神经本性与获胜对手之间任何的精神粒子连接。然而，在相反的联合式整合中，运动神经本性因获胜而增强，并且将会在联合关系存续的整个过程中，继续获得盟友（盟友也得到增强）的支持性促进。

运动神经本性及运动神经刺激整合关系下的情绪环

如果以上对基本整合原则的描述正确，我们现在就可以对自我调节机制进行全面分析。通过自我调节机制，紧张性运动放电或运动神经本性一旦与流向最后通路的精神粒子中的主动协调反射，或者运动神经刺激相联系，就会进行自我调节。最后通路通向肌肉，身体通过这些肌肉得以维持正常的姿势。根据这一分析，我们发现有两套不同的整合原则，无论其中一套原则与另一套原则怎样关联，两套原则都能独立运作。对这两套原则可做如下阐述：

（1）运动神经刺激与运动神经本性的联合及对抗，引起了运动神经本性相应的联合和对抗。

（2）强度较低或数量较少的运动神经刺激，增加了运动神经本性的强度或数量；高强度或大量的运动神经刺激，减少了运动神经本性的强度或数量。

因此，对抗性的运动神经刺激可能具有或低或高的强度，而运动神经本性可能以增加或减少的强度来进行对抗。同样，联合性的运动神经刺激可能具有比运动神经本性更少或更多的数量，而运动神经本性会以增加或减少的能量来进行联合。

我们可以将运动神经本性和运动神经刺激之间能量的变化关系，简单地理解为一个恒定的或平衡的等式。等式一边的强度或数量无论移除了多少，一定会增加到等式另一边，以保持守衡；同样，等式一边的强度或数量无论减去了多少，一定会增加到等式另一边，以保持守衡。

现在，如果我们将上述两套整合关系尽可能地结合起来，就会出现一系列连续的运动神经刺激，运动神经本性也会作出一系列相应的反应。整个系列中的每一刺激或反应都与之前不同，在和谐程度、强度和数量方面都有最小可觉差（just noticeable difference）。这种连续且有层次的运动神经刺激和运动神经本性反应如图 3 所示。

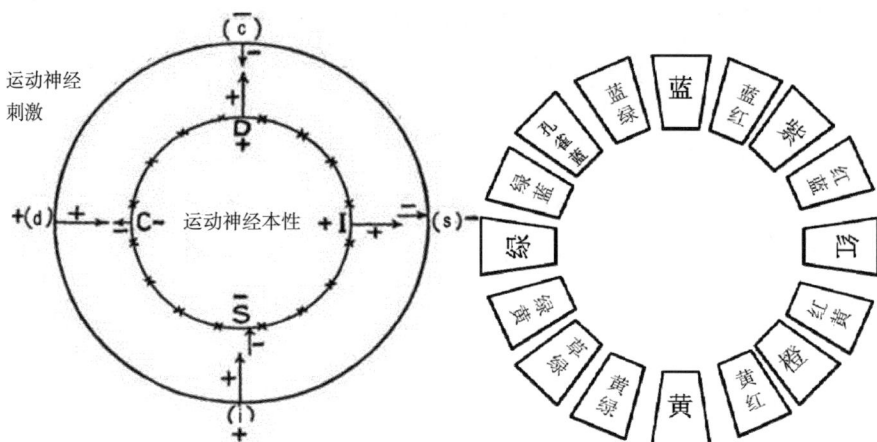

图 3　情绪环和色彩环[1]

我们用圆形图来表示这整个系列，正如用圆形图来区分色觉系列，这个圆形图通常被称为"色彩环"或"色锥体"。色彩环四个方向的四种基本颜色代表整个色觉系列的转折点，特定类型的颜色的变化在这四个点达到极限。过了这四个点，色调开始朝新的趋势变化。

以同样的方式，我们分别用 D, I, S, C 四个点表示整合情绪系列的节点，整合关系中某一类型的变化在每个节点达到极限，随后开始改变。

---

① 这些中间颜色术语来自孟塞尔（请参考 A.H. Munsell 的 *A Colour Natation* 第 35 页。）

D 点在图的顶端，表示运动神经刺激与运动神经本性对抗的最大值。沿顺时针方向转向 I 点，对抗强度逐渐减弱，直至 I 点，联合关系出现。但就在 I 点，运动神经刺激强度的减少和运动神经本性强度的相应增加达到最大值，开始朝相反的关系转变，这种关系在 S 点最为明显。在 S 点，运动神经刺激与运动神经本性的联合达到顶点，在转向 C 点时，联合关系减弱，直至 C 点，联合关系完全消失，对抗关系重新出现。在 C 点，运动神经本性强度的减弱和运动神经刺激强度的增加达到最大值，再次朝相反的关系转变，直至回到始发点 D 点，这种关系最为显著。

图 3 中大写字母 D, I, S, C 表示运动神经本性的反应。大写字母旁边的"+"号表示运动神经本性在反应过程中增加，"−"号表示运动神经本性减少。

运动神经本性和运动神经刺激之间的箭头表示两者在反应过程中的关系。长的箭头表示该元素在两者中占主导地位（箭头旁边的"+"号或"−"号也表示这一关系）。箭头的指向相反，表示运动神经本性与运动神经刺激处于对抗关系；箭头的指向相同，表示运动神经本性与运动神经刺激处于联合关系。

小写字母 c, s, i, d 表示足以引起每一反应的刺激类型。刺激 c 与运动神经本性的关系，和运动神经本性与 C 点刺激的关系相同。小写字母旁边的"−"号表示运动神经刺激减少，这种刺激的减少是运动神经本性作用的结果；"+"号表示运动神经刺激增加。

色彩环上有四个节点或四种颜色，分别为蓝、红、黄、绿，相应地，情绪环的四个节点或情绪为支配（Dominance）、诱导（Inducement）、顺从（Submission）、服从（Compliance）。通过初步研究主要颜色与主要情绪的简单关联，提出了整合法则之间的一致性。

运动神经本性环上的"x"表示 D, I, S, C 四个节点之间反应的微弱差别，类似色彩环上的紫蓝色、紫色、深红色等。

从图示最左边的节点 C 开始，我们可以对图中节点或基本点处的关系或反应作出总结（见表 1）。

表 1

C	
运动神经刺激	（a）与运动神经本性有对抗关系

85

	（b）强度高于运动神经本性

续表

D	
运动神经本性反应	（a）与运动神经刺激有对抗关系
	（b）强度减弱
运动神经刺激	（a）与运动神经本性有对抗关系
	（b）强度低于运动神经本性
运动神经本性反应	（a）与运动神经刺激有对抗关系
	（b）强度增加

I	
运动神经刺激	（a）与运动神经本性有联合关系
	（b）强度低于运动神经本性
运动神经本性反应	（a）与运动神经刺激有联合关系
	（b）强度增加

S	
运动神经刺激	（a）与运动神经本性有联合关系
	（b）强度高于运动神经本性
运动神经本性反应	（a）与运动神经刺激有联合关系
	（b）强度减弱

我们现在准备完全客观地定义"主要情绪"这一术语。根据意识的精神粒子理论，我们必须知道，图 3 所示的运动神经刺激与运动神经本性之间的所有关系，通过在中枢神经系统中合适的运动神经精神粒子上产生精神粒子传出冲动，构成了运动意识的复杂个体，也就是情绪。通过客观地定义构成这些精神粒子能量个体的要素，我们能确定不同类型的情绪意识的物理性质，这是我们一直都在孜孜以求的。基于这一前提，我们可作出如下定义：

"情绪是运动意识的一个复杂个体，它由分别代表运动神经本性和运动神经刺激的两种精神粒子传出冲动组成。"这两种精神粒子能量通过以下方式相互联系：

（1）联合或对抗。

（2）强度此消彼长。

主要情绪包含最多数量的联合或对抗，运动神经本性强度高于或低于运动神经刺激强度。

情绪是复杂的运动神经感觉，它由运动神经本性与瞬时的运动神经刺激之间多种类型的结合构成。我们假设，这些可能的结合构成了一个连续的系列，系列中的每个单位代表情绪意识的一个特质，这一特质刚好能够与其极为相似的情绪区别开来。这些相似情绪在整个系列中与该单位相邻，位于其前面或后面。在这个情绪系列中的特定节点上，出现了清晰确定的情绪，它充分表现出运动神经本性和运动神经刺激结合单位的鲜明特质。这些节点情绪不会因为该系列中相邻情绪的特质发生改变而变化。整个情绪环中有四个这样的节点，我们可以将四个节点上的四种情绪简单定义为主要情绪。

在上文的整合分析中，我为四种主要情绪所选的名称满足以下两个条件：第一，所用词语的常用含义必须尽可能精确和全面地描述出运动神经本性和运动神经刺激之间的客观关系，这一关系将会被视为该主要情绪的整合基础；第二，由于每种主要情绪都是在日常生活中通过内省的方式观察到的，因此其名称必须能够反映该经历。另外，为主要情绪选名称时还考虑了一个小小的因素：新术语没有超出文学领域的不同情感意义，因为无论如何清楚客观地界定诸如"恐惧"、"愤怒"这样的词，受终身学习的影响，读者每每看到这些词，都会不自觉地想到它之前的含义。

（1）"服从"（Compliance）。图 3 "C"处的主要情绪，称为"服从"。动词"服从"在字典上的定义是：

- 在行动上遵从。

- 知足而谦恭。

"服从"的这两个含义尤为贴切地描述了图 3 "C"处这对整合关系的特性。强度高于运动神经本性的拮抗性运动神经刺激使得运动神经本性减少并作出调整，使之适应运动神经刺激。通过这一反应，运动神经刺激能够部分地、暂时地以对抗运动神经本性的方式控制有机体。在这一反应过程中，运动神经本性无疑"服从"了运动神经刺激。我们可以说，经过最后调整，运动神经本性对于运动神经刺激控制有机体的态度，变成了"知足"。

用内省的方式，我问了上百个人对"服从"一词的理解，多数人认为该词的意思为"主体迫于更强力量而采取行动"。

在文学作品中,"服从"常指一种行为而非伴随该行为的情绪,因此用这个来自文学用法的词来命名文学中的情绪并无难度。

(2)"支配"(Dominance)。图3"D"处的主要情绪,称为"支配"。根据字典上的解释,"支配"意思为:

- 实施控制。
- 战胜,主宰。

"支配"(支配行为)所描述的整合情境主要是,运动神经本性战胜了强度较弱的运动神经刺激。在整个整合过程中,运动神经本性明显地"战胜"和"主宰"了阶段性运动神经刺激。运动神经本性"控制"了最后通路,从而"控制"了有机体的行为,消除了环境对受更强力量控制的行为模式的阻碍。如果我们对这种整合的分析无误,整个客观的情形用"支配"一词来描述再合适不过了。

从内省的角度,我调查的所有人都认为,"支配"意为"自身相对于某个对抗者的优势地位"。在文学领域,"支配"一词常用来形容人的一种"侵略性的""固执的"个性特点,这与我们希望该词应具有的含义一致。

(3)"诱导(Inducement)"。图3"I"处的主要情绪,称为"诱导"。词典对动词"诱导"解释如下:

- 施加影响使之采取行动,诱使。
- 引导。

"诱导"一词描述的整合情境主要为,运动神经本性加强,从而更有力地促使较弱的运动神经刺激穿过共同的精神粒子。在运动神经本性与其较弱的盟友(运动神经刺激)的关系中,运动神经本性无疑通过促使运动神经刺激穿过最后通路这一"行为","影响"着运动神经刺激。倘若运动神经刺激因虚弱而常常无法单独完成传出神经放电,那么,运动神经本性无疑在"引导"着其较弱的盟友穿过突触,并"诱使"其盟友帮助自身变得更强,这一点我们后来会观察到。

从内省角度,多数受访者认为,"诱导"意为"善意地劝说某人采取受访者建议的行为"。该含义如果用来描述身体行为,非常接近上述整合关系作用下的预期行为。受访者所强调的"善意",对于界定诱导作为主要情绪的性质尤为重要。在整个反应过程中,这种整合关系的本质要求诱导者与被诱导者之间的利益得到完美结合。诱导者能在多大程度上获得被诱导者的配合,完全取决于诱导者能在多大程度上满足被诱导者的利益，而被诱导者初期的虚弱是诱导者增强自身力量的条件。

在文学领域，"诱导"一词与"服从"一样，常用来描述"某人劝说别人按其设想去做事"。这样一种行为，极少用来说明意识的情绪状态。

（4）"顺从"（Submission）。图 3 "S"处的主要情绪称为"顺从"。词典上对动词"顺从"的解释[1]为：

- 退让他人。
- 让出地位或交出权力，臣服。
- 唯命是从。

"顺从"意为"温顺""柔顺""听话""谦卑"。本质上，"顺从"一词所描述的整合情境为，运动神经本性强度降低，以便平衡运动神经刺激强度的增强。可以设想，在这样的关系中，运动神经本性是"谦卑"而"柔顺"的。从本质上说，运动神经本性部分地"让步"于其强大的盟友。运动神经本性完成反应，即其数量减少后，作为一个较弱的盟友，它仍继续"温顺""听话"地辅助其强大的盟友穿过最后通路。我们可以说，这种持续对运动神经刺激的配合是对强大盟友权威或权力的"顺从"，而运动神经本性作为较弱的盟友，其在整个关系中对运动神经刺激的持续辅助用"顺从"来描述似乎也是合适的。我们可以将这种整合关系下预期的身体行为看作听话的孩子与慈母的关系。

当问到"顺从"一词的含义时，内省记录显示，几乎所有受访者都认为其意为"自愿地服从当权人士"。当顺从的对象被看作慈母、同性或异性恋人时，女性受访者认为顺从者与顺从对象之间有一种暖意。而对多数男性受访者来说，"顺从"一词并没有内省时蕴含的一种相互的善意（在整合关系中通过联合的方式呈现出来）。这虽有些遗憾，但对于顺从者与顺从对象之间存在一种善意的情绪，我还找不出任何更合适的词来对其进行客观描述。作为主要情绪的名称，"顺从"一词强调的是顺从者在"顺从"过程中的愉快。"顺从"一词在文学领域的含义相当接近其在整合关系中的含义，正如我的受访者回答的那样。

在文学领域，"顺从"常指某人被动地服从他人，而并不一定能给人多大愉快。"顺从"一词在内省角度和文学范畴含义的局限性，或许反映了在当今的社会文明和文学领域，对恋人的顺从与对当权者的顺从（这种顺从近似服从）这两

---

[1] 此处的定义引用自芬克和瓦格纳的《书面语标准字典》（*Desk Standard Dictionary*）。

者的联系，还没有在我们日前的文明和文学记录中恰当地提出来。

各概念及其定义如表 2 所示。

表 2　主要情绪及情感的整合原则概述

概　　念	定　　义
精神粒子	位于中枢神经系统突触位置的结合组织
精神粒子传出冲动	一个精神粒子从一个神经元的发出端到另一个神经元的接受端之间的整个应激反应
意识	精神粒子传出冲动或精神粒子能量
环境刺激	使有机体感觉接受器产生兴奋的物体或力量
感觉	位于感觉突触的精神粒子能量
运动神经感觉	运动神经意识，情感意识，位于运动神经突触的精神粒子能量
运动神经本性	通过运动神经精神粒子的持续、紧张性运动神经放电，源于紧张性运动神经的精神粒子传出冲动
运动神经刺激	位于运动神经精神粒子的阶段性运动神经传出冲动，源于主动协调反射的精神粒子运动神经传出冲动
运动神经本性对运动神经刺激产生反应的整合原则	• 运动神经本性对拮抗性运动神经刺激产生对抗性影响，对联合性运动神经刺激进行促进 • 运动神经刺激强度较低，运动神经本性强度便提高；运动神经刺激强度较高，运动神经本性强度便降低
基本感觉	最简单、最易识别的运动神经感觉，愉快和不愉快
愉快和不愉快	相互促进或相互对抗关系中的精神粒子运动神经传出冲动
情绪	除基本感觉外，第二简单的运动神经感觉整合，包含： • 相互联合或冲突的运动神经本性和运动神经刺激的精神粒子运动神经传出冲动 • 随着运动神经刺激强度的提高或降低而相应地降低或提高强度的运动神经本性；一个持续系列中两种关系的精神粒子传出冲动的结合
悲哀的情绪	• 情绪系列的节点。节点上的联合或冲突，以及运动神经本性的增加或减少达到极限，开始朝相反的关系转变 • 主要情绪包括服从、支配、诱导、顺从

续表

概　　念	定　　义
服从	• 运动神经刺激：与运动神经本性对抗，强度大于运动神经本性（最初是不愉快的） • 运动神经本性作出的反应：强度降低，受到对抗性压迫（一开始没有感觉，而后运动神经刺激的数量较多，并且相互促进，产生了相应的愉快）
支配	• 运动神经刺激：对抗运动神经本性，强度低于运动神经本性（最初是不愉快的） • 运动神经本性作出的反应：强度增加，运动神经刺激受到对抗性压迫（随着运动神经本性的获胜，产生了相应的愉快，与最初的不愉快共存）
诱导	• 运动神经刺激：与运动神经本性联合，强度低于运动神经本性（感觉愉快感） • 运动神经本性作出的反应：强度增加，受到联合性运动神经刺激和压迫（愉快感增强）
顺从	• 运动神经刺激：与运动神经本性联合，强度高于运动神经本性（感觉愉快） • 运动神经本性作出的反应：强度降低，运动神经本性受到联合性压迫（愉快感增强）

第七章

支配

前文所述方法为主要情绪建立了一个整合基础，尽管该方法迄今为止似乎就是对神经学的研究成果进行了纯粹的逻辑分析，但是我可以说，发现主要情绪的四个节点起初就是不同类型的分析方法所带来的结果。数年来，我致力于研究收缩压、欺骗的反应时间测试和情绪的其他生理测量，并且收集了一大堆未出版的重要的资料。如果没有对情绪的一些基本心理神经机制提出一些可靠的假设，我发现要解释或理解这些数据是不可能的。

过去根本不存在这种假设。文学领域广泛使用的各种情绪名称非常混乱，互相交叠，有误导性。例如，在测谎试验结果中，我清楚地发现了两种互相对立的情绪，都与"欺骗"意识有关，都在产生影响。这两种对抗性的情绪状态似乎对身体行为产生明显的、相反的影响，如果硬要将这两种对抗性的情绪状态说成一种未被分析的复合情绪，并且还将这种未知特质贴上"恐惧"这个标签，在我看来，这种做法在科学上是不可原谅的。与此同时，单凭情绪的收缩压和反应时间的测量，还不足以为这种假设提供一个充分的基础，而这种假设看起来又十分必要。

在我看来，为了能提出一个在情绪机制上可靠的假设，最合适的提出过程必定包含两种类型的研究：第一种有点效仿华生的方法，对孩子和成人的行为进行一系列的临床研究；第二种对行为进行客观的分析，目的在于能发现其共同因素及其最小共同点，如果这些共性真的存在的话。

自 1922 年开始，我在整个过程中都得到了学生志愿者助理的极大帮助。他们始终都对情绪行为有着强烈的兴趣。这些学生在研究中也许不如某些人那么训练有素，但训练有素的人常不得不遵从一些科学学派的传统方法，这些学派建立已久，其传统方法也带着既定模式。与他们相比，这些学生在行为报告和分析中经常体现出更加真诚的科学态度。

我参与了在纽约市对学龄儿童进行的心理健康调查，以及在得克萨斯州对犯人做的一个类似的调查，调查期间，我有幸发现了许多自然状态的情绪行为。在纽约市进行调查期间，在医学博士伊迪丝·R.斯波尔丁（Edith R. Spaulding）出色的领导和指导下，我有幸能对大约 250 名儿童进行了单独的性格研究，这些儿童的在校表现都存在着这样或那样的问题①。斯波尔丁博士对不良行为的情绪问题有着敏锐的洞察力，这一点可以体现在她对贝德福德·希尔斯研究的报告中②，还有她在内分泌诊断和治疗的研究中，都在情绪行为分析方面提出了崭新和富有建设性的观点。

在得克萨斯州调查期间，我们对全州的 13 个监狱农场的囚犯和关在亨茨维尔监狱的囚犯进行了一场普通的智力测试。在一个特定的关押地点举行了团体测试，然后进行评分和分类。之后，我有机会可以单独对每个犯人进行访谈，目的是对他们每个人进行单独研究。在访问每个犯人的时候，我的面前都有一份该囚犯的完整记录。这些记录包括对该犯人所犯罪行的简短描述、该犯人对自己是有罪还是无罪的辩词、该犯人在监狱中的行为记录、一份特别的体检记录，以及对其智力和行为测试的记录。用这种方法我对 3 451 名犯人进行了研究，其中大约90%是男性，1 591 名是黑人，364 名是墨西哥人，剩下的犯人要么出生于美国，要么是以英语为母语的欧洲国家本地人。最大的职业群体是农民，共有 656 名。58%的犯人承认自己已经不止一次被逮捕，而 40%的犯人声称，他们之前从未被控告犯下任何罪行。总的来说，可以认为，这群犯人的典型特征是，其行为都有些不合群，都来自美国人口密度相对较小的地区。我在以下方面做的研究都比较令人满意：犯人如何看待自己的行为、看待整个社会、看待社会给予他们的待遇，以及看待在监狱生活中不可避免的同性恋关系，等等。

在对得克萨斯州囚犯性格的研究过程中，上文所提到的四种主要情绪开始明

---

① 该调查是在美国国家精神卫生委员会的赞助下进行的。

② Edith R. Spaulding, *An Experimental Study of Psychopathic Delinquent Women*, New York, 1923.

确地形成。为了将囚犯的主要行为趋势简化，我把这些趋势分成了四类，分别是
"利欲"（acquisitiveness）、"支配"（dominance）、"创造"（creation）和"顺从"
（submission）。

先前与学生一起研究得出的四种主要情绪行为机制，在本次调查中更加清晰
化。在监狱调查完成后，在接下来为期一年的心理咨询师实践中，我将这些情绪
行为机制应用到临床受试者身上。

接下来的一年，我在马萨诸塞州的塔茨夫大学校园里开了一个学生诊所。在
诊断工作期间，我们用到了先前提到的四种主要情绪概念的修正版本。我们面临
的问题不仅包括学生对校园学习和环境适应上的困难，也包括学生的经济困难和
感情问题，在某些情况下，这些都会造成严重的后果。在开设学生诊所的同时，
我也开设了一门有关正常人情绪分析的课程。上半年主要分析学生已经从事或者
渴望从事的有偿劳动的情绪行为，下半年则从事有关因家庭和爱情作出调节的行
为研究。在尝试对自己进行分析或对同学进行分析的过程中，学生发现并报告了
大量有价值的材料。四种主要的情绪机制进一步清晰化，并且进行了修正。术语
"利欲"（acquisitiveness）修改为"适应"（adaptation）。

我又花了半年时间把手中的各种结果整合在一起，并且试图建立一个明确的
神经学基础，这个神经学基础最有可能成为"情绪共同特性"（emotional common
denominator）的基础，情绪共同特性在临床上表现得非常明显。对上述的整个过
程，在这一部分中会报告其结果。

通过一系列的观察，在我看来，人类行为最显著的一个方面是，一些特定的
人类反应趋势和在自然物理力量的行为中观察到的一般原则之间具有高度的相
似性。

自然力量行为中的支配现象

俗话说，水择易径而行。如果我们把重力驱使的激流与人体的紧张性运动神
经放电做比较，我们会发现，两者对阻力作出的反应几乎遵循着一模一样的原则。
激流支配着力量较弱的阻力，支配程度随两者间强度差异的大小而变化。随着对
阻力的克服，水流强度逐渐增大。当来自河床的阻力完全消失，水流将如尼亚加
拉大瀑布一般，汹涌奔泻。其他自然力量面对阻力也是相同的反应。跟流水一样，

电荷会选择性地支配阻力最小的导电材料，气体会流向气压最低的区域。随着对阻力的克服，所有这些反应的强度或力量将以各自的方式逐渐增大。引起人类发生支配性反应的适宜刺激就是阻力小于作用力，我们可以用同样的方式来解释那些能够引起自然力量起支配反应的刺激。

我们分析了一种自然力对另一种自然力的反应，但该分析仅仅说明了两种力量之间的关系，即一种力量作为适宜刺激，激起了另一种力量的支配。较强的力量支配较弱的力量似乎是不言自明的。不过，如果我们将较弱或较简单的力量视为机械论诱因，就必须认识到，正是其强度或复杂程度小于另一种力量，才能让另一种力量选择自己来支配，从而控制另一种力量。既然是一种较小力量刺激了较强力量的支配反应，那么，如果较强力量在支配较弱力量的过程中自身力量有所增强，增强的程度如何呢？或者说，两种力量相互作用的过程中，支配力量是否在支配较弱力量的过程中增强了自身力量呢？看起来事实确实如此，并且，支配力量增加的量接近较弱力量减少的量。

打个比方，一条受堤坝阻挡的河流水位会逐渐增高，对大坝的水压逐渐增强。堤坝的阻力有多大，河水的力量就会（以水压的形式）增强多少。堤坝越高，堤坝后的积流就越多，河流对堤坝施加的压力总量也越大。当河流高过并流过堤坝（或者当堤坝中间或周围开了口），河流就支配了堤坝。倾泻而出的河流，其力量将大于没有堤坝时的力量，增加的量接近于河流为支配堤坝而必须克服的阻力。

我们可以这样总结：就自然力量而言，正是较弱力量相对较弱的特性构成了较强力量支配反应的适宜刺激。较强力量在支配较弱力量的过程中增强了自身力量，其增量相当于其在支配较弱力量过程中需克服的阻力。

运动神经刺激与环境刺激的区别

要将上述支配行为应用于运动神经本性对强度更低的运动神经刺激的支配反应，就要严格区分环境刺激与运动神经刺激。在中枢神经系统适宜的运动精神粒子上，支配情绪的数量及支配行为的强度（该强度是该支配性精神粒子能量的体现），代表的并不是运动神经本性对可见的环境刺激的反应，而是运动神经本性对运动神经刺激的反应。运动神经刺激源于过去的经验，可由看似微不足道的环境刺激引起。

例如，造成过失杀人的环境刺激可以是毫无恶意的人作出了伸手摸裤子后兜的动作。这类案例中，环境刺激的强度微不足道，甚至可能对当事人毫无危害。但是，根据过去的经验，后兜别着左轮手枪，伸手摸后兜这一动作，构成了须作出迅速而暴力的支配反应的环境刺激。受过去经验的影响，温和的环境刺激也能构成运动神经刺激，与当事人的运动神经本性进行对抗。这些运动神经刺激强度虽大，却大不过当事人可以支配的运动神经的强度。这些运动神经刺激足以唤起最暴力的支配反应，而该反应是由性质完全不同的环境刺激引起的。

在上述案例中，最终行为的性质说明了环境刺激与运动神经刺激间的显著差异。还应指出的是，在上述案例中，运动神经本性对环境刺激作出支配反应，其强度的增加，由拮抗性运动神经刺激的强度来衡量，而与引起该反应的环境刺激无关。尽管该例属特例，但在我们分析的每个行为实例中，都应探寻相同性质的环境刺激与运动神经刺激间的相异性。

人与动物的支配行为

支配似乎是动物或人类最基本、最原始的情绪整合类型。我们发现，切除了大脑的狗和猴子在对任一拮抗性运动神经刺激（其整体力量或强度低于运动神经本性）作出反应的过程中，都出现了一种典型的支配情绪。

戈尔茨（Goltz）发现，除了其称为"愤怒"[1]的情绪，去掉大脑的狗再无其他情绪。动物行为中的这一反应，似乎是一种不受抑制的、进攻性的支配情绪。这只狗与正常动物的区别，正是其缺少其他情绪反应的原因所在，该区别即是，对于去掉了大脑的动物来说，不会有强度大于运动神经本性整体强度的运动神经刺激。

没有大脑半球，就没有高级整合中心，便会出现上述情况。而且，所有的运动神经刺激也会因此将运动神经本性作为对抗性刺激。紧张性放电的微小单位一方面发生压倒一切的作用，另一方面又与微小单位形成联合，这种情况只有在紧张中枢层次以下的运动精神粒子中才能发生。因此，这种干扰或促进不会使运动神经本性或紧张性放电总量因对抗而减少，或者因联合而增加。如此一来，根据

---

[1] F. Goltz, "Der Hund ohne Grosshirn, *Arch. fur d. gesam. Physiol* . 1892, vol. 1, p. 570.

上文的整合分析，出现服从情绪的同时，又出现恋爱或"性爱"中高度愉快的情绪元素（诱导和顺从）的情况，就不可能发生。这一结果正如戈尔茨所言。对去除大脑的动物而言，唯一完好的整合机制就是，为了应对整体上处于弱势的拮抗性运动神经刺激，紧张性放电不断增强，并且，只要该增强机制保持正常运作，这一反应就会一直持续下去。因此产生的反应便会是一种对环境刺激的肆意攻击，剩下的唯一情绪是纯粹的支配。

观察婴儿的行为，我们会发现，同样类型的支配情绪是所有情绪中最早出现的。华生[1]指出，这种支配行为是一种与生俱来的情绪反应。华生沿用了文学术语，将这种反应称为"愤怒情绪"。华生描述的这种行为似乎清晰地表明，既存在纯粹的支配反应，又存在一些受到阻碍的复杂元素。如果不是这样的话，就不会有人反对效仿诗人们将整个反应称为"愤怒"。根据我自己及华生的观察，的确有证据表明，存在一种受到抑制或阻碍的元素，但这种元素通常不会出现在婴儿最初的支配反应中。随着婴儿的支配情绪达到极限，这种元素会逐渐或多或少地出现在其反应中。

华生将引发"愤怒"反应的环境刺激描述为"对身体运动的阻碍"。华生的方法是，用双手将婴儿头部紧紧控制住，把婴儿的双臂按到两侧，或者把双腿紧紧并拢。这些环境刺激对婴儿来说无疑就是阻力。这些阻碍性的刺激总体上弱于婴儿的紧张性运动神经本性，否则，此前的身体姿势或姿态将改变，与紧张性身体运动相反的新类型将出现。但结果是，婴儿"全身绷得紧紧的，双手和双臂胡乱舞动，两腿乱蹬，屏住呼吸"。所有这些表现是此前的紧张性姿势和运动的强化。环境刺激会阻碍、但不会整体阻断这种姿势和运动。简言之，在克服整体力量较弱的阻力的过程中，婴儿的运动神经本性得到了增强。

目前，除了纯粹的支配情绪，没有其他任何整合现象存在的证据。华生描述道：婴儿"起初没有哭，接着嘴巴张到最大，屏住呼吸，直到脸色发青"。整个反应过程中，受到抑制或阻碍的元素显现后，婴儿也会哭喊。这种受到阻碍的元素使问题变得复杂化，在后面的章节中，我们将详细阐述这种元素的性质。而在这里，明确区分孩子纯粹的支配行为与掺入了阻碍元素的支配行为就足够了。将后者称为"愤怒"恰如其分，因为"愤怒"一词在文学上的含义与在心理生理层

---

[1] J. B. Watson, *Behaviorism*, 1925, New York, p. 122.

面的含义相当契合。

去除大脑的动物和出生 10~15 天的婴儿都出现了明显的支配情绪。

孩子支配反应的发展

通常，在 2~3 岁的正常儿童中，支配情绪的发展似乎不受控制。华生提到一次他"永远不会忘记的经历"：在穿越一条拥挤的街道时，华生引起了两岁大的女儿极端的支配情绪。当时，华生正拉着他的女儿往前走，而他的女儿突然朝相反方向拽住他。华生"迅速地用力将她往回拉，摁住她的胳膊，好让她不乱动"。随后，他的女儿"突然僵住，开始歇斯底里地尖叫，然后直挺挺地躺倒在路中间，张大了嘴大喊大叫，直到脸色发青再也叫不出声来"。华生用这个例子来解释"愤怒"，在整个反应过程中，似乎出现了一定数量的受抑制或受阻碍元素，这说明，这个例子中至少有一部分可以用"愤怒"一词来形容。

但在我看来，整个反应显示了最强烈的支配反应的潜在基础。包括尖叫在内的每个行为都表明了运动神经本性力量的增强，都是为了克服父亲施加的对抗性刺激。孩子只是决定了"走自己的路"，为达到这个目的，她竭尽全力调动运动神经强化机制。此外，根据华生的说法，孩子确实是走自己的路。她的身体被父亲拉着朝他想要的方向走，但这个事实对她不受控制的支配情绪来说，并不一定、也很可能并没有构成一种整合上的失败。只有当环境刺激能够引起强于孩子运动神经本性的运动神经刺激，孩子的支配情绪才会变为服从情绪。

根据我自己的观察，小女孩通常在最早性征出现时，会形成特定的诱导和顺从情绪。这大概从三岁开始。但是，男孩子随着第二性征出现，支配情绪却似乎增加了。在一些案例中我注意到，从出生到青春期，男孩的支配情绪似乎是不断发展的。受良好教育的孩子通过学习服从反应，支配情绪的发展可以得到有效控制。但缺乏家庭教育的男孩，其支配情绪可能在幼年时期就发展到极限，以致今后无论对其身体施加多么有力的环境抑制，也不能控制这种情绪。

我曾有机会观察一个五岁半的男孩，整整一个夏天，他都由母亲照顾。这位母亲对孩子疼爱有加，却疏于管教。男孩拥有与普通男性一样的支配情绪，然而，由于缺少情绪训练，任何环境刺激都不能引起足够强大的运动神经刺激，因而都不能阻止他为所欲为。母亲无论叫他放下别人的玩具，还是回家吃饭，他都不为所动。一天，母亲在找了他一段时间后，看到一群孩子在沙滩上玩耍。

"埃德加在那儿吗？"她大声问道。

"不在。"沙滩上那群孩子中间传来埃德加的声音。

对埃德加而言，激动不安、身强体壮的母亲是一种对抗性刺激，但他只需增加些许自己的运动神经定势、吐出反对的只言片语，就可以将这种刺激搁置一旁。在那大半个夏天里，埃德加始终如此。

后来，埃德加的父亲来到海边休假，待了两周。父亲的情绪模式与母亲不同。第一周，父亲总是追到埃德加跟前，强行地将埃德加拉走。如果埃德加拿着别人的玩具不放，就用力抢过来。然而，这种方法使用了一周之后，并没有对埃德加产生明显的影响。父亲夺走玩具，他就冲父亲的腿动起拳头，嚷着要父亲还他玩具。这样的场景我大概见过 20 次，埃德加的支配情绪一直丝毫未减。随后，埃德加的父亲采取了更严厉的措施，但仍不奏效。

最后，父亲用一根粗大的木棍抽打埃德加，造成皮肉之伤，他才开始对父亲表现出服从情绪。父母继续使用这种方式，渐渐地，这个孩子明显地开始权衡这种对抗性力量，如果他不听话，就需要面对这种对抗性力量。他根据自己的新经验，如果断定父母离自己够近，而且情绪非常强烈，很有可能又要抽他一顿，他就会听父母的话，神色漠然，一路小跑着回来。此刻的埃德加就好像世界上最听话的孩子。但是，如果父母（尤其是母亲）语气较弱，肢体动作较为迟缓，追不上埃德加，埃德加就会一溜烟地跑向远处。此刻违抗父母之命，埃德加与之前听话时一样，显得满不在乎。不过，埃德加此刻自身运动神经能量的增加，与暑假开始时违抗母亲命令相比，就要大得多了。

我详细阐述这个儿童行为的案例，不是因为这个案例特殊，而是因为它全面展现了一个完全正常的男孩，在没有经过训练时，支配情绪的自然发展过程。另外，它还清楚说明了两种环境刺激（一种是强于男孩运动神经本性的刺激，一种是仅仅在体能上强于男孩的刺激）造成的情绪意义上的差别。在这个案例中，埃德加的皮肉之伤引起了运动神经刺激，该刺激产生于埃德加的中枢神经系统，其强度大于运动神经本性。当然，如果这对父母更明智一些，他们也许能想出一些强度更大、更加人性化、更有效率的环境刺激。但是，如果支配情绪的发展远远超过了其他主要情绪，这就很难了。

正常与非正常支配情绪的界线

通过三个月细致入微的研究，我要再次强调，埃德加是一个完全正常的孩子。当一个孩子情绪反常，尤其当这种反常是由于受到持续的内部刺激（如腺体物质分泌过多）作用时，要控制支配情绪就更难了。我们这里接收过公立学校送来的许多有行为问题的孩子，他们无疑都属于这种类型。

例如，一个10~11岁的男孩热衷于跟同龄和年长的男孩搞帮派斗争。根据斯坦福-比奈（Stanford-Binet）测试、老师的陈述和学校的记录，这个男孩是非常聪明的。他机敏、帅气。他也可以变得温顺，尤其在喜欢的女老师或其他长辈面前，简直称得上乖巧。但由于极度缺乏家庭教育及情绪训练，他的医学诊断显示其内分泌失调。任何对抗性刺激施加于这个男孩支配情绪引起的情感诉求都相当惊人。无论环境刺激的强度或力量有多强，对抗性刺激都会引起其支配反应。举个例子，这个男孩曾率领他的帮派，蓄意向别的敌对帮派发起进攻，那一派的男孩比他们大很多，并且在人数上几乎有二比一的优势。在石头、匕首、棍棒相交之间，这个男孩（他叫杰克）爆发出了超常的力量和攻击性。总的来说，这个男孩并没有感觉到对抗性的环境刺激比他自己的运动神经本性更强，增强的环境刺激似乎仅仅表现为阻力或对抗性增加（而运动神经本性遇强越强）。

杰克代表了支配情绪已经发展到极端程度（这一点可以从内分泌异常看出）这样一类男孩。在这种情况下，就算是使男孩身负重伤的环境刺激，其引起的运动神经刺激都无法高于男孩的运动神经本性。这里提到这个案例仅仅是为了区分两种失衡的支配情绪：一种由缺乏训练引起，但只要通过增加足够的环境刺激，就可以变为服从情绪；另一种因持续的组织内部刺激而保持在一个过度兴奋的失常状态，这种过度的支配情绪肯定是不正常的，因为它没法通过增强环境刺激而变为服从情绪，哪怕这种环境刺激会使人体负伤。

除了上述支配情绪强制性变为服从情绪的方法，其他控制支配情绪的方法我们将在后面的章节进行讨论。本章对情绪训练的方法不做讨论，而主要探讨人类各种行为中出现的支配情绪的特征和极限。

小结与分析

综合对上述支配行为的分析,我们可以发现,每个案例中都包含着下列元素:

(1)强度低于运动神经本性的拮抗性运动神经刺激。

(2)该刺激诱发支配反应。

(3)运动神经本性强度增大,其增量等同于被支配的拮抗性刺激的强度。

谢灵顿和戈尔茨对切除大脑的动物进行了研究,他们发现,运动神经整合中枢支配着紧张性中枢,如果切除了运动神经整合中枢,环境刺激可能会导致运动神经刺激与动物的运动神经本性相对抗,该刺激的整合力量弱于自由的紧张性放电,因为没有了大脑皮层,紧张性放电就不再受到抑制,其强度因此而增大。这些动物在应对较弱的拮抗性运动神经刺激时,表现出了典型的支配反应。每个案例中,紧张性放电的增加显而易见,其强度随干扰性运动神经刺激的增加而增加。

根据华生对婴儿天生的愤怒情绪的观察,我们发现,"阻碍婴儿的行动"构成了对抗性的环境刺激。如前所述,此类环境刺激引起的运动神经刺激必定总是弱于婴儿的运动神经本性,因为此前的运动神经定势或态势并没有改变。由此而产生的反应至少在初期是纯粹的支配反应。这类反应中,运动神经本性强度的增量接近环境刺激的强度。

也就是说,婴儿肌肉收缩强度的增加接近重压或其他对抗性压力的增加。婴儿为了维持之前的身体动作,必须克服这种对抗性压力。值得注意的是,与这类支配作用相关的反应中,对抗性压力虽然能够阻止婴儿双手和双腿的动作,但其本身并不足以激发强度大于婴儿运动神经本性的运动神经刺激。

在另一个案例中,两岁大的孩子躺倒在拥挤的街道上,不服从父亲的引导,因为父亲的引导与其先前的运动神经定势相反。由此我们发现,在这个孩子的支配行为中,运动神经本性得到极大增强。运动神经本性的显著增强无疑反映了环境刺激与运动神经刺激之间的不一致性,这里的运动神经刺激已通过先前经验被唤起。假设这个孩子此前并没有被焦急的父母、与其玩耍的顽童或测试其"愤怒"情绪的心理学家"迅猛一拉"的经验,那么,我们可以认为,她高强度的支配反应近似由"迅猛一拉"构成的环境刺激所诱发的拮抗性运动神经刺激。

观察 15 天大的婴儿的"愤怒"情绪,我们发现,对婴儿施加足够大的对抗性压力，阻止婴儿一切行动，并没有唤起强度高于运动神经本性的运动神经刺激。"猛地一拉"这种环境刺激似乎非常适合引发强度很高的运动神经刺激，其强度高于仅能阻碍婴儿行动的运动神经刺激。这表明，尽管其他稳定、持久的压力也能妨碍婴儿的行动，但是很显然，对婴儿而言，"猛地一拉"对其运动神经本性造成的阻力更大。然而，这种"猛地一拉"显然也没能唤起强度高于婴儿运动神经本性的运动神经刺激。在婴儿的支配反应中，运动神经本性仍然随着对抗性环境刺激的增强而增强，尽管此时的刺激迅猛地拉住了婴儿的整个身体，使其整个身体都在反抗着来自运动神经本性的最大阻力。

在埃德加的案例中，这个五岁半的孩子的支配情绪被放任发展。我们可以从这个案例中发现环境刺激的强度阈值，即环境刺激需要达到某个强度，所激发的运动神经刺激强度才能高于正常机体的运动神经本性。在埃德加的案例中，这个阈值是身体受到实际伤害才达到的。对埃德加而言，仅靠拉一拉或摇一摇他的身体，并不能引起强于其运动神经本性的运动神经刺激，而且，用小鞭子或一般的棍子打他一顿，带给他的疼痛刺激也达不到"服从刺激阈值"（compliance stimulus threshold）。

埃德加的皮肉之伤引起运动神经刺激强度增加，这种增加一方面可能源于他意识到有非常严重的事情发生了，另一方面，也来自伤害本身带来的疼痛体验。毫无疑问，这种疼痛比之前的鞭打更加强烈。无论如何，身体伤害带来了大量疼痛，这一点，显然成功地让孩子感觉到了，并且将其视为强于自己运动神经本性的运动神经刺激。

跨过了这个阈值，埃德加的行为既有支配，又有服从。显然，一部分环境刺激的强度仍较弱，但另一部分已跨过阈值，不再唤起任何支配反应。该案例很可能说明了正常的、纯粹的、不掺杂任何其他主要情绪的支配情绪的极限。

在小混混杰克的案例中，我们发现了一种异常的支配机制。在这种机制下，即使身体受到伤害（杰克已遭受多次），形成的环境刺激也达不到服从刺激阈值。简而言之，对杰克而言，任何强度的环境刺激都不能引起强度大于其运动神经本性的运动神经刺激。如果未到青春期的孩子出现这种支配机制，那么在此前或当前，他所受的支配刺激量，必定总是远远多于其他主要情绪的刺激量。

特征不明显的支配行为

到目前为止，我们所讨论的都是强度极大的支配情绪，其行为特征明显。但普通而寻常的行为中，支配情绪的特征也可通过客观分析身体反应及该情绪与环境刺激的关系得以洞见。这样的例子我们见过不少。

婴儿几乎一出生就有了抓握反射，在该反射形成的过程中，婴儿的支配反应会显著增强。当实验者试着拽走婴儿紧握住的棍棒，或者由实验者按住婴儿的手指使其握住棍棒时[①]，婴儿会握得更紧，以防棍棒被拽走。在这个过程中，运动神经本性为克服强度低于自己的对抗性刺激，增加了自身强度。这一支配反应会一直持续，直到婴儿的整个重量都悬在其紧握的棍棒上。

大一点的孩童在玩耍时也会经常表现出明显的支配情绪。三四岁大的男孩会花上一刻钟以上的时间，试图将一辆儿童三轮车或玩具车推进一个过于狭窄、容不下这个玩具的地方。我曾看到一个小孩为达到这个目的，不惜弄坏玩具车的轮子。显然，这个案例中的环境刺激是对抗性的，但由于这个孩子对对抗性环境刺激的力量缺乏认知，该刺激对他来说就是无知者无畏。无论如何，玩具车引起的运动神经刺激确实弱于孩子的运动神经本性，因为孩子始终没有改变自己的行为方式。

追逐中的支配反应

动物、幼童、成年男性及部分女性中普遍存在一种支配反应，即追逐任何跑向远处的东西。跑向远处这一行为使逃跑者成了追逐者支配情绪的最佳刺激。一方面，该行为使逃跑的动物与追逐者形成了对抗关系，因为该行为减弱了追逐者对正要消失的物体的视觉等感官知觉，也表明逃跑中的动物因追逐者施加的对抗性影响而跑开。另一方面，该行为说明逃跑者在力量上逊于追逐者。追逐者一开始追逐的支配意图便是阻止逃跑者逃跑。逃跑中的动物为对抗这一意图便不停地跑，但正是通过不停地跑，该动物承认了其一直以来的弱势地位。追逐者对此报

---

① 华生说他使用过这种方法来激发第一反射。见华生 *Behaviorism*, p. 98.

之以最纯粹的支配反应：他的运动神经本性逐渐增强，每跑出一步，他对逃跑者的对抗情绪就增加一点。

这类支配反应可称为"追逐中的支配"，它常常被看作"狩猎本能"或"杀戮本能"。要全面解释这一现象，最好将它理解为最简单的支配整合类型。人类与动物在狩猎行为上惊人的一致性既源于这类刺激在唤起纯粹的支配反应上的得天独厚，也源于人类与动物共有的服从反应机制。当另一种生物的力量和性质尚属未知，这种与生俱来的机制就会驱使人类和动物跑开。因此，某一动物的这种主要情绪反应机制（服从反应机制）必然会激起另一动物在追逐中的支配反应。

贝里（Berry）指出，没有机会跟老猫学习的小猫不会去抓捕或杀死待在原地不动的老鼠①。但支持本能说的耶克斯（Yerkes）和布卢姆菲尔德（Bloomfield）指出，四分之一的小猫（比贝里研究的小猫年幼）会自发地追赶一只老鼠，并在经过一些尝试后，抓住并杀死这只老鼠②。从他们各自的说法中，我们至少可以确定一点，即要有一只老鼠先跑开，刚好其他老鼠没有在其他小猫面前逃离。追逐中的支配情绪一旦被跑开的老鼠唤起，小猫各个受紧张性神经支配并被支配反应强化的身体组织必然会促使小猫追到并杀死这只逃跑的老鼠。被追逐中的支配反应激活的这些身体组织同样会促使小猫追逐并"杀死"逃跑的机器鼠或用线拉动的纸团。对于任何动物物种来说，这种支配情绪的整合机制都是与生俱来的，因与运动神经本性联系密切，该机制能够激活所有受紧张性神经支配的身体组织。一旦一只猫的肌肉、爪子和牙齿这些身体组织被调动起来去抓捕并杀死一只更小的动物，这只逃跑的动物就会被抓住和杀死。一个没有这些身体组织的无知孩童逮到一只逃跑的小猫或小狗后，不会将其撕裂或杀死，但他双手和双臂中受紧张性神经支配的肌肉会被调动起来捶打这只动物。

猫追老鼠，狗追猫，幼童追猫和狗，成年男子追女人和野生动物。每个例子中，逃跑这一刺激唤起了追逐中的支配反应。上述例子中，有时候，逃跑的一方想要被追逐（动物是为了玩耍，女人是为了爱情），他们逃跑是因为经验告诉他们，逃跑就可以唤起追逐中的支配反应，而支配反应一旦被唤起，就会取代其他

---

① 华生说他使用过这种方法来激发第一反射。见华生 *Behaviorism*, p. 98.

② C. S. Berry, "An Experimental Study of Imitation in Cats," *Journal of Comparative Neurology and Psychology*, 1908, vol. XVIII, p. 1.

一切反应控制追逐者的情绪。

破坏性支配情绪

支配情绪的另一种形式或表现可以称为"破坏性支配"，经常出现在二三岁直到青春期末男孩的行为中。

一个孩子会花上一小时或更多的时间搭建积木，仅仅为了能蛮横地将其推倒，而且显然，他们对此非常满意。在这个搭建行为中，由于积木具有不易控制性，因此，在这个孩子试图将木块放置在不平衡的位置上时，这些积木就与孩子形成了对抗状态。

然而，已经搭建好的积木代表着一种环境刺激，这种刺激比孩子完好的右臂力量要弱得多。随后会出现一种令孩子满意的支配反应，这是因为情绪的强度与之后环境刺激表现出的强度不成比例，这就是所有需要克服的对抗性刺激，以便孩子在环境中占支配地位。

因此显现出来的支配情绪强度，是由运动神经刺激决定的。而运动神经刺激又是由先前的搭建困难引起的，并通过学习或条件反射转化到了积木上。

等到了稍大一点的年龄，同样类型的破坏性支配会达到相当危险的程度。空房子的门窗附近如果有男孩，一定会被砸烂。

我听说过许多这样的例子——废弃的谷仓和库房被10~13岁的男孩子们放火点燃，显然这是纯粹破坏性支配的表现。[1]当然，所有这种类型的支配行为表明，都是形形色色的情感转移，通过这种转移，无害的环境物体具有了引起强烈的拮抗性运动神经刺激的倾向。

竞争性支配反应

无论在教室里还是在操场上，与其他青少年竞争引起的支配反应都是非常重要的。竞争的本质似乎是对整体环境状况的一种安排，从而使每个孩子感觉到其

---

[1] 当然，一些精神分析学家可能有更令人激动的猜想，所有的纵火行为可能都在表达一种被压抑的"性欲"。但我们有时为了追求真相，必须牺牲掉这种"精神上的性刺激"。

他参与到同一个任务或游戏中的孩子都是他的对手，但是能力和力量都比自己弱。

我做过一个实验，通过向其中一个参赛选手证明他的对手无疑可以做得比他好，而从竞争情境下消除支配这一元素。一旦这个男孩真的相信了这件事，他就对比赛失去了所有的兴趣。结果据统计，他只发挥出先前竞赛平均水平的大约50%。

我也观察到，无论在给成年人还是儿童进行心理测试时，通过强调被测试组有绝佳机会比对手组得分更高，显然可以明显提高测试分数。

这一结果在某些囚犯群体和军队测试中尤为显著。我也有好多次观察到相反的情况，不理想的测试结果是由于受试者一开始就了解到，这些受试的个体在传球能力方面与其他人不能相提并论。

此外，在一般情况下，让女性群体建立起竞争情境的两要素——与竞争对手形成对抗关系并将其视为弱者，要比同等条件的男性困难得多。比如有一次，一个毫无疑问拥有出众能力的女艺术生，习惯性地拒绝在竞争情境下这样做。

对这个女孩的行为，可以这样解释：在竞争情境下，她立刻觉得自己的作品可能不如其他学生的好。这种对刺激情境的理解，使得竞争不再是导致支配行为的适宜刺激。

同样，女性在心理测验中常常表现不佳，原因常在于受试者看起来不能将同学看作对手，或者不能在考试本身或考官那里感受到任何对抗性因素。

女孩们经常表现出对差成绩和好成绩都很满意，似乎对任何一种程度的严厉批评都顺从，又或者受到老师的责备后没有表现出一点对抗态度。

下面的案例可以说明这种类型的行为：两个女孩在群体测验和个人斯坦福-比奈测验中，她们的得分都归在智力稍弱的一类。总测试结果显示，其中一个女孩的智商为65，另一个则显示智商低于50。

在性格分析过程中，我的目的并不是纠正测试结果，我诱导着其中一个女孩准确地回答了几乎所有与她生理年龄有关的斯坦福-比奈问题（这个孩子没有机会学习正确的答案，因为性格测试紧接着比奈测试）。

即使在进行性格讨论的情境下，另一个女孩也不能回答一半以上的问题。而对于那些她回答了的问题，其中超过85%都是正确的。简言之，在友好、协作性环境刺激下，这些孩子通常的反应是正常的，但是，如果出现对抗性或竞争性的刺激，她们不会作出任何反应。

成人支配反应的调节

我们常常发现，由于成人经过两种类型的情绪学习，其生活中的支配反应会发生很大的改变。首先，几乎所有的正常成年人都认为绝大多数的环境刺激比他们自身的更强大，大多数环境诱发的运动神经刺激比成人的运动神经本性强度更高，因此，刺激唤起的是服从情绪而不是支配情绪。

其次，几乎所有正常的成年男性已经学会了怎样对与其事业或主要职业有关的特殊环境刺激表达支配情绪。比如说医生，就是这类型情感学习的典型。从这一点来看，军队里医官心理测验成绩的大趋势显著低于大多数其他类型的军官。换言之，对能引发支配反应的这一类环境刺激，医生比受过教育、从事其他职业的人有更为专业的应对办法。

对受试者的专业领域或其他职业中发生的关键情况进行分析，很容易发现成人强烈支配情绪的现象。如果一个商人知道他的竞争对手在争夺某个市场时占据上风，他会立即最大限度地动用个人精力和财力来压倒竞争对手并重新获得市场。这种事情经常在报刊上出现，例如，亨利·福特发现自己有被廉价汽车市场淘汰的危险，为了重新确立对汽车市场的控制权，他花费了大约一亿美元对整个制造厂进行了重组和调整。这似乎是一个很好的例子，用来说明纯粹支配反应。通用汽车和其他汽车行业竞争者的利益所代表的环境刺激无疑是一种对福特的对抗，而且，这种强度所诱发的运动神经刺激比几乎所有人的运动神经本性都要强。然而，福特运动神经本性的力量可以用他巨大的财富和非凡的个人才能来衡量，他觉得他的对手比自己弱得多，用自己力量的增加来应对挑战，就足以战胜他的对手（当然，在福特的行为中，也存在一个较大的服从要素，我们会在下一章再次提到）。

成年男性在体育和商业活动中表现出很大程度的支配情绪。国际网球比赛、马球比赛、游泳比赛和奥运会吸引了参赛国家中大多数男人的兴趣，不管这些人亲自从事体育运动的可能性有多么小。这种态度中的社会因素或间接体验因素将在后面的章节中涉及，但在目前，我们会注意到，潜在的情感兴趣在支持国际体育比赛中占支配地位。这样的体育赛事只代表高度专业化的和选择性竞争的刺激状态。举个例了，在戴维斯杯网球比赛中，双方最好的球员必定是一个非凡的、拥有强化紧张能量储备的人。因为比赛规则，还有个人和国家的利益冲突，他的对手便成了一种完全对立的环境刺激。每个竞争者都必须认为自己的对手比自己更弱，否则，他的运动神经本性将在比赛的关键时刻就会发生服从反应，而不是增加强度。他的努力会加强他的运动神经本性，然后，通过增加的能量，他足以战胜他的对手，并且收获荣誉。除了选手自己表现出来的这种相当单纯的支配反应，各参赛国的大众媒体也通过国家支配的系统，赋予每个最好的球员以巨大比例的运动神经本性。可以说，球员个人支配背后，还有国家赋予的支配情绪。因此，数百万的个人运动神经本性实际上在球场上可能随着队员所经历的紧张能量的变化而波动。这种情况，是我们发现的唯一能说明许多人的支配反应既可以结合又可以同步的例子。跟前面提到的商业行为一样，在竞技比赛中也涉及大量的服从反应，这些服从元素仍将在下一章中讨论。

支配情绪中的性别差异

总的来看，成人支配情绪的性别差异明显小于儿童和青少年。现在妇女越来越广泛地从事商业和体育活动，她们接受的情感训练显然会强化她们支配情绪的能力，并且使其与男性的情绪不相上下。这种发展的效果现在开始在年轻人的情感训练中显现出来。青春期女孩和年轻女性越来越多地成为在全国体育竞赛的宣传亮点，她们就像古代女杀手及其他著名的女性角色一样先发制人。

然而，成年女性支配情绪的支柱目前仍然存在，在很大程度上仍与罗马阴谋和亚历山大狂欢时代一样。也就是说，寻求"社会"的威望可能代表了最普通的女性所表达的支配情绪。处于对立关系的已婚妇女和初进上流社会的年轻女子代表不同强度的对抗刺激，但似乎总是无法激发运动神经刺激并使之强度高于"社交女士"的运动神经本性。该女士通过增加更丰富的表现形式和所谓的"宴会招待"来增加她的社会能量，或者通过购买更昂贵和时髦的礼服或其他东西对这种刺激作出反应。通过增加她的运动神经本性，这位寻求社会声望的女士会横扫她前方的对手，去控制那极为无形却备受关注的"社会"。因为所追求的战利品本身是基于其他情绪而不是支配情绪的，我们可以在后面的章节再来进一步分析这种类型的支配反应。

小结

综上所述，我们可以将支配情绪定义为一种情绪反应，由低于受试者拮抗性运动神经刺激强度的运动神经本性所引起。

通常情况下，环境刺激的性质和强度，与支配行为所表达的支配情绪强度之间明显不协调。这种不协调只能说明，因为动物或人类以往的经验，原本不适宜的环境刺激也能够在受试者机体内部引起一定强度的拮抗性运动神经刺激。从实例观察得知，该运动刺激强度与对运动神经本性中增加的支配反应强度一致。受试者所感知到的运动神经刺激强度低于运动神经本性，这便决定了情绪的支配特点。但是，在支配反应中，运动神经本性强度的增加量，近似于克服支配反应所需的运动神经刺激强度。

具有显著特征的支配反应可被视为一种行为准则，在自然界的物理力量、去除大脑的动物、初生婴儿（把自身重量全压在小棍子上来增强抓握反射）、青少年（尤其是男孩）及成年人（男女都有，主要是男性）的相互作用中，均可见到这种支配反应。

对所有 3~5 岁的儿童及绝大多数男性的一生而言，支配情绪是至今对其情绪影响最大、最重要的因素。既然文明本身就是由人类创造的，那么支配可能是两性最普遍的情绪。

支配情绪是无数的纪念碑、雕塑、音乐作品和其他艺术作品所表达的主题。在所有对支配情绪的称赞中，亨利的诗作《不可征服》或许是最简洁、最全面的。

透过笼罩的夜色，

我看见黑暗层层叠叠。

感谢上帝赐予我，

不可征服的灵魂。

就算被地狱紧紧拽住，

我，不会畏惧，也绝不叫屈。

遭受命运的重重打击，

我满头鲜血，却头颅昂起。

> 无论命运之门多么狭窄，
>
> 也无论承受怎样的惩罚。
>
> 我是我命运的主宰，
>
> 我是我灵魂的统帅。

支配情绪的愉快和不愉快

在支配行为中体验到的意识究竟是愉快还是不愉快？对这一点，不同内省式的观察者说法各异。杰克·登普西（Jack Dempsey）是前重量级拳击冠军，他说（私下对朋友说的，不是对公众），他"喜欢"拳击的全过程，但他"最大的乐趣"来自击倒对手时狠狠的一拳。有时候，他很享受获胜后人们的热捧，但有时却不会。可以判断，登普西所说的愉快程度取决于他自身对对手的支配意识，而不是别人把他奉为胜者的态度。另一种愉快的情绪反应无疑是由获胜带来的各种奖金收益引起的，但这里并不需要考虑。

因为这种愉快是后来说出来的，我们很难判断登普西在击倒对手前的愉快有多少，回顾比赛时又想起多少不愉快。从我自己的内省经验，以及学生的内省报告来看（其中一名学生是职业摔跤手，较登普西而言这些学生受过更好的自我观察训练），一场最终成功的支配性比赛，受试者在前期感受到的既有愉快，又有不愉快，二者交织在一起。在任何长时间的支配性争斗中，在初始阶段都会感觉到一定的"严峻""紧张""过度紧张"或"绝望"，这显然会让人感到不愉快。同时，一个真正具有支配情绪的竞争者，为了应对危险，感觉到"自身力量在增加"，从而感受到了一种独特的愉快感，而且这种愉快感毫无疑问会随着对手力量的削弱而增强。

登普西称，他最大的愉快就是打出了关键的一拳，最终让他的对手黯然离场，他说的话可能是真实的情况。但是，只要对抗性环境刺激（竞争对手）和受试者自身体能之间的支配地位尚未确定，那么在拮抗性运动神经刺激和运动神经本性之间，在相当均衡的条件下，就可能存在着势均力敌的争斗。几位进行自我观察的受试者一致认为，这种竞争让人非常不愉快。这些受试者没有理由撒谎，而且也受过充分的自我观察训练，能够进行有价值的内省观察。近年来，几位著名的美国橄榄球运动员发表了文章，认为大学赢得橄榄球赛带来的不快远超出愉快。

总的来说，我的个人看法是，每个支配反应中，支配情绪混合着愉快与不愉快的感觉。即使"击倒"对手后，记忆中仍会萦绕一丝对抗性，从而使最终的愉快带上清晰的支配性味道。如果需要克服的障碍在力量上明显低于受试者的力量（比如儿童的积木堆或空房的窗户），那么在最初冲突不确定时，不愉快感也许较为轻微，而最终成功带来的近乎纯粹的愉快会迅速达到顶峰。然而，必须记住，运动神经刺激与运动神经本性争夺连接最后通路的精神粒子，因而造成不愉快；运动神经中枢中紧张性能量（运动神经本性）不断外泄，发挥了促进作用，从而引发最终的强烈愉快感。如果因为对手很弱，支配情绪初期的不快是轻微的，那么，相应地，最终通过增加运动神经本性的强度（这是克服障碍所需的）而获得的愉快感也将是微小的。如果成功地引发了支配反应，结束时获得的愉快感，会比开始时强烈很多。

在某些支配反应中，自己和对手势均力敌时，不愉快感的比例可能达到最大值，随后，随着运动神经本性释放增加，对手被击败，愉快感比例上升，不愉快感比例下降。根据个人临床研究，我发现一个有趣的现象，许多女性受试者为了自己的最大益处，多次拒绝支配性的商业情境，显然这不是因为别的，而是相关的支配情绪对她们来说太不愉快了。大多数男性一生都在追求支配地位，并不是因为他们真的觉得愉快，而是因为他们不由自主地这么做了。

支配情绪的独特意识特征

从内省的角度来看，这种被视为特殊情绪的支配情绪，在文学、伪心理学和心理学中早已有多种多样的描述。这种情绪有很多别称，如"自我情绪""攻击性""狂怒""盛怒""独断""主动性""意志力""决心""斗志昂扬""利己""勇气""胆量""冒失""胆大妄为""目的性""固执""不可征服""坚忍不拔""志在必得""人格力量""推动力""影响力""开拓精神""骨气""实力""倔强""强悍""坚持不懈""攻击本能""自卫本能""卓越情结""自卑感"（阿尔弗雷德·阿德勒）和"自我中心"，还有其他许多别名。这些术语有时强调支配反应中抵抗对手的消极一面，有时则突出受试者击败对手、为自己扫清道路的积极一面。有时采用的术语暗示支配地位是可鄙的（通常当作家感到自己或他的英雄处于被支配地位时），有时采用的词语暗示支配情绪有一定的神圣感（如林德伯格飞越大

西洋后，新闻报道中的溢美之词；再如宗教对"全能者"的盛赞）。但是，无论
所用术语中包含何种态度，无论该术语选择性地强调该情绪的哪个方面，或者认
为该情绪应体现出何种行为方式，该情绪意义的共同特征就是支配情绪，包括提
升自我从而战胜对手。

　　从内省的角度来看，多种类型的受试者一致认为，支配情绪的本质（无论受
试者是否知道"支配"这个名称）是一种消除阻力时释放能量的感受。这种感受
混合着愉快和不愉快两种成分，不愉快是能量释放受阻时产生的，而愉快是在能
量增加并不断外泄时产生的，它们共同构成了支配情绪。

第八章

服从

我们已注意到，各种自然力量会在某些情况下相互支配，而在一些适当的条件下也会相互服从（compliance）。若有一堵岩墙突然挡在河道中间，河水便会改变流向。水流不会继续攻击比自己更强的对手，会服从对手，让路给对手，并将自己的力量朝其他方向引开。如果河流或其他自然力量所支配的路径取决于所面对的弱势物质，那么同样，河流受阻的路径就是由占据优势的对抗性阻碍来决定的。

物理力量会一直支配比自身弱小的对手，这是任何物理力量的基本性质。同样，物理力量也会服从比自身强的对手，这也是其固有性质。如果一种物理力量无法支配周围的力量，则一定会停止对它们施加作用。若该力量继续对其周围更强大的对手施力，则表明该力量并没有完全被对手支配。一个足够强大的对手总是可以让任何物理力量完全服从，虽然也许该对手必须对服从对象施加强大的压力，甚至使其改变物理形态（从固体变为液体，或者从液体变为气体）。但根据能量守恒定律，任何物理力量都不会被摧毁，只能要么支配，要么服从。物理力量若要继续保持原有的形式，则要服从许多更强的力量，但还必须支配至少一个较弱的对手。如果物理力量最终被迫服从，则必须改变其形式，使其新的物理形态可以找到更弱的对手来支配。

例如，如同在上一章开头分析的情况，一条堤坝一端的河流在自由流动中，会被大坝完全支配。也就是说，河流的一种运动或形态被大坝完全支配了，大坝十分坚固高大，让河流无法逾越。如果堤坝一端的河岸土壤十分柔软，被河流所支配，于是，水流一方面服从无法穿越的堤坝，另一方面也支配着河岸这个更弱的对手。但若堤坝周围或下面没有出口，那么河流会继续对障碍施加压力，在这种特殊情况下，堤坝将无法支配或制伏河流，河流不会被迫去服从比自己强的对手。

然而，就减轻压力而言，太阳是比河流更强的另一种对手。太阳光对水的作用能迫使水从液体变为气体，完全改变了水的物理形态。蒸发的水就不再对堤坝施压了。而长在堤坝岸边的植物和其他蔬菜能用化学的方法迫使水改变形态，让水进入一种新型的有机分子结构，构成各种植物有机体的细胞，以此支配水。在河里栖息的鱼和两栖类动物以一种更激进的方式来支配河流中的水分，把河水吸入它们身体细胞的化学结构之中，使之发生化学变化。所有无生命的物理力量在面对比自己更强大的对抗性力量时，都必定按照"服从"这个基本反应原理，以同样的方式进行互动。

面对更强大的对手，如果物理力量通过降低抵抗力来服从对手，那么服从对象必须减少多少抵抗力呢？在这种情况下，被堤坝支配的河流可在堤坝周围或下方找到出路，而由此泄出的水量显然代表了之前河流总流量与阻碍河流力量之间的差值。同样，在太阳光的作用下，蒸发的水量，代表着河流对堤坝所产生水压减少的总量，这个减少量等于初始水量与作用在水上的太阳光强度之间的差值。由于动植物对水施加更强的化学作用，河流在水分子化学结构（H_2O）上的损失总量大致等于堤坝河流水分子的初始质量与动植物对水施加对抗力之间的差值，而这个差值必须达到使河流对堤坝产生服从的程度。

从以上例子中我们得出如下规则：物理力量在服从反应中减少的力量约等于自身初始力量和更强对手力量的差值。

人类及动物行为中的服从反应

服从反应可在去脑动物的行为补偿中体现，如谢灵顿和戈尔茨研究的动物。然而，在人工简化的去脑动物机体中体现的服从反应并不带有第六章整合分析中所定义的服从情绪。虽然整合的物理反射可替代运动神经的一个紧张性放电单元，运动神经刺激通过这一机制征服了运动神经本性，但这一机制在本质上相当于无生命的物理力量之间的互相作用。运动神经刺激似乎只是在连接最后通路的运动神经中枢内压制了运动神经本性的某一特定单元，但在神经中枢以下，整个紧张性运动神经本性的强度得到调节。由于高级和低级中枢神经系统间的作用过于复杂，我们即使在最简单的反射中也不能确定有哪些神经单元参与到反射反应中。但尽管如此，能够确定的是，运动神经本性通过间发反射对低级运动神经中枢进行持续控制的过程中，其强度既没有增加也没有减少。也就是说，我们发现，间发性运动神经刺激征服紧张性放电，这个结果显然是由高度简化的对抗机制所导致的。运动神经的一个微小单元似乎一开始就与更强大的对抗运动神经刺激抢占运动神经精神粒子。当强大的运动神经刺激成功穿过最后通路并进行放电，整合作用似乎不再继续发生，因为高级运动神经中枢已通过手术从动物体内移除，而高级运动神经中枢的作用是，对强度更高的运动神经刺激作出反应，进一步调整整个紧张性放电过程。如果对此结果的分析正确无误，我们可做如下总结：所有主要情绪（除支配情绪）的发生，都需要中枢神经系统中运动神经区域在整体上对该情绪涉及的紧张性中枢起支配作用。

前面已经提到，黑德（Head）与霍姆斯（Holmes）[1]的研究似乎说明，丘脑中枢不受大脑皮质影响后，对运动神经本性的支配和服从反应的调整便完全由丘脑中枢来完成。患有单侧丘脑病变的病人对情感刺激作出的许多身体反应，黑德和霍姆斯称之为适应型反应。也就是说，许多此类反应具有服从性质，通过减弱或重新调整紧张性运动神经放电，使拮抗性运动神经刺激对机体施加充分影响。此类反应明显是服从反应，全都属于过度反应，而且从受试者的报告来看，此类反应一开始时都令人不快，而随着适应性的调整，还会出现冷漠，甚至明显的相反情绪——愉快情绪。这一行为是否展现了夸张型服从反应的全貌呢？似乎有理由相信答案是肯定的。

婴儿"恐惧"反应中的服从情绪

华生描述了婴儿的一种特定行为[2]，并将其称为"恐惧"。他认为只有两种情

---

[1] H. Head and G. Holmes, "Sensory Disturbances from Cerebral Lesions," *Brain*, 1911, vol. 34, p. 109.

[2] J. B. Watson, *Behaviorism*, pp. 121 ff.

形能产生此类"恐惧"。一是将支撑婴儿身体的所有东西都拿走，二是在婴儿头部附近突然发出巨响。华生描述的"恐惧"反应包括：第一类为"猛地一抖，突然一惊，呼吸在暂停后更为急促，突然闭眼，双手紧握，噘嘴"。以上初始反应过后，会出现完全不同类型的行为。第二类包括"哭，摔倒，爬行，行走或跑开，大小便频繁"。第一类行为表现清晰地表明紧张性能量以多种方式对抗并支配运动神经刺激。第二类行为表现也清晰地体现了运动神经本性强度降低，并且服从运动神经刺激对机体的效果。但是，在随后的行为表现中，混合着一定的受阻或受挫元素，这些元素出现时，我们便有理由使用"恐惧"这个过时的文学术语了。然而，如果没有混合这些受挫因素，华生描述的第二类行为表现便只能说明两类环境刺激能引起足够强度的运动神经刺激，从而在整体上压制运动神经本性。还有许多其他类型的环境刺激影响过大，不能在试验中作用于婴儿，当然，此类刺激可能拥有相同的功能。华生报告称，大脑双半球缺失的婴儿有更明显的服从反应。这一结果与上文对黑德与霍姆斯研究发现的理解一致。

华生还发现正常的婴儿会不管刺激物性质如何，都会去抓取该物体，即使是毛茸茸的动物或者产生噪声的刺激物，如纸袋中的鸽子，甚至是点燃的蜡烛。然而，调查发现，孩子在触摸燃烧的烛火时被烧伤几次，或者如果他一触摸某件物体就会被大人用直尺狠狠地打手板，就会明白该物体不能触摸。值得一提的是，相对温和的环境刺激，比如蜡烛火焰带来的视觉刺激，以及可能咬伤孩子的动物带来的触觉与听觉刺激，并不会引起服从反应。但是，如果环境刺激较强，如一触摸火焰就会感觉疼痛，或者尺子敲到孩子的指关节上产生痛觉，服从反应便会强制性产生。以这种方式获得的服从反应，很容易转变为与儿童痛苦经历有关的环境刺激。用更专业的术语来说，烧伤及敲打孩子的手这类环境刺激本身就能唤起强度大于运动神经本性的运动神经刺激。如果烧伤或敲打的同时，感觉到一个环境刺激，该环境刺激原本在自然状态下引发的运动神经刺激强度低于运动神经本性，那么，这种不充分的环境刺激此时将有可能得到更大的能力，去引发强度高于运动神经本身的拮抗性运动神经刺激。

成人"恐惧"反应中的服从情绪

布拉茨（Blatz）[1]对成年受试者进行的实验表明，成年人表现出来的服从反应，与华生在婴儿行为实验中所说的服从类型大致相同。布拉茨在实验室打造了这样一把椅子：通过推动相邻房间里的一个控制杆，椅子会突然向后倒去。受试者被带到实验室，然后坐到椅子上，用带子固定好，整个过程中都蒙着眼睛。受试者身上连接着心电图机的电极和记录呼吸的设备。大多数受试者是女性，每个受试者都被告知实验的目的仅仅是记录 15 分钟安静期内的呼吸和心跳频率。正如所承诺的那样，每个受试者都经历了安静期，随后，没有任何警告，椅子突然被拉动使得受试者向后倾斜。

所有受试者讲述了他们感觉突然间失去任何支撑、向后倒去时的恐惧经历。这种情况跟华生的实验相仿。他把床单从婴儿身下拽出来，或者在婴儿要睡着的时候突然把他们扔到枕头上。这些成人的行为表现跟华生所述的婴儿行为非常相似。在椅子向后倒及椅子落地并横着停下来时，布拉茨的受试者猛烈挣扎想从椅子上逃脱；当他们发现自己被绑在椅子上无法逃脱时，他们向实验者呼叫，认为发生了事故；当他们发现自己无法逃脱，而实验者也没有理会他们的呼叫时，受试者接受了这种情况，并且在向下倾斜的椅子上（基本上是横着的）保持安静。

这种行为表明，成年人的反应与华生研究的婴儿反应完全一样；先按支配情绪进行反应，然后服从情绪。最初想要逃脱的挣扎显然需要增加运动神经本性来克服身体失去支撑引起的运动神经刺激。对实验者的呼救表明，受试者已经意识到对抗运动神经刺激的强度很大，这种寻求帮助的呼喊代表了他最后一次支配性努力，以逃避强加在他身上的尴尬和不正常的姿态。此后，所有受试者表现出完全的服从反应，包括接受环境刺激，并且调整自己的身体加以适应，而不试图以任何方式改变它。这需要降低运动神经本性，允许占支配地位的环境刺激以其喜欢的任何方式作用于身体。

根据仪器自动记录的心脏和呼吸数据，发现当受试者向后倒 10 分钟或更长

---

[1] W. E. Blatz, "Cardiac, Respiratory, and Electrical Phenomena Involved in the Emotion of Fear," *Journal of Experimental Psychology*, 1925, vol. 8, pp. 109-132.

的时间后，在支配反应和服从反应之间发生了两个系列变化。

（1）倒下后的 5 秒钟内，脉搏从 88 次/分上升到了 102 次/分，其他体征也显示了运动神经本性同时增加。这可以称为"不成功的支配反应"。

（2）在接下来的 10 秒内，脉搏放缓，通过心跳、脉搏、呼吸表现的紧张能量，强度明显降低到初始水平。这个阶段可以称为"强制服从"。

（3）接下来出现的是第二个阶段，脉搏再次加速，没有"不成功支配反应期"那么快，但持续时间较长。在此期间，其他体征也表明运动神经本性加强了。这可以叫作对强大环境刺激的"支配调整"阶段。

（4）心率和其他身体紧张性的表征逐渐下降，这种下降一直持续到椅子倒下后的第 3 分钟。运动神经本性服从性减少，可能是因为允许胜利的运动神经刺激对经过调整的剩余能量施加作用，以确保在调整状态下已经降低的运动神经本性符合支配性运动刺激的需要。这可以称为"服从测试阶段"。

（5）最终服从阶段之后，心率和其他体征最后一次增强，增加到略高于初始水平。这时，运动神经本性在余下的这一天中几乎保持不变。这一最后阶段代表对所施加的运动刺激保持持续服从状态，但除去对这一高强度刺激的服从，对其他刺激的支配程度略有增加。当然，只有通过对比运动神经本性在最后阶段中的强度与第一阶段不成功支配反应中试图克服外来刺激时的强度，服从元素才能从体征中显示出来。这一最后阶段可以称为"成功支配阶段"。

基本的支配反应和服从反应机制不能通过学习改变

布拉茨测试的成人受试者的情绪反应，与华生描述的婴儿情绪反应并没有明显的差异，这一点很重要。可以认为，这一点说明只要环境刺激本质上足以激发强度低于受试者运动神经本性的对抗性刺激，支配和服从机制的运作可能终生不变。婴儿和成人表现的支配情绪和服从情绪很相似，这表明，情感学习丝毫没有改变两个主要情绪反应的整合特征。

上一章中我们提到了埃德加的例子。第一次激发其真正的服从反应的，是皮肉之伤这种环境刺激，这种刺激本质上能够唤起强度高于运动神经本性的拮抗性运动神经刺激。埃德加第一次出现服从反应，其激发方式与婴儿被声音惊吓及从空中掉落引发的服从反应相同，也与布拉茨的受试者往后跌倒而产生的服从反应相同。让埃德加感受到剧烈疼痛的身体刺激强度大于其身体忍受力，与蜡烛烫手或尺子打手板造成的疼痛感相似，使婴儿感知到的刺激强于其机体。简言之，埃德加代表的仍是服从反应机制属于正常状态的案例，虽然其服从机制处于十分幼稚的状态（埃德加还没有学会如何调节对并不充分的环境刺激因素作出服从反应）。

危险的环境刺激对服从反应不一定构成适宜刺激

对于人类或动物的机体而言，最危险的环境刺激在性质上并不能唤起比运动神经本性更强的运动神经刺激，因此就产生了服从反应。

当然，这是日常经验之一，同时也是一种现象，其后的机制我们还不清楚。家长和新建学校的教育者们似乎常常认为，直面环境带来的对抗性力量，从中获得直接经验，是服从教育的最佳方式。但即使孩子们行走在拥挤的街道、使用各种危险的工具，以及同其他孩子的初次竞争中幸存下来，情况也远非如此。

因为，如果危险的环境刺激并没有在其全部破坏力量都展现出来之前唤起孩子的服从反应，那么由此产生的反应（也不可避免地转移到其他环境刺激中）一定有夸张性，即使没有实际的"恐惧"结果，在以后的生活中也会妨碍孩子对这类刺激作出有效反应。

受到过强运动神经本性阻碍的服从反应

上一章我们提到男孩儿杰克的案例，他甚至对能够唤起儿童或成人服从反应的环境刺激作出支配反应。然而，在杰克这个案例中，其血液中可能存在对抗服从环境刺激的内分泌刺激因素。

也许，这些内分泌激素具有提高服从性反应阈值的效果。该结果可能已经通过几种方式实现：①不断刺激运动神经本性让其超过正常强度；②通过一些抑制方式来干扰中枢神经系统的连结单元，像疼痛这样的环境刺激，常通过这种方式来激发比运动神经本性更强的运动神经刺激。

杰克这个案例似乎已经很明确是内分泌刺激引起了第一种类型，即内分泌刺激产生了一种持续高强度的紧张放电。尽管在帮派争斗中，杰克没有对肉体的痛苦作出服从反应，但经过理性分析后，他作出了一定程度的服从反应。我们从老师那儿得到这个学生的报告，报告中提到，校长曾劝说过他，让他相信可以通过别的方式得到更好的生活，他因此曾一度摒弃过这种抢掠行为。

但是这个男孩儿持续的不安分和身体的过度紧张似乎使他不可能长时间地保持一种服从的生活方式。经过数月的服从，他的运动神经本性显然变得十分强大，使他不再受理性的支配 [整个整合图中的一种因果连接类型，也就是第四章中因果分析的（d）点]。

突然的刺激往往引起服从反应

在与杰克的交谈过程中，突然采取令人惊吓的言论或举动，也会唤起他短时的服从反应。高强度的环境刺激带来的突然刺激会产生服从反应，如果这种刺激逐渐增强而非瞬时产生，那么同样强度的刺激则无法产生这种效果。

关于这个现象的解释很简单。只要运动神经刺激强度低于运动神经本性，那么支配情绪就会一直存在；如果环境刺激的强度渐渐增加到足够强，那么在运动神经刺激发挥作用之前，运动神经本性就有时间积累能量。

但是如果突然施加一个高强度的环境刺激，会激发高于运动神经本性初始强度的运动神经刺激，这时强化机制还来不及运作，不能使运动神经本性再次强于运动神经刺激。这是我们每天都会经历的，比如被突然的巨响吓一跳，或者被朋友突然从背后拍了一下肩膀而吓到。

无论持续的运动神经本性强度有多大，如果没有时间强化，就很容易产生一种环境刺激，使其能够激起比运动神经本性更强的运动神经刺激。据我目前所记载的数据资料来看，事实似乎是：高于个体平均强度的运动神经本性，会比强度较低的运动神经本性，更容易受到突然施加的高强度运动神经刺激的影响。

其原因也许是：紧张性运动神经放电（或运动神经本性）越强，它对任何作用于自己的运动神经刺激就会反应越快（潜伏期短）。因此，这种强烈的运动神经本性往往会对高强度的运动神经刺激迅速作出反应，而不是慢慢强化自身，然后再去控制运动神经刺激。

因此，在强化机制能够重建正常的支配平衡前，常常会有短暂的服从情绪一闪而过。杰克被突然的强烈刺激惊吓或短暂地服从这种刺激表明：他的异常支配反应是由于运动神经本性持续过强，而不是因为连接机制的干扰，强烈的环境刺激引发高强度的运动神经刺激，必须通过这种连接机制。

在研究罪犯的过程中，我发现，许多屡教不改的人都是那些很难唤起服从反应的人，这都是由于同样的、持续的、高强度的运动神经本性而导致的。一个监狱农场关押着较年轻的囚犯，更确切地说，是 18~25 岁的男孩。在这些囚犯中，这种屡教不改的人比例很高。

这些年轻人中，有许多在我看来性欲比较旺盛。根据我的观察，作为第二性征，雄性激素的产生增强了其支配欲，这一点十分肯定，正如荷尔蒙使他们脸上长胡须，声音变低沉一样。这些男孩儿的运动神经本性强度过高，很可能是由于过剩的雄性激素所致。这些例子与杰克这个孩子的情况如出一辙，但也有其他情况——持续的运动神经本性比上述情况更强，这时则不能以同样的原因来解释。

事实上，在我们目前的医学知识水平下，过强的运动神经本性后面的生理原因我们只能推测。该监狱农场的一些年轻犯人主要是因为缺乏早期的服从训练，使得他们在各种活动中，容易处于持续的高强度紧张放电或有支配倾向。一些退伍军人的案例似乎属于这一类。

延长刺激时间与不断重复刺激更容易引发服从反应

当施加一个环境刺激，无论强度多大都无法产生服从情绪时，除了把突然刺激作为一个产生服从反应的条件，有时我们也可延长强度极高的环境刺激的作用时间，或缩短间隔时间，让该刺激频繁重复，作为产生服从反应的第二个条件。

曾在莱文沃斯堡联邦监狱工作的一名医生告诉我，当时狱中有一些屡教不改的囚犯，拒绝与其他囚犯一起出去劳动，而且采取任何极端严厉的惩罚措施都无法动摇其叛逆态度，但他们却常常屈服于一种相对较温柔的惩罚，只要将这种惩罚延长。其他囚犯在劳动时，他们则戴着手铐，以正常的站姿站在其牢房的门口，双手位置不会高过肩膀。这些屡教不改的囚犯显然能够抵制任何强度的环境刺激，且没有明显的服从反应。但是当某种相对较温和的环境刺激一天持续 7~8 小时，并且持续 3~4 天，他们便会对这种刺激产生服从反应。

另一方面，对得克萨斯州犯人进行测试的调查小组成员注意到一个案例，这个案例表明，重复的高强度环境刺激有可能驯服一个极度缺乏服从反应的囚犯。

在那里，有一名屡教不改的年轻囚犯，其运动神经本性显然过于强大，他身上的紧张与不安非常明显，即便没有学过性格分析的狱警都能看出来。这名囚犯拒绝与其他罪犯一起下地干活，而他拒绝的原因是他只是轻微地违反了狱规而受到这样的惩罚。监狱农场管理者尝试过许多方法让该囚犯去劳动，但都没有任何成效。最后，他根据得克萨斯州惩罚准则申请对这名囚犯实行鞭刑。得克萨斯州法律规定，如获监狱长官担保及批准，一名看守或农场管理者可使用皮鞭对屡教不改的犯人进行抽打，最多抽打 20 鞭，皮鞭的尺寸和重量都有规定。这种惩罚使用相当频繁，而且执行过程非常严酷，因此，通常只要威胁一下犯人，告诉他们要去申请鞭刑，就可以让最不听话的犯人服从监狱农场管理者的命令。

不过，这个年轻的囚犯知道抽打 20 鞭是法律允许的最大次数，根本不理会长官的威胁。没过多久他便受到了鞭刑。虽然这个囚犯遭受到了严酷的抽打，但是他依旧拒绝服从。目前，得克萨斯州法律并未限制囚犯遭受皮鞭惩罚的次数或频率，仅仅规定这种惩罚须由监狱长批准。因此，监狱管理者立刻申请了第二次鞭刑，并且得到第二次批准，可以对这个囚犯再次抽打 20 次。不过，这一次，他决定对这个囚犯每天抽打 4~5 次，直到 20 次用完为止，而不是一次性抽完。他告诉这个囚犯他打算这么做，而且一旦抽打次数用完，他会继续申请。但这个囚犯依旧拒绝服从。于是，长官便如他所说的，当天抽打了几次。第二天，他带着皮鞭来到犯人这里，开始了第二天的抽打。刚打了两鞭，这个囚犯便屈服了，服从命令开始劳动。当我采访这个囚犯时，他告诉我，他不能长期忍受每天都被抽打，因为"恐惧会从一次抽打持续到另一次抽打"。他说，无论惩罚的疼痛程度如何，"如果这种惩罚一次就施完，他一定能够承受"。

持续的或不断重复的对抗性环境刺激可能引发服从情绪，而这种可能性取决于运动神经本性无法长时期、高强度维持自身的特性。因此，如果强度极高的拮抗性运动神经刺激能持续较长时间，在这段时间内通过强化机制所增加的运动神经本性赶不上运动神经刺激强度，那么运动神经本性就会被击败，服从反应一定会产生。

服从反应的连接阈值高

还有另一种服从反应不充分的情况，似乎是由于上文提到的第二种类型的整合因素导致的，也就是说，是因为缺乏充分的连接机制。这种机制能使超强的环境刺激激发反应的强度高于运动神经本性的运动神经刺激。换言之，难以产生这类服从反应的人，对身体疼痛和其他相似类型的高强度环境刺激表现出非凡的抵抗力。虽然被激发反应时，这种人的运动神经本性的强度会增加到一个罕见的程度，但他们平时表现出的运动神经本性长期处于较低的强度。

我曾观察过这类受试者的行为，他是一个有着极强运动天赋的年轻大学生。他擅长足球、篮球，还有其他运动项目，连续几年都是校队成员。在篮球比赛中，他的表现很特别，而且很不稳定。在某些特定场合，他打得非常好；而在其他时候，他又似乎有些反应迟钝，无法对竞争对手的粗暴冲撞作出任何攻击性回应。他的篮球教练告诉我，有几次发生这样的情况，他把这个学生骂得狗血淋头。教练曾让他退出比赛好几次，也曾威胁要将他从校队开除，并且用各种方式辱骂他，但这一切都无济于事。男孩只是无动于衷地看着教练，有时候用一种遗憾的语气说他不想打球了，有时候则默不作声。我问这个男孩怎么看待他的教练，他告诉我："没啥毛病，也没啥本事。人还不错，但几乎没教过我打篮球。我觉得他教不了任何人，我只得继续以我自己的方式打篮球了。"

这个男孩修了我的一门课程，这门课程需要大量的讨论。他似乎学得很好，但一直拒绝把给他的材料融入自己的思维方法中。偶尔他会语出惊人，说出一些尖锐的批评或评论，但是一旦他说出自己的想法，便不会再参与到跟其他同学的讨论中去了。他讲话的速度非常缓慢，声音也很小，有的人甚至都听不清他说的话。通常别人话说到一半时，他便闭上眼睛，整个身体都要滑落到椅子上，似乎快要睡着的样子。然而，这只是表面现象，因为他一直都能把自己的想法完整地表达出来。这个年轻人的整体行为呈现出一种强度极低的运动神经本性，在极少数情况下，拮抗性运动神经刺激被激发时，其运动神经本性能得到几乎没有极限的强化。然而，通过环境刺激唤起这种运动神经刺激难度极大。而且，在我研究这个男孩的过程中，我从未发现有什么情况能激发这种运动神经刺激，使其强度高于其强化过的运动神动本性。

至少，在一个实例中，强度足以引起任何普通受试者服从反应的环境刺激，对这个年轻人都无效。该大学里有个习俗，即大二的学生集体"戏弄"或欺负大一新生。其中，最受欢迎的方式是，使用一种很像短柄独木舟桨的工具用力敲打不听话的人，强迫新生服从他们。有个大二的学生告诉我，他曾负责戏弄一群新生，上文中提到的男孩正好也在其中。他用尽所有的力气打了这个男孩二十多下，最后在打他臀部时，把桨都打断了，却丝毫没能让那个男孩臣服于大二学生的命令。一段时间后，我问这个曾遭受到惩罚的男孩，他如何能够忍受这样严重的揍打。

"哦，"他回答道，脸上露出了一种感兴趣的表情，就好像他描述的是发生在别人身上的事件，"没什么，我并不介意。"

"你有没有想过把这个打你的家伙揍一顿？"我问道。

"不，"他若有所思地回答道，"那没有对我产生任何特别的影响，只要他不让我做任何我不想做的事就好。"

我们完全有理由相信，对于这种类型的受试者，无论高强度的环境刺激诱发何种对抗性神经刺激，与受试者运动神经本性的强度相比，都是极其微弱的。这种运动神经刺激相对虚弱的原因，不是因为感官机制缺乏敏锐度或阈值过高，我们可以从上文中这个大学男孩的行为中看出，他的感官知觉异常敏锐，听觉和视觉阈值却极低。需要记住的是，他上课的时候能很快跟上课堂的主题，如果他愿意，他甚至能很好地复述内容。

我们可将这种整合情况描述为环境刺激和运动神经刺激之间的连接阈值异常高。

"被动"支配是对服从反应的抵制

前文提及的大学生连接阈值高的案例，很好地阐释了支配反应的一个方面，我们可以将其称为"被动"支配。在这种情况下，由于无法感知任何强于自身的威胁，运动神经本性没有主动性。因此，运动神经本性能够明显表现出我们通常所说的"抵抗"，且强度非常高。

被动支配情绪引起的抵抗行为，是一种反应，在反应期间，作出反应的一方仍然满足于抵抗任何由紧张性放电引发的运动神经定势的变化。

与被动支配相反，我们可以将主动支配定义为这样一种情况：运动神经本性察觉到运动神经刺激在阻碍自己的路径，便在某种程度上主动增加能量，来对抗这个障碍。

虽然很难快速界定主动和被动支配之间的差异，但是支配行为的这两个阶段是存在区别的，所以在分析受试者行为时，使用代表这两个极端情况的特定术语会更方便，也更合情合理。在文学和心理学术语中，我们发现主动和被动支配之间的区别相当明显。"攻击性""主动性"和"独断性"之类的术语强调了支配情绪主动的一面，而"固执""倔强"和"抵抗"则以不同方式来特别说明被动支配。

"被动"和"主动"服从

在这一点上，我们也可以同样将服从情绪分为主动和被动两方面，对比物理力量相互作用的行为。前文提到河流完全被大坝拦截的案例，重点分析了服从情绪被动的一面。正如我们在本章开头所指出的那样，大坝不能主动地从现有的河床上清除河流，同样也不能迫使河流中的水发生物理或化学变化，因此，被拦截的河流不需要其他运动或主动反应。然而，当太阳开始加热河水时，水得到额外能量激励，则会采取主动的物理变化，由液态水变为蒸汽。如此一来，太阳支配河水，迫使其主动地经历物理变化。同样，植物、鱼类、两栖动物或电流都会以迫使构成河水的原子产生化学变化的方式，使河水产生主动服从反应。

我们也可以发现其他主动服从的简单例证，如石块或其他碎片通过滑坡的影响，从山上滚落。石头不仅对作用于自身的外力被迫主动服从，而且还必须继续向同一方向移动，直到不再受重力控制、获得的惯性也已经耗尽，才会停止移动。

在动物和人类的整合机制中，我们已经注意到主动服从反应机制的存在。无论何时，只要主动协调反射能够排挤掉紧张性运动神经放电，取得对最终通路的控制，便与对抗性或反紧张肌肉形成对比。这一过程的总体效果是，通过在初始阶段注入新能源的方式，使获胜或占支配地位的运动神经刺激能够迫使机体主动服从，就像太阳通过迫使河流汽化而导致的主动物理性服从，还有植物通过让河水有了新的化学行为，迫使其产生更大的主动性服从。

当服从性运动神经刺激成功迫使受试者的机体按指定方式主动服从时，若移除或停止运动神经刺激，这些刺激对受试者行为的主要影响就会停止。然而，运动神经刺激确实中断后，由于后放的整合现象及阶段性兴奋的集中传播等，这些主动服从运动还会持续一定的时间。我们可以将这种主动服从的延续与无生命物体行为的动量定律进行恰当的比较。

通过强烈的环境刺激来迫使主动服从反应发生的困难之处

我们之前已经考虑了服从反应的阈值，当环境刺激的强度增加时，这个阈值会受到影响。然而，我们曾多次提到，神经传出冲动如果强度过大，则尤其不利于进行效果最佳的整合。考虑到这一事实，我们不应期望过度强烈的环境刺激（如由身体疼痛或身体受伤所带来的刺激）无论如何都会最有效地产生主动服从反应。换句话说，每次蜡烛一出现，我们可能就用力打婴儿的手指，期待以这种方式来教训婴儿不要去拿点燃的蜡烛，但这是让婴儿被动服从。同样，我们会期望通过较轻的鞭打来教训较大的孩子甚至成年人停止对其母亲的无礼行为，或者教训囚犯不要与监狱看守或监狱长顶嘴。同样，这类反应仍是极为被动的服从类型。

另一方面，如果试图强迫婴儿、儿童或囚犯采取主动行动，那么会面临更大的难题。环境刺激必须具有这样一种性质：既能引起比受试者的运动神经本性更强大的运动神经刺激，同时也不能危及服从性整合的顺畅、有效运作，这样的服从整合是我们所期望发生的。可以说，这是一个长期存在的问题。这个问题所有暴君都面临过，残暴类型和程度不同的各种暴君都试图通过纯粹的武力来控制别人的行为。与必须用暴力控制人类的整合机制相比，迫使原子和分子主动遵从支配个体意愿的机制是非常简单的。通过强大的物理力量，可以强行限制或禁止人类的某些行动。如果情况需要，还可能通过足够强烈的物理刺激产生整合性的抑制作用或中枢系统停滞，从而迫使受试者停止已选的行动或所有行动。但是，这些环境刺激都不是能迫使其主动服从的最高效的类型。

最令人愉快的环境刺激可以激发主动服从

那么，怎样才能引起主动服从？谢灵顿[1]指出，反射常常很强势，会激发强烈的情感意识。他进一步列举了两种相反类型的强势活跃反射：一种是伤害性的、痛苦的反射，另一种则是伴随着最大愉快感的性反射。如果将不愉快感定义为运动神经冲突，愉快感定义为运动神经联合，那么我们应该将谢灵顿的论断解释为

---

[1] C. S. Sherington, *Integrative Action of the Nervous System* , p. 230.

两种最强势的反射类型：一种可能产生最多的运动神经冲突，另一种可能产生最多的运动神经联合。由于服从反应取决于高强度的运动神经刺激，根据谢灵顿的成果，我们应该预测，产生最大整合性冲突的运动神经刺激及产生最大运动神经联合的运动神经刺激是引起服从反应的最有效刺激。这似乎没有疑问，但能够引起身体剧痛的环境刺激是引起最大不愉快的环境刺激。因此，根据我们自己的预先假设，我们可以说，痛苦的环境刺激引发的运动神经刺激，会带来最大数量的运动神经冲突。这种运动冲突正是导致极度被动服从的因素。也就是说，疼痛刺激最终引起最大量的集中冲突和抑制，从而能够产生最大限度的干扰以进行它想要中断的整合作用。但是，正如我们所看到的，根据这样的定义，这个过程不会产生它想要强加给机体的新整合。那么，如果这样做是为了成功地产生和传承这种新的整合，就必须采取不同种类的强势反射。根据谢灵顿的观点，第二种类型的强势反射是伴随着最大限度的愉快感或运动神经联合的反射。

然而，通过某种环境刺激来引起服从反应，这应该是有可能的，尽管这种刺激与运动神经本性相对抗，但仍然能够在机体内部产生一定量的愉快感（运动神经联合），这种愉快，比受到刺激之时伴随着紧张性放电的愉快强度更高。简而言之，如果运动神经刺激比运动神经本性的总量更大，如果从各种感觉连接中聚集能量，使这个运动神经刺激总量产生了更大的运动神经联合总量，那么，尽管运动神经刺激与运动神经本性相对抗，也可能比运动神经本性强度更大。如果满足这些条件，运动神经刺激不需要在任何时候都比运动神经本性强度更大。

强度过大的运动神经本性必须通过训练才能产生累量服从反应

然而也许可以这么说，太强的运动神经本性不会屈服外在刺激，这时外在刺激需要依靠数量更大、更和谐的运动神经放电来获胜。经过训练后，即使强大的运动神经本性也会被一种数量更大、更和谐的对抗性外在刺激所折服。

这种训练可以用以下两种方法：第一种，高强度的运动神经本性最初会被高强度的运动神经刺激击败，并且在这样所被击败的状态下，该运动神经本性可能只会受强度更大、更和谐的运动神经刺激影响；第二种，一个高强度的运动神经本性可能最初会因为受到训练而服从一种数量更大的联合刺激，然后还可能转化为这种服从反应中的服从元素，服从数量更大的拮抗性运动神经刺激。

小结

所以，总体来说，从神经学的角度，我们能够预测，一个比运动神经本性数量更大、更和谐的刺激，即使与运动神经本性对立、强度也比其低，仍然会激发强度适中或较低的运动神经本性产生服从反应。我们可以进一步预测，高强度的运动神经本性不会自发服从运动神经刺激，该运动神经刺激的优势只在于比运动神经本性数量更大、更和谐。然而，这样一个高强度的运动神经本性可能在经过以下两种方式的训练后，会服从这种运动神经刺激：① 通过高强度的拮抗性运动神经刺激来击败运动神经本性，从而产生服从；② 在对数量更大的联合性运动神经刺激产生服从反应的过程中，产生屈服，并且转化为服从。

环境刺激引起累量服从的反应

为了证明或反驳上述观点，我们对人类行为进行测试。在测试过程中，我们应寻找何种环境刺激，才能产生数量大于运动神经本性的拮抗性运动神经刺激？前面提到由于身体疼痛被迫产生服从情绪的例子，从该案例中我们发现，环境刺激强度与其唤起的相应的运动神经刺激强度之间存在某种模糊的联系。这两种强度之间的联系，虽然不是必然出现的，但是它以 1∶1 的比例，提供了唯一的、粗略的基准，父母、监狱管理者或大学生通过这个基准试图机械地控制他们的受训者。以此类推，我们会发现，如果环境刺激数量多，会相应地产生大量的运动神经刺激。同样，我们还可能会发现一种环境刺激，客观上，该刺激以非常和谐的方式排列，并且以同样和谐的方式产生了"连接器-运动神经"整合体，这种整合体一定会给一组既定的运动神经刺激增加和谐元素。数量巨大、关系和谐（指作用方式上）的环境刺激以这种和谐的方式刺激身体感觉器官，会相应地激发数量庞大、各构成要素间关系和谐的运动神经刺激。

自然界是数量最大、最和谐的环境刺激

能够同时作用于某一受试者、最大数量、强度适中的环境刺激，也许只能从

"自然界"中找到了。也就是说，例如，如果让一个人独自待在一片绵延不断的松树林中或山顶上，在这些荒无人烟的地方，广阔无垠的世界会让此人的意识产生强烈印象。对于那些大部分时间都生活在大城市的人来说，情况更是如此。生活在农村的人，尤其是那些登山向导和边远居民，在相当大的程度上，似乎都已经养成这样一种习惯，即将自己的感知力限定在特定的事物上。这种做法，在某种程度上，对他们操控和有效适应户外环境来说是必要的。但是，我发现即使这样的人，在城市生活一段时间后，回到之前生活的地方，都会再次为广袤开阔的乡村景色所震撼。这种广袤的意识（该意识本质上明显属于一个连接器或一种概念元素）似乎是由于受试者在同一时间受到数量巨大、强度适中的感官所刺激。

在该类型的感官刺激中似乎也存在着一定数量的、自然排列的规律和形式的协调性。无论是小溪潺潺流动发出的响声，还是强度恰当的风吹动树叶沙沙作响，这些声音都可以淹没彼此的声音，或者掩盖住小鸟的轻声啼叫，而无法让人感知到。太阳的光线让人的脸和身体产生了温暖的刺激，而清风拂面时，却同时带来两种感觉，除了清爽，还有轻触或轻压的感觉。如果受试者看到的景色包括树林或森林，色彩刺激会以这样一种方式来达到平衡，即允许同时接收多种色彩，有嫩绿色的枝叶、一片深绿色的灌木丛或树叶，背景色是更深的颜色，还有在树干的阴影、岩石及其他常见的自然事物中可见的棕色、红色、灰色及紫色。1 000棵树的形状，可能差不多都是一种模式，都会同时刺激视网膜。树叶在风中翻转，树枝上下左右地摇晃，颜色和形式的刺激使得它们千变万化，但是在根本上，却从未打乱它们对称的形态。对于同一时间接收到由乡村景象产生的排列和谐、数量巨大的感官刺激，人们可以对这种刺激进行无穷无尽的分析，却仍无法穷尽其可能性。上面简短的阐述足以表明，自然界构成了一个整体刺激环境，该环境同时满足刺激构成要素的两个要求，即庞大的数量和和谐的内部关系。

乡村环境激发猫的服从反应

我曾经做过这样一个试验，一只猫已经在城市公寓生活了一段时间后，我把它带到海滨。这只猫去城市生活之前，就在我现在带它来的这座海滨小屋生活了三个月。我把它放在房子附近的沙滩上，离海边还有一段距离，就在这时，这只猫表现得非常害怕。它贴着地面缩成一团，时不时还焦虑地环顾四周。然后，它飞快地跑进屋里，冲上二楼，畏畏缩缩地躲进房间较远的角落里的床下。之后，我强行将这只猫带下楼，给它喂了牛奶和其他食物。之后，它表现出一些记得这座房子和屋外场地的迹象。只要它待在室内，显然它只会被海浪拍打沙滩单调的节奏所困扰。但是将它再次带出户外，并且把它放在一个四周空旷的沙滩上、离大海不超过 200 米的地方时，它就会变得和开始时一样害怕。

我将该步骤反复进行了四五次，都得到相同的结果。这只猫都会明显地被同时施加给它的大量感觉刺激所吓到。没有任何一个环境刺激或一组环境刺激能达到纽约市交通系统声音的强度，而这只猫在之前的几个月里已经适应了这种强度。我得出这样一个结论，不是刺激环境的"陌生感"让这只猫表现出上述行为，因为它表现出熟悉房子和周围环境的样子。在我看来，出现这些行为，有可能是因为这只猫同时接收到了大量和谐的环境刺激而被迫作出服从反应。

乡村环境激发孩子们的服从意识

当那些在城市出生且在城市长到七八岁的孩子们第一次去乡村时，通常会有相似的反应。的确，这些孩子已经习惯了许多同时发生的刺激，而这些刺激是由城市交通和城市住宅区众多的居民造成的。但是所有的这些城市刺激并没有和谐地排列，没有产生我们所讨论的那类刺激。城市的景象和声音都非常强烈，而且在一定程度上各种景象和声音的强度聚集在一起所产生的总强度要比各自单独产生的更大。因此，为了满足一连串没有联系的由城市环境刺激产生的拮抗性运动神经刺激，孩子的感觉受体就必须习惯这种高强度的刺激，而且孩子的运动神经本性必须调整到一个相当高的强度并保持恒定，这样才能应对由彼此分离的拮抗性运动神经刺激汇集成的一系列几乎连续的刺激。总而言之，城市孩子的运动神经本性已经很适应对抗强度很高、彼此分离的刺激，也能对极高强度的分离刺激产生服从反应。相比之下，乡村环境刺激代表的是许多强度低但数量大的刺激之和。孩子们对乡村刺激的支配反应很容易克服该刺激中的任何一部分，但是克服整个刺激中的一部分对减少刺激的总量并没有明显的影响。这种刺激的数量远远大于孩子的运动神经本性，该运动神经本性已适应强度很高但各自分离的拮抗性运动神经刺激。我们通常把城市孩子对乡村环境刺激的反应称为"敬畏"。这些孩子在短时间内会不知所措，暂时无法选择恰当的反应来应对这种反差巨大的环境。在几个小时或几天后,他们最终选择了某种反应,该反应会与环境刺激相一致,是服从性的。也就是说,孩子活动的强度会在某种程度上降低,而总量却会大大地增加。构成复杂环境刺激的所有个体能产生独立的行为个体,这些独立的行为个体有许多同时发生,所有的独立个体构成了数量庞大的服从反应。例如,孩子呼吸更深且更缓慢,那么在一段时间后,他的心跳强度会增加,但速度会放缓,视线会调整到可以看清远距离的事物。在城里,为了躲避车辆,孩子会时而跳起来,时而小步快跑;在乡村,孩子所有的身体运动都不会这么强烈和突然,但这些身体运动却更为持久和广泛。他在城市可能只走一公里,但在乡村会走上三四公里。他爬上树,蹚过小溪,上下山坡,走了很远的路来到草地和山腰寻找浆果,等等。所有这些活动绝不是一个单独分离的环境刺激能够引起的,无论这个刺激有多么强烈。总之,我们认为,当城市的孩子来到了乡村,大量适中强度的环境刺激会激发孩子一系列行为。从性质上看,主要是服从行为;从数量上看,比在城里要多得多。

单一物体能激发支配反应,
而乡村作为一个刺激集合,能激发服从反应

当处于乡村环境中时,并非所有的城市孩子都会有如此反应。曾经,我有一次去观察一个大约十一岁的男孩,他和他的妈妈第一次在乡村度过暑假。这个小家伙显然拥有强度很高的运动神经本性。他焦躁不安,紧张不已,以自我为中心,并且支配欲非常强。他似乎并没有把乡村或农村的环境看作一个整体的刺激集合,而是单独对自己所遇到的每个物体作出反应。对于每个孤立的物体,这个孩子的主要目的似乎是尽快彻底毁灭该物体,使之不要挡了自己的路。例如,他不会和一个农民的孩子一起去寻找牧场的奶牛,但是如果碰巧发现一两头奶牛正在农场的水槽里喝水,他会拿着一根大棍子或抓着一把石头,赶得这些奶牛以最快的速度逃跑。还有一次,他的妈妈想让他转动搅乳器的手柄,农场主的妻子和女儿习惯用这个搅乳器来做黄油。然而,这个男孩却想着法子折断了这个搅乳器的手柄,之后就把这件事抛之脑后。类似的事件越来越多,农场主忍无可忍,便要求他的妈妈离开农场。于是他的妈妈搬到了邻近度假区的一个旅馆。这里有许多

其他城市的孩子，他们在这里玩的游戏和娱乐方式与普通的夏日度假胜地大同小异。在这样的环境中，据该孩子的妈妈所说，这个男孩的表现还可以接受，没有制造更多麻烦。显然，孩子对整个乡村环境中各个个体刺激作出单独的反应，并且发现每个个体刺激都会对他自身的运动神经具有对抗性，对抗的力量非常小。这似乎可以说明我们前面所做的分析：如果运动神经本性具有很高强度，如果总体刺激只是数量巨大（而强度不高），也有可能无法被感知。

孩子会对数量巨大的刺激产生服从反应，
而对强度很高的刺激不会

我发现至少有一个例子与上面提到的例子完全相反：一个孩子无法对高强度的环境刺激产生服从反应，但是很容易对数量巨大、排列和谐的环境刺激产生服从反应。一个叫 M 的孩子在六七岁时非常喜爱花朵、树林和田野。孩子们都在以数雏菊花瓣的形式来推测好运，而 M 却不愿意像其他孩子那样把花瓣撕下来，相反，她用自己的手指去触碰花瓣来数每个花瓣所代表的运气。当她被问及为什么不把花瓣撕下然后扔掉，她的回答是"不忍心伤害花朵"。她还说，她不喜欢踩踏任何种类的花朵。几年以后，在进入青春期时，这个孩子会凝视日落直到最后一道光亮消失。那时，她会坐在山坡上，待上几小时，注视着乡村全景不断变化的光亮和色彩。她说，她感觉自己陶醉于这一切之中而且已经"懂得自然"，"与自然融为一体"。另一方面，当 M 的妈妈命令她做一些她不愿意做的事情时，M 会不听从命令并反抗其严厉惩罚。M 的妈妈是一个纪律严明的人，M 六七岁时，会在 M 不严格服从命令时用半打山毛榉做的软枝条鞭打 M。M 的爸爸不善于管教孩子，不能让孩子服从命令。在无数次失败的尝试后，他似乎已经放弃管教 M 了。再长大一点（开始进入青少年阶段），M 开始喜爱她的妈妈，并且非常乐意服从她妈妈的命令。从这种服从性行为来看，M 身上的服从程度也增加了。然而，这个年轻的女孩仍然对强度很高的环境刺激表现出非常高的服从阈值，而对数量巨大、排列和谐的环境刺激表现出相当低的服从阈值。

巨量刺激的累量服从令人愉快，
强烈刺激的强制服从令人不愉快

我们将服从强度巨大的刺激称为"强制服从"（compliance with intensity），将服从数量巨大的刺激称为"累量服从"（compliance with volume），二者的差别主要就是愉快服从与不愉快服从之间的差别。强度极高的刺激激发的服从反应，在开始阶段是不愉快的，在冲突没有以有利于刺激的方法解决之前也是不愉快的，而且，即使在服从调整完成以后，情绪也是冷漠的。但是，服从极大数量的刺激，在整个体验的大部分时候肯定是愉快的。在初始阶段，当刺激要去制服运动神经本性时，可能会产生很大的不愉快，但是像 M 女孩这样的受试者，即便在初始阶段，总体来说似乎也是愉快的；而在反应的初始阶段，令人不愉快的程度（如果有的话）则取决于运动神经本性在何种程度上屈服数量极大的环境刺激。如果一开始就屈服，没有丝毫的挣扎，那么反应中就不存在明显的不愉快。另一方面，如果该受试者主动性很强，那么初期会出现短暂的不快，直到大量和谐的环境刺激能够使其完全服从。然而，无论哪种情况，一旦运动神经本性已经将其强度和数量减少到足以使机体自由地服从刺激，则服从反应便是完全愉快的。

环境刺激的不同组成部分使不同的运动神经刺激个体之间相互联合，因而产生愉快。因此，环境刺激包含的组成部分越多，只要排列和谐、刺激功能正常运作，所激发的和谐的运动神经刺激就越多，整个服从反应也就越愉快。

通过大量刺激可以控制人类行为

累量服从主要属于愉快反应，而且，当其与支配适当地结合后（后面章节有完整描述），便构成了一个人能有效控制另一个人的唯一方法。也就是说，服从强度很大的刺激，虽然会强制引发被动服从，而且卓有成效，但是我们已经看到，这种方法在引起主动服从方面是极其低效的。当人或动物受试者被迫服从强度极高的环境刺激时，通常会将主动服从量减到最小。此外，如果刺激过于强烈而造成身体疼痛和伤害，受试者将不再具备将主动服从效率最大化的能力。然而，当服从是由数量极大的刺激引起时，如前文提到的把城市儿童带到乡村的案例，主动服从的量与环境刺激的量非常接近。由于服从数量巨大的刺激从根本上来说是一种愉快体验，受试者的机体往往不会将其主动服从量最小化。现实中，商业、工业、智力及艺术行业的从业者，只有学会了能产生巨量刺激的累量服从，才能产生极高的工作效率。以惩罚（强度极高的环境刺激）威胁迫使犯人进行的监狱劳动或其他劳役永远不可能将效率最大化，除非犯人或其他受管教人员的运动神经本性在初期被高强度的环境刺激制伏后，对其进行训练，使其学会服从数量巨大的刺激。如果一个监狱或其他管教项目也按照这个观念来操作（以我的经验，很少有人做得到），像以强度巨大的刺激来训练受试者产生不愉快服从那样，以数量巨大的刺激来训练他们产生愉快服从，则受试者会得到巨大的好处。

累量服从是一种可以学会的反应

累量服从是否是一种本能的反应？对这个问题存疑甚多。我们已经注意到，强制服从显然是孩子通过痛苦或服从的经历一定会学到的一种反应。从华生的研究可以看出，婴儿会像抓拨浪鼓或棍棒一样，去抓握点燃的蜡烛和其他可能造成伤害的物体，继而因为疼痛或伤害产生服从反应。在下一章中，我们将有机会了解到，似乎与生俱来的阵发性饥饿机制能够产生过度强烈的刺激，最终激发服从反应。但是阵发性饥饿机制是一种刺激机制而不是一种整合机制。因此，我们可能仍然把对强度巨大的刺激的服从看作一种可以学会的情绪反应。同样，累量服从也许也是一种可以学会的情绪反应。

的确，在 M 的案例中，我们会发现一种固有的整合平衡，使之对数量巨大的刺激服从阈值非常低。但是即使在 M 的案例中，通过对这个孩子的成长历程进行仔细分析可以看出，M 的母亲非常有效地训练孩子，用各种方式训练孩子向花卉、树木和其他自然物体表现出服从，并且从中体会到愉快感。M 在她五岁的时候，相信仙女生活在花中，因此，摧毁一朵花就是剥夺仙女的家园。母亲对其教育的其他类似证据表明，至少，根据这孩子的个人特征，进行一系列巧妙的引导，使其服从阈值已经大大降低。因此，M 对数量巨大的刺激有明显的服从反应，虽然这毫无疑问是由很容易受该反应影响的神经机制实现的，但就服从本身而言，这种反应仍然是经过学习得到的。我的一个学生对三周大的婴儿进行实验。他想尽了办法，包括使用嗅觉和视觉刺激，将花朵呈现在孩子面前，却连最轻微的服从行为也无法唤起。普莱尔（Preyer）[①]认为，一个孩子在出生后几天就能区分让人愉快和不愉快的气味。普莱尔从孩子的表情中得出这个结论。普莱尔引用的这个例子与牛奶和母乳的气味有关。简言之，也许由于阵发性饥饿机制，婴儿首先学会了强制服从，继而学会了累量服从，这一机制在婴儿出生几天后就开始显现出效果。但是，这并不会影响因此导致的服从情绪的性质——服从是可以学会的反应。我们似乎完全可以得出以下结论：累量服从就像强制服从，是一种情感反应，其中情绪意识的整合模式通过学习才会产生。（这可能与支配情绪相反，其中整合机制和整合模式在出生时显然已经存在，因为运动神经本性可能已经强化自身，以此来克服婴儿在出生前胚胎自发运动之时强度较低的刺激。

审美情绪是累量服从情绪

在所谓的"审美态度"中，累量服从情绪能达到最大的愉快感，出现最细微的表达方式。某些成人受试者或许天生就对这种反应阈值低，并且将这种反应发展到全面取代人们的支配嗜好，他们将审美态度视为人类情绪发展的最高水平。审美者能够尽情地享受这种体验，允许其运动神经本性完全被大量和谐的运动神经刺激征服，这种运动神经刺激由中等或低等强度但数量巨大的环境刺激唤起。然而，刺激的巨大数量必须与具备审美素质个体的服从阈值有关。例如，我们完全有理由相信一朵漂亮的花无法成功地在天生就具有审美倾向的婴儿身上激发服从反应。但是，同样地，我们也确信，如果运动神经本性的平衡被一朵玫瑰或紫罗兰所产生的和谐刺激打破，那么一个普通的成年人也会因此产生累量服从反应。

审美者具备精妙的运动神经本性平衡性

一般来说，审美者拥有的运动神经本性常被描述为"具备精妙的平衡性"，而不是"脆弱"或"低强度"。审美者的态度似乎是对运动神经本性进行精细训练的结果，这种训练使运动神经本性对各组成部分内部高度联合或和谐的运动神经刺激进行选择性反应。在学习这种审美态度的过程中，数量巨大、排列和谐的环境

---

① W. Preyer, *Mental Development in the Child*, pp. 3 ff.

成为首选。例如，M 女孩就显示出这样一种先兆，她能将审美态度发展得异常优秀。

一幅含有花和树的风景画或田园风光，使 M 产生完全的服从情绪，花点时间欣赏这种乡村美景，甚至可以平息暴躁脾气（过于强烈的支配情绪）。在审美素养持续发展的过程中，受试者学会以相同的方式去应对任何环境刺激，不管激发的运动神经刺激总量是大是小，环境刺激中的组成元素被和谐地排列，并且与受试者机体相关联。也就是说，无论刺激的总量少到何种程度，审美训练主要在于学会从内部和谐排列的任何环境刺激中获得大量愉快的服从情绪。

当然，这种情形发展到极端时，会让没有审美素养的人觉得所谓审美乐趣极其无趣。事实上，任何情绪发展健全的人往往需要大量的审美刺激才能激发服从反应。如果这种人由于受到训练或洗脑，被诱导对一个刺激量极小的和谐环境刺激产生服从（就是对它产生审美兴趣），因此产生的情绪基调就不会有多少愉快了，而且还带着"形式化"或"虚假"的敷衍。

内脏的运动神经放电为审美服从
反应提供了最典型的运动神经模式

审美态度是一种对大量和谐刺激作出的服从反应。这种服从排斥所有的支配情绪，受试者总是将审美环境刺激或和谐环境刺激作为一个整体来服从。假如为了刺激这个人某个具体部位作出肢体上的反应（例如，为了吓人一跳而突然增大音量），那就意味着必须牺牲一定量的和谐刺激。和谐或联合运动神经刺激总量上的这种减少，与追求服从情绪最大化的审美原则完全对立（这种服从情绪是对审美刺激作出的反应）。因此，如果故意要让和谐反应量保持最大，那么唯一的方法就是让审美环境刺激只唤起内脏反应。

因为自主神经的神经网络原则，内脏反应为一个同时发挥作用的大型运动神经放电单元模式提供更大的可能性。因此，能够根据刺激的审美价值，学会对所选择的环境刺激作出内脏反应（而不是骨骼肌的反应），成为审美态度的一部分。这种审美价值指的就是环境刺激能够激发的、数量极大、关系和谐的运动神经刺激。

许多审美者也具有极为发达的支配能力，而且，如果能引导他们去描绘内省过程，他们能使用更加清晰明确的语言进行描述，而不是边喘气边说话或说出断断续续的词句（虽然这些经常被视为审美表达的必要组成部分）。他们的描述如下：除了与该物体融为一体的模糊、普遍的美学感受，他们还意识到各种骨骼肌中存在一种"潜意识的运动感"，"好像在跳舞"或"在空中滑翔"。有趣的是，这些描述中提到了典型审美体验中常出现的潜意识或"想象出来的"运动，而在这类想象的运动中，几乎都明显缺失每种运动中都会有的支配阶段。

例如，我研究过一位年轻人，他身上似乎有一种异于寻常的、发展完整的审美素质。他经常感到自己在高空秋千上摇荡。他说，随着自己的身体被动地在吊杠上摇晃，有时会从一个秋千的吊杠荡到另一个秋千的吊杠，他会感觉身体在塑造优雅的曲线和翻转。对于这个年轻的审美者，我进行了 6 次临床讨论会，对他在荡秋千过程中的肌肉感觉进行了详细的反复询问，并且分析了他声称他所感受到的运动的神经感觉。在所有这些秋千运动中，最显著的特征似乎没有自主性或支配性的努力。例如，他完全感受不到手抓着吊杠的感觉，这实际上是荡秋千时唯一需要的肌肉支撑或紧张部分。在其描绘的所有运动中，起作用的是重力，而非受试者。他感到自己的身体在一种力量的作用下被动地移动，这种力量与他自身力量相比，数量更大但强度更小。他也感觉到施加在他身体上的所有力量会变成优雅和谐的动作，这些动作对于他自身而言是不带目的的，而且每个动作都与另一个完美地协调。这个案例似乎代表了审美的累量服从。在这个实例中，运动神经刺激有了一个出口，可以传到骨骼肌，也可以不受限制地传到内脏中。

纯粹服从中的审美态度

上文提到的例子中，城里的孩子来到乡村后，先是受到数量巨大的乡村景观刺激而不知所措，然后逐一对乡村环境刺激的各部分作出反应，每次进行具体反应时，支配情绪都会注入总反应中。例如，如果一个孩子服从小溪，开始向小溪走去，这个初始动作可能是一种纯粹的服从，而运动神经本性会让脚站在原地，这便形成对抗。但因为这种服从动作，一脚迈出、身体开始晃动并失去平衡时，运动神经本性必须通过再次支配运动神经刺激进行补偿，从而使身体恢复到一个适当的平衡状态。对每组特定的服从反应，必须有相应的一组强大的对抗性支配反应来补偿。因此，孩子们在山上和山谷中漫游，这种行为约有一半的支配和一半的服从。同样，如我们所见，在累量服从反应中，所有有用的行为都必须包括50%或以上的支配。有些非常费力的行为，虽然可能在刚开始时会有服从反应，但要完成任务，还必须有更大比例的支配反应。因此，这种行为与审美反应之间的差异是服从和支配这两个成分的整合与纯粹的主要情绪意识（该意识仅包含服从的成分）之间的差异。在工作或探索活动中，实际服从的量可能明显超过审美反应中服从的总量。但是，对于后者而言，因为其本身是审美反应，故只包含服从情绪。当佛陀在弟子面前举起莲花时，他不希望他们将其画下来，或者以其他方式表达支配莲花的想法。当一个弟子完全服从这朵花，即从审美的角度来欣赏时，佛陀便会非常高兴[①]。

小结

我们可以将服从反应总结如下：无生命的物理力量会服从比其自身更强的对抗力量，服从方式是在对抗之处降低自身的力量。这种服从可称作被动服从。如果更强的力量对反应主体注入新的能量，使之主动朝新的方向移动，或者改变其形式或物理形态，这种服从可称作主动服从。在这两种情况下，初始力量的减少量或活动形式的改变量就是反应主体的初始力量与获胜对手的强大力量之间的差值。

生理学家试图激发去脑动物的情绪反应，从这些研究中似乎可得出以下结论：只有中枢神经系统的具有某个运动神经区域依然存在，可以在总体上控制被迫服从强大运动神经刺激的那部分运动神经本性，才能产生服从反应。成年人的丘脑病变案例及对缺失大脑半球婴儿的研究可证明，没有皮质抑制的丘脑运动神经中枢可产生超常的服从反应。

人类的服从反应整体来说是可以学会的。虽然服从的内在整合机制是天生的，但个体服从模式似乎只能通过经验来形成，如婴儿的运动神经本性会被高强度的运动神经刺激压制。接下来的服从反应由以下步骤构成：

（1）将运动神经本性降到足够低的强度，使运动神经刺激完全控制二者所争夺的运动神经中枢。

---

① 详见禅宗典故"拈花一笑"。——译者注

（2）获胜的运动神经刺激通过夺得的运动神经中枢畅通无阻地放电。利用后放的突触原理，在激发服从反应的环境刺激停止后，服从运动可以持续一段时间，就像动量原理一样，物理力量或物体会在更强的对抗体停止施力后继续做服从性运动。

婴儿会通过以下两种方式达到正常的服从阈值：① 环境刺激足够强烈，以致引起身体疼痛（如蜡烛烫手）；② 环境刺激有足够的强度，而且突然出现，引起强度巨大的运动神经刺激，来抑制紧张性运动神经放电。这种情况下的运动神经刺激强度虽然没有引起身体的疼痛，但大到可以使之吓得无法动弹，如在婴儿头部附近突发出巨响，或者将婴儿身体抛起，在不受阻碍的重力作用下，身体完全失衡。因此，服从情绪可以取决于强度较低的不充分环境刺激，这有助于对任何毁灭性刺激进行预警。在实验室对正常成年人进行实验，发现其服从反应的各方面都与婴儿相似，这种服从反应同样可以通过强度巨大而不产生身体疼痛的环境刺激引发。

服从阈值可通过多种方式提高到常值水平以上。

（1）一个孩子可以免受超强环境刺激的影响，除非其支配反应发展到远远超出服从量时（如埃德加和年轻犯人的例子）。

（2）身体异常或其他原因可导致持续的支配刺激，并且使得运动神经强度过高，无法被任何强度的拮抗性运动神经刺激战胜（如年轻犯人内分泌失衡及雄性激素分泌过多的例子）。

（3）因为固有或未知的整合因素，环境刺激和运动神经刺激的连接器阈值很高。

环境刺激的两个因素可以有效产生超过环境刺激绝对强度的反应。

（1）突发性刺激会引发超强运动神经刺激，不等运动神经本性有机会强化自己，便将其压制。

（2）延长高强度环境刺激的作用时间，或者以相当短的时间间隔重复该环境刺激，有可能将运动神经刺激维持在一个很高的强度，在较长时间内对抗运动经本性，使运动神经本性没时间将自身强化到一个超高程度以压制这些运动神经刺激（如连续几天鞭打屡教不改的犯人）。

谢灵顿已经指出，高情感基调反射往往是强势的。强度巨大的环境刺激（如上文提到的那些刺激）会唤起最大限度的不愉快情绪，这导致了运动神经刺激与运动神经本性之间最大限度的冲突。一个数量庞人、强度适中、按感觉效果和谐排列的环境刺激集合，会激发内部关系和谐、数量巨大的运动神经刺激，该刺激数量超过运动神经本性的数量。这样一个运动神经刺激集合内部本身应该包含了很大程度的愉快，同时还拥有压制运动神经本性、激发服从反应的能力。这种服从情绪，可以称为累量服从，与超强刺激激发的强制服从相对。

经过初始阶段运动神经本性对运动神经刺激的服从反应之后，累量服从就变成一种愉快的反应。因为在累量服从反应持续的整个过程中，中枢的对立或冲突没有任何延长的迹象，所以，这种类型的整合，就成了受试者借以主动服从一个环境刺激的唯一机制。累量服从是唯一能让量大持久的工作产生高效率的主要情绪反应。

累量服从很容易从一些其他类型的受试者身上激发出来，对那些运动神经本性经训练只服从高强度环境刺激的受试者尤其如此。但是，通过调整或将其他反应转换为对巨量刺激的服从反应，还可以对这类受试者进行再次训练。具体训练方法如下：

（1）最初用超强刺激来压制运动神经本性（如使囚犯受到具有伤害性的惩罚）。

（2）唤起对所爱之人的服从情绪（使用大量联合性刺激，随后转化为对支配情绪的服从，以便对数量巨大的对抗性刺激作出反应）。

累量服从以骨骼肌的活动作为表现形式，每次服从反应后，为了能够恢复身体的平衡，必须有等量的或数量更大的支配反应作为补偿。尽管如此，还是有可能采取内脏反应的形式，来对巨量的、和谐的环境刺激作出完全的服从反应，而不需要混合支配反应。通常，累量服从的反应，如果没有混合任何支配反应，我们习惯性称之为"审美反应"或"审美态度"。经过自我训练或调节，建立起审美态度后，如果环境刺激的内部组成元素关系和谐，即便它所激发的运动神经刺激总量少于运动神经本性数量，仍会引起纯粹的服从反应。

服从反应的情感基调可能是不愉快、冷漠或愉快

强制服从的过程中可能始终混合着"恐惧"，这个"恐惧"元素可能是所有情绪状态中最不愉快的。但是对于"恐惧"这个元素，在接下来的章节中，我们

最终会发现，这个结果并不来自刺激引发的服从，而是因为整合失败，没有达到完全服从。高强度刺激引发的服从情绪，几乎不含任何愉快情绪，因为正如我们多次提过，任何强度过高的神经兴奋，都会干扰组成整个兴奋的不同传出冲动群组之间的联合关系。然而，不愉快情绪可以完全消除，然后会形成一种完全冷漠的情绪（如第四章提到的例子，餐馆老板对硫化氢产生情感适应，最后完全不觉得这种气味难闻）。

如果是自愿服从，一般会避免不愉快情绪的产生，究其原因，应该是运动神经本性在身体上受机体的控制（也就是说，受中枢神经系统高级中枢的控制），因此，在对抗运动神经刺激的过程中，运动神经本性能随时抽身而退。在斗争中一个整合性的对手完全撤退时，不管这个对手是运动神经刺激还是运动神经本性，不愉快的情绪都会停止，然后冷漠情绪会占主导位置。另一方面，在支配情绪中，其目的是消除运动神经刺激，并且保持运动神经本性能量完好地释放。

只要环境刺激能够机械地迫使运动神经刺激作用于机体，运动神经刺激便不受受试者控制。因此，在支配情绪中，某种程度的不愉快必定会一直持续，直到完全成功地激发支配反应，从身体上消除了环境对抗刺激。这个过程完成后，情绪意识的这种典型支配特征就会消失，除非为了体验"兴奋感"（成就感）而自愿记得已经消除的不愉快感。另一方面，服从情绪的成功，不是通过消灭对手，而是调整运动神经本性，使之完全适应对手。运动神经本性从冲突中完全撤出后，冷漠的情感基调便会出现了。）

最初产生的这种冷漠情绪会在整个服从反应中持续，也可能会被积极的愉快感取代，这取决于所服从的运动神经刺激的性质。受试者机体还不够强大，不能产生积极的愉快元素。然而，如果运动神经本性处于完全控制中，那么机体就常常能够通过维持所有与运动刺激对抗中产生的紧张性运动神经放电，维持这种冷漠的情感基调，无论运动神经刺激构成怎样的对抗、强度有多大。建立和维持这种冷漠情绪的困难归为一点，那就是控制所谓的"非自愿"的紧张性神经支配。如果这些神经支配可以任意地终止，如果受试者决定完全服从刺激，那么刺激就不会带来不愉快感。

有一些东方异人的案例已经得到证实：那些人能将针和尖刀刺进自己的身体，或者忍受其他更为严重的刺激，而神色淡定。在这样的刺激下，虽然这些受试者可以继续平稳地交谈，没有表现出集中抑制或对抗的迹象，但是收缩期的血压和脉搏都大幅下降了。心脏能量下降，表明了紧张性放电减少，与最终由环境刺激（刀刺等）产生的拮抗性运动神经放电结合起来。也许，由"术士"完成的这些特殊类型的奇迹，不是因为观众被催眠，而是因为"术士"们努力学习服从反应。

按照这样的思路，我在自我训练上所做的实验已经取得积极的成果，尽管只在少数情况下有效，比如当身体和环境条件最有利的时候。这种服从训练要达到的效果是，不管痛苦什么时候出现，都应该乐意把它当成自己唯一要做的事情，就如在环境激励下，对任何工作都全心投入。痛苦刺激引发运动神经放电，如果尝试参与运动神经活动，使运动神经传出冲动无法完整放电，便会再次带来开始时那种巨大的不愉快感。例如，有一次我犯了溃疡性牙疼，原本已经通过训练产生了完全的服从反应，已经无视这种疼痛，但是听说有人要来访，我的注意力便转移到要跟他讨论的主题上，这时我的牙疼又变得难以忍受了。经过更广泛的服从训练后，也可以对这种次要活动进行调整，使之不妨碍疼痛刺激中的运动神经放电，从而再次产生服从反应，但是这十年期间，我只是断断续续地进行这种服从训练，而前面提到的异人们却一生都致力于这件事。

我发现了运动神经定势中消除痛苦经历的不愉快感还有另一个必要条件。为了给由痛苦激发的拮抗性运动神经放电让路，在一定程度上需要将运动神经本性削弱；而消除不愉快感的另一个条件是，不管运动神经本性被削弱到何种程度，都予以接受。从定义上可以看出，疼痛刺激是强度过大的刺激。只要运动神经中枢内精神粒子能量一直非常强烈，一些神经冲动必然会产生冲突，从而出现相应的不愉快感。为了降低这种超大强度，必须打开足够多的传出路径，清除任何阻塞，释放这些集中抑制的兴奋，从而降低这种刺激的超大强度，使之保持在相关运动神经精神粒子的正常传导能力范围内。为了达到这一目的，如果疼痛非常剧烈，就必须减轻紧张性放电流出，避免产生昏厥及身体虚弱的明显症状。经过长期学习服从反应，通过更有选择性地减少运动神经本性，也可以将这种情况的可能性降到最低。但无论如何，受试者必须毫无保留地接受完全服从引起的运动神经本性的削弱，因为一旦有所保留就会引起不愉快感。

服从反应带来积极的愉快感，似乎只会在以下情况中产生：该服从反应是对数量巨大、强度适中的运动刺神经激作出的反应，并且该运动神经刺激的组成元素内部关系和谐，因此服从反应的愉快感最终取决于环境刺激的本质。正如前文指出的，人为地受到不充分、低强度的环境刺激影响时，累量服从的反应带来的是冷漠的情感基调。简言之，要获得服从中的愉快感，只有寻求适宜的环境刺激，而不是通过学习对碰巧出现的任何刺激作出服从反应。小说《大街》(*Main Street*) 的女主角就是一个相当准确的例子。她本质上是渴望这种刺激（美学刺激）的女人，在大街上不和谐的环境中找不到这种刺激的替代品。同样，我们经常会发现，一个片面发展的审美家，他只不过在永无止境地探索拥有和谐刺激力量的新物体，从而唤起自身累量服从的反应，即审美情绪。

服从情绪的独特意识特征

要找出合适的术语来定义服从情绪特有的意识特质，比起定义支配情绪的特质，在某种程度上更加困难。一方面，我们将服从等同于恐惧；另一方面，也将服从与宗教和审美态度混为一谈。

文学、伪心理和心理学一些较为常见的术语中，用来形容主要由强制服从构成的服从情绪有："恐惧""害怕做某些支配行为""害怕更强大的力量""胆怯""谨慎""意志薄弱""服从""见风转舵""随波逐流""开明的态度""坦率""讨论实质问题""面对现实""赞同更强大的人或势力""适应""屈服于""屈从""听天由命""纪律严明""承担责任""忍受痛苦""逆来顺受""谦卑""钦佩""敬畏"和"容忍"。

与累量服从带来的愉快情绪相关的术语有："天人合一""自然之乐""从群山中得到我的力量之源""神秘经历""涅槃""觉悟""和谐""和平""接受""美感""审美感觉""感觉细腻""移情""审美态度""容易受美影响""兴高采烈"和"审美"。

不难发现，经常表示强制服从的术语和用来描述美学或宗教上累量服从的文学或宗教术语在情感基调上存在着明显的差异。前者说明这种服从还与不同程度的不愉快感有关，而后者则暗示这种服从大部分与愉快相关。"恐惧"顶多算忍受痛苦，大多数西方著作似乎都认为，强制服从必然伴随着恐惧。简言之，很少有或说根本没有人将强制服从理解为自愿接受的情绪反应。而对于累量服从，文学界显然认为这是最高的情感发展形式之一。但是，在上述大多数术语中，出现了一种奇怪的拟人化，或者将能唤起这种反应的无生命刺激理想化。这是否意味着，累量服从本身并没有明确地被视为一种主要情绪，而常常被视为对一个被美化的、拥有人性之爱的人的一种混合着服从的复杂情绪呢？

然而，在包括上述两组术语在内的所有流行情绪术语中，似乎都包含了服从。它作为情绪意义的一种普通共性，指的是减少运动神经本性来使其对手随意控制机体，要么被动地服从，使运动神经本性放弃一些支配活动；要么主动地服从，使机体以反支配的方式行动。

对服从情绪进行内省研究非常困难，因为服从反应发展得最好的人，进行内省描述时往往表达最不流利，也最不明确。这就说明，服从意识的本质是一种接受感，接受一个事物或力量本来的样子，然后通过足够的自我屈服，调整运动神经本性以适应该事物。如果刺激过于强烈而无法完全调整，这种感觉就是不愉快的；如果所受的刺激数量太小或由不和谐的元素组成，这种感觉就是冷漠的；如果所受的刺激强度中等、数量巨大，并且各组成部分间关系和谐，这种感觉就是愉快的。

第九章

支配与服从

在上一章中，我们已经讨论了支配和服从情绪反应的整合机制，分析了一些有关人类实际行为的简单实例，这些例子中的情绪是以孤立的形式出现的。支配和服从两种情绪先后发生时，我们需要考虑两者之间的内在联系；而当它们同时发生时，我们则需要考虑两者之间的常规整合。

被动支配使服从无法被激发

如果受到先前服从反应的干扰，一个适当的支配刺激就可能引发被动支配反应。例如，婴儿紧紧抓住它的拨浪鼓，如果母亲试图把玩具从孩子手中拽出来，而她施加在拨浪鼓上的力量比婴儿施加的力量小得多，孩子的运动神经本性可以迅速有效地得到加强，因此婴儿一直紧握着拨浪鼓，不会松开。这一结果甚至发展到这个程度：婴儿实际上把自己全身的重量施加到紧握的棍子上。当实验者开始拉棍子时，婴儿会牢牢地抓住棍子。这样的反应几乎是纯粹的被动支配，因为增加的运动神经刺激开始争夺运动神经放电传出路径之前，运动神经本性控制着这些路径，在整个反应中，运动神经本性同样继续抵制一切侵犯其领土的敌对势力。简言之，被动支配是指运动神经本性对攻击自己的拮抗性运动神经刺激的简单抵抗。这种类型的情绪反应没有任何的服从性，通过对环境刺激作出反应，机体总体的运动神经定势并未发生任何改变，除了为恢复到之前的运动神经倾向而作出更多的努力，释放更多的能量。

支配体现机体的自然平衡状态

如果服从反应真的成功地替代了（即使短暂的）运动神经本性对机体最后通道的支配控制，那么就会出现两种整合的可能性。第一种，服从情绪会继续不受干扰，直到环境刺激停止激发强度或数量巨大的运动神经刺激。这种情况可能包含审美反应，这时，所体验到的情绪是一种没有混合支配反应的服从反应。这看起来跟刚才说的情况很吻合——被动类型的纯支配情绪未受干扰。但是有一个重要的区别：没有混合支配情绪的服从情绪，是一种主动的服从反应；而刚才所说的未受干扰的支配情绪则属于被动服从反应。简言之，服从反应可以继续控制受试者机体，只要它能使机体以反支配的方式积极行动。一旦机体不再主动服从某一刺激，自然反射平衡就会重新自动建立，支配情绪便不可避免地取代服从情绪。

例如，只要由艺术品引起的运动神经刺激的和谐数量比运动神经本性的数量多得多，那么一张美丽的图片可以控制注意力及非自主运动神经放电传到内脏的主要路径。但如果演播室灯光开始减弱，或者如果个体的感觉器官在凝视图片时变得疲劳，那么环境刺激会立刻停止唤起数量巨大的运动神经刺激。这种运动神经刺激的变化，其直接结果是停止导致主动服从的运动神经放电。这种运动神经放电是对抗紧张性放电的，因此，这种放电一停止，紧张性传出冲动就不再受到先前的限制，运动神经本性便自动重建对传出中枢的控制。这个重新建立控制的过程构成了主动支配反应。如果受试者对图片进行主动批评或感觉厌倦，大多数情况下，他们感觉到了这种主动支配反应（当然是假设这个过程中没有其他刺激引起受试者注意）。另一种情况下，对艺术品进行审美服从之后，也会出现支配反应：受试者突然决定要占有令其羡慕的艺术品，然后立刻采取恰当行动，购买或收购该艺术品。

主动服从会对抗越来越多的运动神经本性，
直到激起支配反应

那么，如果服从反应可以不中断地持续到刺激停止作用，必定有支配情绪紧随其后，支配过程中机体自动回归自然整合平衡状态。第二种服从反应终止的情况出现在上面提到的案例中：对图片的审美服从持续一段时间，然后因为受试者尝试占有该图片而被支配情绪取代。很显然，服从反应并不仅仅是本身消失殆尽，而是带来了支配情绪，取代了服从反应。这种整合性因果关系的机制似乎是对一种数量极限的传递：超出该极限，运动神经本性便不能服从运动神经刺激，因为足够多的运动神经本性已经参与了这种反应来壮大自身、对抗运动神经刺激。也就是说，如果运动神经刺激只对抗运动神经本性的一小部分，那么它就会比运动神经本性更强大；但是，如果这种刺激需要对抗越来越多的运动神经本性，运动神经本性的强度迟早会达到某种较高的程度，即卷入冲突的运动神经本性增多，在强度上超过运动神经刺激。这时，运动神经刺激便成了适宜的支配刺激，而不是适宜的服从刺激，而受试者的反应也同样从服从反应变成支配反应。

在上面的案例中，受试者对图片会产生审美服从情绪，随着服从反应的发展，他突然对图片持一种支配的态度，想要把它占为己有，那么可以合理地作出以下假设：最初运动神经本性只有小部分参与到服从中时，累量服从的反应能够长时间控制机体。当对图片的反应充分传播到中枢神经系统的高级运动神经中枢时，更大一部分运动神经本性参与其中，增加的总量对服从反应不再适合，却足够对图片进行支配。

这种情况下，环境刺激的强度及运动神经刺激的强度相对较弱，在整个反应过程中会出现一种可能性，即受试者随时可能感觉刺激的强度低于运动神经本性。换句话说，审美态度是极其不稳定的，在长时间的反应中难以一直维持。也就是说，在任何服从反应中可能会有这样的情况：受试者不再觉得环境刺激是一种充足的服从刺激，在我们正在讨论的例子中，环境刺激作用于机体、唤起服从反应，这种作用继而赋予其强大的力量，使之成为适宜的支配刺激。在受过极端审美训练的人身上，这种从审美反应到支配反应的变化会延迟，也可能永远不会发生。但对普通人来说，在较长的支配反应中，运动神经本性似乎有一定的积累或叠加，如果其总量到达溢出点时，服从情绪便转化为同等强度或更高强度的支配情绪。

所有运动神经本性受对抗时，
从服从到支配的转变成自我保护本能

众所周知，老鼠走投无路时，也会反抗。刚才讨论过从审美到支配反应的变化，我认为这种变化背后的机制，与老鼠的反应表现出的机制相同。老鼠服从了超强的运动神经本性，从而从对手那里逃走；老鼠服从拥有超强实力的对手，从而远远地逃避对手。这种反应在老鼠的运动神经本性受到其强劲对手的压制较小时，会持续很长一段时间。然而，如果所有逃跑的道路都被阻断，可以说，这只动物全部的运动神经本性陷入绝境。老鼠的运动神经本性因强化机制而增强到最大限度，整个运动神经本性都参与到冲突中，其强度会高于因最危险的敌人所激发的运动神经刺激的总量，这就是所谓的"自我保护本能"。当突然面对一种极端的危险而根本无路可逃时，最胆小的人经常表现出这样的行为。事实上，"自我保护本能"可以被定义为一种从服从反应到支配反应的变化，这种变化的发生，是因为足够多的运动神经本性参与到与刺激的冲突中，从而使运动神经本性比运动神经刺激更强大。这种转变中的情绪意识状态通常被称为"孤注一掷"。

支配总是取代服从

如果在任何情况下，主动服从之后，都紧跟着运动神经本性对机体的支配性控制，那么就可以得出下列原则：主动服从通常伴随出现主动支配。

同样的原则显然也适用于被动服从。也就是说，如果运动神经本性被更大强度的刺激所影响从而不得不放弃对所争夺路径的控制，那么一旦障碍去除，紧张性放电就会自动控制这些路径，即使这种竞争已经在一定程度上处于相互对峙的状态，运动神经刺激本身并没有成功地主动控制机体活动。

但是，服从反应后紧接着支配反应出现的条件限制是，支配反应只能出现在被动服从之后。如果受试者的运动神经本性为了支配物体 A，一开始就处于显著增强的状态，或者已经增强，继而不得不因为被动服从刺激 B 而放弃其对物体 A 的支配，当刺激 B 停止作用时，运动神经本性不一定会恢复到先前强化过的强度，而只是恢复到没有拮抗性运动神经刺激发生时的正常水平。

运动神经本性也不一定会回到支配物体 A 的状态中，因为此时物体 A 可能已经完全脱离了受试者的环境。因此，被动服从之后紧跟的支配情绪，更多地属于被动支配而不是主动支配，尽管服从刺激停止作用之后，在重新建立反射平衡的过程中一定会有一些主动支配。简言之，支配反应的本质是整合系统正常平衡的一种强化，根据这一本质，支配反应似乎必须最终取代主动或被动服从。

服从保护机体免受强大敌人的侵害

这种安排显然有助于机体在成功适应其环境时达到最高效率。如果一只动物或一个人已经完全适应了周围环境，不管某个时刻作用于他的拮抗性影响有多大，他都能够维持现有的姿态和状态。被动支配机制提供了一种手段，用来抵消现有姿态和状态的轻微波动，这可能没有什么用，反而会干扰机体重要功能的发展。

另一方面，如果受试者的当前环境中任何对抗因子足以摧毁或严重损害受试者的机体，那么服从机制可以允许当前的强势环境将其力量用于控制受试者行动，而不是摧毁部分运动神经本性。运动神经本性在受试者一生中都起作用，作为受试者整个行为的动力来源和主要依靠。

如果不是因为这种整合性服从的可能性，高强度的拮抗性运动神经刺激会通过紧张中枢之上的中枢神经系统的某个中心发挥作用，最终会抑制紧张性放电的释放，从而对有机体造成严重的后果。

服从反应在激发最大效率的支配反应上拥有选择性偏好

机体的支配平衡趋势总是在服从反应后重新建立，从而使干扰性的服从反应具有另一重要价值。由对抗环境刺激引发的独立服从情绪担任了选择执行者的作用，唤起了某些特别行为的具体的紧张性反射，这种反射与干扰性的服从反射相互对立。也就是说，被动支配反应中，运动神经本性出现一种普遍的、没多大差别的增强，并且没有特别针对其所应对的环境刺激。但是，如果该环境刺激最先引起一个服从反应，然后有选择性地强化那部分的运动神经本性，使之更好地调适，以便能对抗和消除对抗性刺激，那么就会达到一种能量守恒和支配反应效率增加的效果。首先服从刺激，然后支配刺激，这种选择性偏好的实例在人类机体的所有基本行为模式中都存在，由紧张反射与阶段反射交替引起身体或四肢的相继运动。

例如，手指如果顺着被抓物体的方向延伸，那么这种特殊的紧张抓握反射会增强，使其最好地调适，以便抓住和应对这个特定的环境目标。根据被抓对象的大小、形状和位置，手的完全伸展程度越大，就能越有效地掌握或控制抓握对象。

婴儿与成人在这方面的行为有很明显的区别。当一个婴儿天真地伸出手指去抓给定的小物品时，他将手张大，将所有手指均匀地张开，而不去考虑将要抓握物体的形状与尺寸。另一些情况下，婴儿可能无法将手指伸展到足以握住所抓物品。无论在哪种情况下，伸出手去抓似乎更多的是对该物体的不加区别的反应，而不是应对物品本身大小的服从反应。

我们先前有几次提到，服从反应是一种可以学会的反应，因此，当我们将婴儿受试者的行为与成人的反应进行比较时，我们会发现，后者的服从反应更为发达，事实上，几乎所有类型的反应都是这样的。对于我们现在讨论的目的，有趣的一点是：如果对某一物体服从反应的敏锐性和完整性增加，那么，接下来发生的支配反应的强度和有效性也会相应地自动加强。学习服从反应，然后提高支配反应的有效性，这种例子大量存在。对一个对手发出的所有更精细、更强大的攻击行为，无论是致命的战斗，还是一些过度文明的运动，如网球或棒球运动，其准确性和力量都取决于先前服从反应的完整性。

在野蛮的战斗中，矛必须通过谨慎又精准的服从反应指向对手身体上的致命点，这种反应就是由对手自身引起的。攻击者的武器带来最强大的支配力量，这种力量与先前服从反应（投掷前将握矛的手和手臂往回收，便于蓄力）的程度和强度有一种固定不变的依存关系。

在网球运动中，为了使身体、手臂和握拍的姿势都能带来最有效的支配反应，必须进行一系列非常精细的服从性反应。总之，所有的准备先由服从反应构成，其主要作用是成为受试者机体的整合中枢内的选择性执行者，进而挑选出对服从反应本身最具有对抗效应的支配反应。

那么，服从反应与支配情绪正常的关系就是，服从反应辅助支配反应获得成功。我们可以说，先前服从对手的程度越高，直接主动支配对手的效力就越强。

服从反应不能超过其引发的支配反应

有必要从两个特别的方面来对这句话进行解释。第一，服从反应会执行这样极端的情况：它将最终的支配反应推迟得太久，从而达不到最大效力；或者运动神经本性降低的幅度过大，因而无法抵抗对手。第二，即便运动神经本性已经达到最大，机体也可能服从自己无法支配的对手。服从反应服务支配反应，这种作用的第一个限制条件，可以在棒球或网球运动中找到实例来说明：实际挥拍之前，身体姿势进行过分谨慎的调整，反而对后续击球没有起到应有的作用。由于准备性的服从反应过度延迟，最佳击球时间被延迟太久，所以击球动作反而落空。在摔跤或拳击运动中，常常有某位选手的手臂或腿收回程度过度，使原本应该给肢体带来最大力量的肌肉无法对肢体发挥最大效用。就神经冲动而言，同样的结果可能发生在一个审美者身上，这位审美者允许数量巨大的服从性运动神经放电来控制他的机体，随后他发现自己没有力量来有效安排其艺术收藏并使这种布置为自己带来最大的审美享受。

为了说明服从对于支配的价值的第二个限制条件，我们可以举一个非常普遍的例子：一个人游泳时，允许自己被水流冲离海岸很远。这个人最大限度地服从了一种比他自己体力更强的力量。

因此，他发现自己被海水阻挡，而海水是他的体力无法征服或支配的，他最后无法再回到海岸。在上述两例中，服从反应虽然承担了服务支配反应的作用，但是因为执行得过于极端，反而使随后的支配反应效力降低或完全无效。

服从反应通常先于支配反应出现且适应支配反应

从前面的分析可以清晰地看出，如果支配反应要保持最大效率，那么必须让服从反应先于支配反应。但是这种服从反应不能执行得过头或持续太长时间。简言之，要想对机体有利，支配反应和服从反应间最简单的正常结合应是，服从反应最先出现，并且适应随后出现的支配情绪。

　　为了方便起见，这两个主要情绪反应之间的关系可以用简单的公式 C+D 表示。使用该公式时，需要明白，某种反应的首字母表示该反应，字母的顺序是情绪反应发生的时间顺序，加号代表反应的适应关系。因此，就公式 C+D 来说，C 即服从反应（Compliance），D 即支配反应（Dominance），服从反应适应支配反应，并且发生在支配反应之前。

第十章

欲望

在前面的讨论中，我们试图找出支配反应与服从反应相继发生时，两者的正常关系。而现在，我们必须要找出服从与支配同时发生时，这些情绪之间的正常关系。从逻辑上可以推想，支配与服从反应肯定可以同步进行，并且发生某种结合，而这一点在对相关行为因素的简单讨论中也许不会考虑。例如，主动服从和主动支配可能同时发生，形成一种情绪混合（emotional mixture），但不是情绪复合（emotional compound）。当同一刺激引发的主动支配和主动服从同时发生，二者常常会相互抵消，或者至少以这种方式相互改变对方，因此，所引发的情绪状态的整合性描述就是运动神经本性和运动神经刺激在 C（服从）和 D（支配）这两个节点间的关系（见第四章情绪环形图）。

对同一个物体的支配反应和服从反应彼此混合或彼此抑制

例如，一个人与某种危险的动物狭路相逢，相距仅几米之遥，这个人无疑会觉得这样的环境刺激是对抗性的，并且用一种对抗性态度加以回应。然而，这种对抗性元素在支配和服从类型的反应中都是很常见的。如果受试者确信对面的动物是一只狐狸，或者是其他明显弱于自己的猎物，他的反应将是以攻击它为目的的支配反应，也就是说，他会去追逐这个猎物。相反，如果受试者确信对面的动物是山中的"大猫"或老虎，明显强于自己，这时他肯定会产生服从反应，并且小心翼翼地迅速离开。在假设的这个例子中，受试者与动物的距离过近，他不能确定环境刺激是强是弱；或者虽然他已经识别出这种动物，但是它有些方面较强，有些方面却弱于自己，在这两种情况下，受试者的主动支配和主动服从会被同时激发。如果这些反应倾向均等，而且同时发生，它们会彼此抗衡，那么受试者就会继续从事先前的活动，而不会攻击或逃离该动物。

支配和服从反应可以同时存在于不同的中枢

如果相同的环境刺激的不同部分引起了不同的主要情绪反应，这两种反应很可能同时发生于相对独立的运动神经中枢，彼此不会形成整合关系。这种情况可以称为情绪混合而不是情绪复合。可见支配和服从可能发生在情绪混合中。例如，一个人骑马在逃离敌人的穷追猛赶时，会在他的马鞍上转过身射击敌人。在攻击敌人的同时，他的服从反应不需要中断，或者以任何方式改变。然而，所激发的情绪意识并没有出现任何新的复合情绪的特质或特点。支配和服从会在逃亡者的意识中交替出现。它们可能彼此改变，在某个时候会在短暂的间隔里消除其中一个，或者两者都消除；或者，它们也可能在意识里同时存在，作为对相同刺激下不同部分的反应。如果追逐者体力强于自己，会激发服从反应；如果追逐者没有武器，又处于显眼的位置，则可能激发支配反应，即用步枪射击。某些方面被对手压制，而在另一些方面又攻击对手，目的是支配对手，这样同时产生的情况很常见，也很容易解释。但是，这些感情并不构成真正的复合情绪特质，因为这两个主要情绪元素在整合方面彼此并无关联。

针对不同对象的主动支配和服从不能在同一中枢共存

从逻辑上看，支配和服从反应同时结合的情况，还有一种可能性也可能在相关整合研究中被排除掉了。仔细研究一下我们会发现，对不同物体的主动支配和主动服从不能同时发生在同一个运动中心或密切关联的运动中心。如果我们假设紧张性运动神经放电支配着伸肌 A'，那么任何支配反应，无论它要支配的对象是什么，都必须使用最后的传出通路使肌肉 A'收缩，然而任何涉及同一运动神经机制的服从反应也必须使用最后通路来使对抗性的屈肌 B'进行收缩。那么，如果机体试图通过收缩伸肌 A'来支配环境刺激 A，同时又允许环境刺激 B 引起肌肉 A'收缩，从而服从环境刺激 B，便会造成进入运动神经精神粒子的冲突，这种冲突必须通过明确支持一方的方式来解决，所以最后只能要么发生支配反应，要么发生服从反应。在这种情况下，最后通路或密切相关的运动神经中枢都参与其中，因此，无论引起这些反应的环境刺激具有怎样的多样性，似乎都不可能从主动支配和主动服从反应中形成一种整合的复合情绪。

同样，从整合角度来看，也不可能将被动服从和被动支配结合起来，尽管这些反应针对不同的环境刺激。例如，如果环境刺激 A 激发被动支配对肌肉 A' 的反应，它仅仅意味着肌肉 A' 的紧张性神经支配程度得到了充分的提高，足以抵抗任何由物体 A 激发的刺激，使之无法利用最后通路来收缩肌肉 B'。那么，如果物体 B 常在同一运动神经中枢激发被动服从反应，我们便可以看到，刺激 B 会阻止引起肌肉 A' 紧张性收缩的支配性强化。如果不同的环境刺激在同一运动神经中枢同时激发了被动支配反应和被动服从反应，此时，在这个共同的运动神经中枢，我们就产生了与之前情况（不同物体同时引发主动支配和主动服从反应的情况）相同的冲突。对物体 A 的被动支配反应会试图阻止物体 B 激发的被动服从，阻止其使用共同的传出路径，而被动服从反应同样会采取行动来抑制肌肉 A' 的强化，这种强化是之前提到的服从反应所需要的。因此，对被动服从而言，似乎不可能在相同或密切相关的运动神经中枢与被动支配共存，即便对立反应是被不同物体激发的。

在人类行为中，支配和服从反应不能同时发生，这样的例证不难找到。如果一个金属餐盘里装满了诱人的食物或饮料，将其放在炉子上加热，食物加热时会激发人们的支配反应，即抓住餐盘并把食物往嘴里放。但是，炉子的热量和金属餐盘本身的热量会让人产生服从反应，将手缩回去。在这种情况下，当两者都被同时激发时，主动服从便战胜了主动支配。如果一个婴儿已经抓住某个玩具，母亲用尺子敲一下孩子的手，迫使他放开已经拿住的玩具，我们便能看到被动服从和被动支配的区别。母亲试图将玩具从孩子的手里移开，这种对抗性的拉扯激发了孩子的简单反抗或被动支配。然而，轻敲孩子的指关节，往往让孩子被动服从，放弃拿在手里的玩具。在我所观察到的许多同类案例中，被动支配反应在与被动服从的对抗中获得成功。如孩子紧抓着玩具不放手。

可能的结合

哪些情况下，支配和服从反应能够同时存在呢？我们需要进一步考虑以下两种结合的可能性。第一，我们会观察到这种复合方式：对一个物体被动服从的同时，对另一个物体主动支配。第二，我们还可以考虑这种复合情况：对一个物体主动服从的同时，对另一个物体被动支配。

主动支配与被动服从可以形成情绪复合

有时，我们会面对比自身更强大的对抗性力量，为了摆脱这样的情形，我们不得不寻求自己所处环境中另一种对抗力量的援助，这种力量比自身弱小。这些情形都是基于被动服从和主动支配的融合或复合，因为我们正在寻找并获得更弱小的环境中的物体。举个具体的例子：一名男子正在穿过森林，朝着某个重要目的地前进，如寻找一处定居点，获得生活必需品的补给。他来到了湍急的小溪旁，发现自己面对一道障碍单凭自身力量（没有援助）无法通过这条小溪。溪流的力量和溪边嶙峋的岩石使他绝不可能游过这条小溪，活着到达对岸。这时，他有个比他强大的对手，但这个对手并不能迫使他采取任何积极的行动，而只能让他放弃之前的支配行为。这时，该受试者一定被迫服从眼前无法逾越的河流而放弃到达目的地的行动。

但是这名男子看见溪边有一棵树，如果这棵树倒了，就能形成连接两岸的桥。这棵树朝着对岸的方向横着生长，摇摇欲坠，扎根处的土壤只有薄薄的一层。这棵树处于这样不稳固的位置，似乎可以代表一个力量强于这条河流、但是弱于这名男子的对手。倘若这名受试者能够支配这个比自己弱小的对手，将这棵树推倒，使其横跨小溪，他很快就能克服这个迄今看似无法战胜的困难。当然，推倒或支配这棵树的过程中，这名受试者一定会继续被动服从这条河流，在对这棵树整个支配的过程中，克制自己的行为，不去与小溪施加在其机体上的力量相左。总之，这个受试者被动服从更为强大的对手——河流，同时也在尝试支配更为弱小的对手，即这棵树。

从整合的角度来看，如果即将被支配的运动神经刺激不是被动服从反应要求运动神经本性放弃支配的刺激，那么在同一运动神经中枢内或联系紧密的中枢内，同时产生对一种刺激的被动服从和对另一种刺激的主动支配反应，是毫不费劲的。我们可以想象，可能存在大量的运动神经刺激，由运动神经本性所支配，也不会与同时影响同一运动神经中枢的高强度运动神经刺激相对抗。或者正如上面提到的例子，可能只存在单个运动神经刺激（由可以利用的环境刺激所唤起，如摇摇欲坠的树），引发被动服从的较强运动刺激允许运动神经本性支配这个单个刺激。精神粒子的这种情形，可以被认为是对重要精神粒子群组的抑制性控制，这种控制是通过激发高强度的服从刺激来完成的，但是并不能将这种抑制性的影响施加到所选取的一种或多种运动神经刺激上。因此，这些运动神经刺激使运动神经精神粒子活跃，同时也能产生服从刺激。毫无疑问，实际的整合情况要复杂得多，涉及不同级别的中枢神经系统和许多交叉连接的神经路线及精神粒子。但是这些复杂的情况通过图表的形式进行简化，便可以得到上述分析。

pCaD 就是渴望

被动服从和主动支配的整合性复合，形成了意识的一种复合情绪状态。这种复合情绪，通俗一点说，就是"渴望"（desire）。"渴望"（整合公式为 pCaD）[1]包含两种形式的意识元素，这些元素极其复杂、不断混合并相互依赖，很难用内省的方法对它们进行清晰的分析。

从众多受试者的自我观察中，我发现有两种类型的意识几乎总被看作情绪状态中的"渴望"。第一，受试者似乎处于一种烦躁不安、不满意目前支配活动的状态，并且觉得有必要满足内心任意规定的一些要求。受试者艰难描述的这种渴望似乎包含有所改变的被动服从元素，并且带有新的情绪特质，这是与主动支配整合的结果。第二，受试者的自我观察表明，存在某种更明确、更主动的"渴望意识"。关于这种元素内省描述可能归因于"想要支配"某一个环境刺激。主动决定以某种形式获得或改变某个物体，这种行为似乎归因于改变过的主动支配情绪，并且通过与服从情绪的复合，产生出新的情绪特质。

---

① p 即 passive，代表"被动"；a 即 active，代表"主动"。C 和 D 分别代表"服从"和"支配"。
——译者注

渴望，作为情绪反应的一种，是主要的主动支配行为，具有以下特征：整个情绪意识的主动部分会利用弱于自己的环境物体来战胜强于自己的环境对手。也就是说，支配和服从有两种结合方式，其中，被动服从和主动支配结合而产生的复合情绪中，其运动神经本性比主动服从和被动支配的复合更为主动。

被动支配和主动服从可以形成情绪复合

我们继续来分析上述事件中支配和服从情绪的复合。一个人在他的旅途中因为一条河流水流太急，无法过河而停下脚步。一旦他成功地利用河面上那棵摇摇欲坠的树过了河，他的情绪反应就会发生完全转变，利用这棵树的力量——倒在河面上把两岸连接起来，他的力量得到加强。然而，为了能增强自身的力量，受试者必须服从倒下的树。树干现在所代表的是比受试者的运动神经本性强度更大的环境刺激，而不是强度更低的对手，因为它的力量是通过其克服河流障碍的能力来衡量的，受试者本身之前并未拥有这种能力。总而言之，河流的强大力量已经转移到倒下的树上，这棵树力量强于受试者运动神经本性（就如大多数强大刺激一样）。倒下的树的整个刺激强度会比河流的强度更高，因此也会取代河流的超强强度。这种结果与先前讨论的有关孩子或罪犯的例子相同。起初，孩子或罪犯的运动神经本性受到鞭打的压制，然后他们会尝试把工作视为一种数量巨大的环境刺激。一旦学会对这种工作的服从，那么该服从反应就会变成累量服从带来的愉快体验（没有学会时是不愉快的，或者最多是强制服从带来的冷漠）。所以，在这个旅行者的案例中，他将树推倒，使之横跨这条无法跨越的河流。他服从倒下的树的力量，代表的是一个已习得或已转移的反应，这个反应是在这种单独的情绪体验中所获得的。

从整合的角度来看，我们可以把因河流而产生的运动神经刺激及随后所采取的整合控制看作运动神经中枢，该运动神经中枢先前只有抑制性的应激反应占领，这种应激反应构成了起初的被动服从。由运动神经刺激所代表的倒下的树桥，会找到一种畅通无阻的传出放电的方式。这种放电的行为结果是对树的主动服从，取代了先前对河流的被动服从。与此同时，这种主动服从会消除河流所引起的超强运动神经刺激，并且允许运动神经本性能继续控制其先前的放电通道（想要去目的地获得补给，给但因河流而中断的旅行）。简而言之，对树的主动服从降低了对抗性河流的力量，使该对抗者的力量比运动神经本性的强度更弱。然后运动神经本性立即能抵制由河流引起的运动神经刺激所带来的影响，这便构成了被动支配的情绪反应。

该旅行者主动服从这棵树充当的桥，从树干上走到河的对岸。在整个活动中，他被动地支配着河流，抵制了河流对他最初的旅行行为的对抗性影响。因此，我们发现主动服从和被动支配可以互相结合。即使两种反应是通过相同或紧密联系的运动神经中枢的协调而产生的，两者仍不会相互干扰。主动服从，虽然取代了指向完成整个旅程的主动支配，但是它有这样的本质：通过成功抵制河流刺激的强度，在完成运动神经本性的任务中扮演着被动的角色。简要地说，引发主动服从的运动神经刺激可以视为允许运动神经本性抵制某些选定的对抗者，如上例中引发被动服从的运动神经刺激允许运动神经本性主动支配某些选定的刺激。如果把这种类型的整合以简单的图表来示意，我们可以把由树桥所引发的运动神经刺激看作为了将神经放电传导到其通道中的同一目的地而控制精神粒子。与此同时，这些控制性的兴奋没有对运动神经本性冲动的增强产生任何对抗性的影响，这种增强对制止先前抑制运动神经本性的对抗性兴奋是很有必要的。

主动服从和被动支配的整合性复合通常会引起一种特别的情绪意识，称为"满足"。跟描述"渴望"一样，"满足"也很难进行内省分析，因为两种复合的主要情绪在整合性复合的过程中会产生和得到新的特质。然而，受试者的自我观察一致表明，满足的两方面可能会产生某种分离。第一方面是因为主动服从，第二方面是因为被动支配。满足的第一方面有多种描述，如"无处不在的、安静的愉快感""占有欲""收到礼物的享受感""接受帮助"和"审美愉快感"。根据我自己的观察，描述满足的这一方面，最贴切的词也许是"愉快而积极的占有欲"。这个阶段的满足情绪似乎是由于主动服从而产生的，因其与被动支配的整合性复合而发生改变且被赋予了特殊的性质。

满足的另一方面，对大部分受试者而言，很容易辨识。受试者将其描述为"如释重负""成功时自我膨胀""自我扩展的愉快感""拥有整个世界""欣喜若狂""扬扬自得"。这些内省特性似乎都涉及满足的这一方面：由被动支配产生，而且必须要记住的是，被动服从由扩大了的运动神经本性构成，能够成功抵制有优势的对立方。"成功时自我膨胀"在我看来可以用来表示满足的这一方面。

与欲望相比，"满足"这种复合情绪（可以用"aCpD"来表示）明显是与运动神经本性有关的一种被动反应，与"渴望"相反。运动神经本性在"渴望"中起着主动作用。

渴望和满足构成欲望

按照获得满足时的程度，满足会逐渐替代渴望。渴望与满足有某种整合上的关联，这一点迄今尚未讨论。在上一章我们提到，服从通常先于支配（二者相继发生而整合在一起时），会适应支配，最后会由支配取代。渴望造成的主动支配和满足带来的主动服从之间似乎也存在同样的关系，渴望指向所需求的物体（如案例中的树桥），而满足也指向同一物体。而且，在渴望造成的被动服从和满足引发的主动支配之间似乎也存在着这种相同的关系，前者指向河流障碍，后者也指向同一刺激，但此时这一刺激已不再是阻碍前进的障碍。

从渴望到满足，情绪模式会发生多种转化。其中，控制性元素——支配情绪由主动变被动，而辅助反应——服从从一种被动的情绪变为一种主动的情绪。主动服从也是累量服从的反应，是非常愉快的，与所替代的被动服从（强制服从）相反，在整个反应的大部分时间内，强制服从的反应明显都是令人不愉快的。这种变化逐渐消除强烈的、关键的不愉快情绪，然后逐渐获得一种深刻且普遍的愉快情绪。从主动支配到被动支配的这种变化，使不安、积极和渴望等情绪逐渐消失，并且逐渐获得一种平静的被动感和自我满足感。

在满足到渴望的这种转变中，还存在着另一系列的变化。渴望是一种情绪，对外部环境表现出一种连续的需求，并且被迫同实现有机体自身的内在目的（如完成已经中断的旅行）的各种需求相协调。当满足完全取代渴望之后，它就能逐渐逆转这种情形。它会对外部环境（如有帮助作用的树桥）产生一种感激性的和谐感，也会对受试者自身的内在目的（完成旅程）进行稳定和成功的支配。

如上文所分析的，渴望中混合着满足的情况，开始于第一次发现那棵树、觉得有可能征服河流的那一刻，这种混合会一直持续下去，直到旅行者真正渡过河流，从河对面安全地往回看的时候。在整个过程开始的时候，当受试者因河流而突然停滞不前、还没想到利用倾斜的树时，他体会到的只有渴望。只有在他成功渡过河流且往回看的时候，此时体会到的只有满足感。在这两者之间，渴望逐渐适应满足且被满足所替代。渴望和满足这两种复合情绪间复杂的内在关系可以称为"欲望情绪"（appetite emotion）。由于在其复合元素中发生混合及顺序的转变，欲望情绪获得了一种新的、独特的意识情绪特质，而这种特质在这些元素单独体验中是无法获得的。为了方便起见，可以设计一个公式来表示"欲望情绪"：用公式 pCaD 来代表"渴望"，而用公式 aCpD 来代表"满足"，在两者之间用加号（+）来表示渴望先于满足出现并适应满足，那么，"欲望"可以用一个复杂的公式 pCaD+aCpD 来表示。因为欲望的主动元素是渴望，所以"渴望"可以用 aA 来表示，而"满足"是"欲望"的一种被动的情绪单位，可以用 pA 来表示，所以，"欲望"可以用公式 aA+pA 而不是 aApA 来表示。

"欲望"（appetite）[①]一词在字典里的解释如下："一种身体上的渴求，如对食物的渴求，一种心理上的渴求、渴望。"该定义存在至少两种局限性，作为一种情绪术语使用时必须消除这些局限性。按定义和传统用法，"食欲"（appetite）一词主要指一系列身体饥饿机制。虽然在满足身体饥饿感过程中激发的情绪复合，与前文分析和定义的欲望情绪非常符合。但是将情绪术语"欲望"限制在身体对食物的摄取上，是不可能也是不可取的。我们以后使用"欲望"一词的时候，应将它视为由渴望和满足构成的复合情绪，不管这些情绪是由身体饥饿刺激还是其他不同类型的刺激引起的，比如这个例子里分析的河与树，或者对金钱和财产的渴望，以及对这些目标的获取。

字典定义带来的另一个难点体现在这个定义过分强调渴望，而没有提到满足，二者比例失调。然而，这个难点并不严重，它不需要过多纠正性的评论，只需要说明，"欲望"作为一种整体情绪，不应认为在满足感开始时该情绪就终止了，而应该认为该情绪一直持续到满足感最终完成。如前所述，渴望会在欲望行为初期起主导作用，而满足感则在后期起主导作用，但二者必须以适当的内部关系出现，以显示出其被认作欲望情绪的典型情绪特质。单凭渴望或单凭满足都不能形成欲望情绪。

"欲望"这个术语作为一种明确的情绪状态，其字面用法所包含的意义，主要是基于对与身体饥饿及满足有关的典型情绪体验的一种内省式的认知，假如身体上的饥饿被认为是引起欲望情绪的唯一条件，这种用法与上面定义中的意义就

---

① 这个英文单词通常译作"食欲"，但在本书中作者用来指一种复合情绪"欲望"。——译者注

十分吻合了。

小结

总的来说，我们可以将支配（Dominance）和服从（Compliance）定义为主要情绪，用字母 D 和 C 来表达。每个主要情绪都具备主动和被动的方面。主动的方面可由小写字母 a（active）表示，被动方面由小写字母 p（passive）表示，直接放在 a 或 p 要紧跟的情绪符号之前。这样一来，"aD"就表示主动支配，"pC"表示被动服从。

pCaD 表明对被动服从和主动支配的同步整合。以这种方式进行整合性复合的情绪称为"渴望"。aCpD 代表一种用同样方法复合的情绪，称为"满足"。

当一种情绪的符号直接放在另一种情绪符号之前，并且两者之间还有一个加号，则表明这两者之间的关系是相继发生的，或者两种情绪按照字母出现的顺序发生并进行结合，两者之间的加号意味着第一种情绪适应紧随其后的那种情绪。因此，C+D 表示支配紧跟着服从，服从适应支配。这样一个有先后顺序的整合以及渴望和满足之间的关系可由 pCaD+aCpD 来表示。据此可知，渴望发生在前且适应满足。

这种有先后的复合情绪的整合称作"欲望"，用字母"A"表示。渴望构成了欲望的主动方面，满足则是被动方面。因此，pCaD 可写为 aA，aCpD 可写为 pA。当用于情绪 A 的描述时，主动和被动指的是所说的全部情绪反应在这一方面运动神经本性的相对主动和相对被动。

这些看起来都没有疑问，除了一点——欲望情绪也是一种后天获得的，或者说通过学习获得的反应，就像服从情绪也必须通过学习获得一样。我在其他地方强调过一个事实，那就是身体上所有的欲望机制在机体中是天生固有的[1]，包括机体内部引发阵发性饥饿的适宜刺激。这种刺激性机制的固有性，与我们感知到的神经模式的固有性是完全不同的，后者是许多生理学家的情绪理论学基础。除了支配情绪以外，其他任何情绪中天生就存在这样那样的预先决定的神经模式，而欲望刺激机制的固有性与此相悖。我想要对其进行抨击。支配模式的确依赖紧

---

[1] W. M. Marston, "A Theory of Emotions and Affection Based Upon Systolic Blood Pressure Studies," *American Journal of Psychology*, 1924, vol. XXXV, pp. 469-506.

张性放电模式，所以支配模式必须是天生固有的；或者至少，作为该机制基础的神经结构，必须在孩子出生前就因环境刺激而活跃。至于其他情绪模式，我个人认为，单看整合机制的结构，那一定是天生的，但真正构成情绪的整合模式，实际上是在孩子出生后由机体对环境刺激作出反应而形成的。

饥饿是欲望情绪和行为的老师

在身体饥饿机制的作用下，人类及动物被迫在整个生命中定期觅食，饥饿机制被认为是欲望情绪的老师。虽然机体已具备整合机制，该机制能够产生支配情绪、服从情绪及二者的复合情绪（我们已经称之为主动和被动欲望），但实际上，所有上述情绪反应的开始和发展有极大的偶然性。新生婴儿或动物依赖来自环境的偶然刺激，从而以适当的顺序唤起各种类型和程度的情绪模式。然而，情况并非如此。动物和人类不仅生来具备能够产生 D（支配）、C（服从）、A（欲望）的整合机制，而且他们的机体也具备化学生理刺激机制，该机制自动地强制形成情绪模式 pCaD 和 aCpD。在机体的整个生命周期中，饥饿的刺激机制每隔 2 ~ 5 小时就会以其主要情绪模式激发欲望情绪。我们只能在对机体固有的饥饿机制所强加的整合模式研究中，才能恰当地了解自然或正常的欲望情绪模式。在研究成年人的欲望行为时，我们必须认识到以下可能性：也许欲望情绪模式（全部或部分）是由偶然性的环境刺激，而不是身体的饥饿机制决定的。环境影响，只要与饥饿模式不同，便应认为是强加于自然模式的反常或变化状况，而不是对欲望情绪的规范描述。因此，我个人认为，我们可以研究上述天生的整合情绪机制，并且从生理学方面来说明这些整合模式是如何按照饥饿刺激机制（该机制同样是机体天生的）来安排的。在此基础上，我们便能理解自然或正常的欲望模式。

饥饿刺激生理机能

卡尔森（Carlson）和金斯伯格（Ginsburg）的研究表明，出生后两小时的婴儿和足月前 8 ~ 10 天就早产的小狗会出现饥饿感[1]。婴儿的胃收缩与成人类似，

---

[1] A. J. Carlson and H. Ginsburg, "The Tonus and Hunger Contractions of the Stomach of the New Born," *American Journal of Physiology* , 1915, vol. 38, p. 29.

但婴儿饥饿收缩表现出更大的活力，频率也更快。卡尔森和勒克哈特（Luckhardt）的研究显示，抽取饿了几天的动物血液注射给刚吃饱的狗，这只狗会开始出现饥饿收缩反应①。这些结果表明，胃的饥饿收缩至少有一部分是由"饥饿激素"②引起的，而"饥饿激素"是由需要营养的机体组织产生的。但是，上述研究者也指出，阵发性饥饿感的产生，也有部分原因是因为中枢和末梢区域特定的神经自主作用，这种作用不受传入冲动影响。坎农和沃什伯恩（Washburn）③最早指出，人类受试者感受到胃收缩，即阵发性饥饿感（hunger pangs），随后产生对食物的渴望。卡尔森和金斯伯格表明，在进食之前，婴儿和动物的胃都会出现这种阵发性饥饿感。

根据以上研究结果，我们可以将这种天生固有的欲望刺激机制总结如下：饥饿激素和天生固有的神经自主作用会引起动物和人类的胃收缩。在出生后和进食前这样的胃收缩会立即出现。这些饥饿收缩始于胃贲门端的收缩，迅速传递到幽门端，并且在传递过程中收缩强度增加④。这些自发性的饥饿收缩，便是正常成年人感官感觉到的阵发性饥饿感，随后产生对食物的渴望。

运动神经本性主要通过交感神经释放

记住，自发性的饥饿收缩是一种环境刺激，那么，我们必须确定由饥饿收缩引起的运动神经刺激的性质。为了确定饥饿收缩引起的运动神经放电是否对运动神经本性有对抗性，我们必须分析传出放电经过最后通路传到运动神经本性，并且传到饥饿引起的运动神经刺激时，这种传出放电的自然紧张状态。换言之，首先要找到运动神经本性的释放通道；其次要分析饥饿的运动神经刺激对紧张性放电的影响。

---

① A. J. Carlson and A. B. Luckhardt, "On the Chemical Control of the Gastric Hunger Mechanism," *American Journal of Physiology* , 1914, vol. 36, p. 37.

② 至今医学界并未完全证明"饥饿激素"的正式存在及效用。曾经有部分研究认为饥饿感是由于血糖浓度低造成的。近年来通常将 1999 年日本科学家 Kojima 发现的一种内源性脑肠肽"Ghrelin"称为"饥饿激素"。——译者注

③ W. B. Cannon and A. L. Washburn, *American Journal of Physiology* , 1912, vol. XXIX, p. 441.

④ A. J. Carlson, *Control of Hunger in Health and Disease*, Chicago, 1919, p. 60.

坎农指出[1]，只要内脏同时被交感神经冲动和迷走神经冲动支配，交感神经冲动一定占主导地位。也就是说，运动神经本性保持的紧张平衡明显有利于交感神经放电，而与迷走神经支配相对抗。一般来说，食道、胃和肠因为迷走神经冲动而收缩，并且受到交感神经运动放电所抑制。如帕特森（Patterson）[2]所示，消化道在一定程度上会持续受到它们影响。但坎农表示，交感神经放电后的情绪往往会抑制胃的迷走神经收缩，从而减缓或停止消化。所有这些影响似乎都是因为一个简单的事实——内脏的交感神经冲动自然地控制着迷走神经冲动或颅脑冲动。用我们的专业语言来表述这个事实，即运动神经本性会为血管和其他内脏提供能量，从而促进骨骼肌的活动，但会损害消化过程中使用的血管和平滑肌。

运动神经刺激通过颅脑通道放电，会与运动神经本性对抗

因此，运动神经本性的增强会导致骨髓肌的血液供应增加，血液中肾上腺素及用于骨骼肌活动的其他内脏分泌物增加。同样，运动神经本性的增强会抑制食管、胃和肠的运动，以减缓或停止胃液的分泌，并且干扰口腔唾液的正常分泌。任何运动神经刺激，只要具有增加唾液和胃液流动及增强胃肠消化功能的作用，我们都描述为"与运动神经本性相对抗的运动神经刺激"。

这种拮抗性运动神经刺激会将反射平衡向迷走神经方面倾斜，与以交感神经冲动为主的自然反射平衡相反。如果运动神经刺激表现出促进迷走神经放电的倾向，但结果仅仅导致交感运动神经放电增加，那么我们可以设想，运动神经刺激虽然与运动神经本性相对抗，但强度较低。骨骼肌和交感神经支配的内脏所增加的能量可当作支配反应的证据，虽然较弱的拮抗性运动神经刺激试图打乱自然反射平衡，但运动神经本性为了保持这种平衡增强了自身力量。然而，如果我们发现通过交感神经通道的运动神经放电起初加强，继而交感神经流出量显著减少，迷走运动神经突然放电（以唾液分泌增多和类似症状为证），我们可以认为，拮抗性运动神经刺激的强度大于运动神经本性。由于拮抗性运动神经刺激强度更

---

[1] W. B. Cannon, *Bodily Changes in Pain, Hunger, Fear, and Rage*, Chapter I, "The Effect of the Emotions on Digestion."

[2] L. L. Patterson, "Vagus and Splanchnic Influence on Gastric Hunger Movements of the Frog," *American Journal of Physiology*, vol. 53, p. 239.

大，这样的运动神经刺激会迫使自身突破运动神经本性设置的障碍，最终通过自己的迷走神经通道表现出来。简言之，这种情况便构成了强制服从的情绪反应。

关于运动神经本性和运动神经刺激自主通道的小结

我们可以总结如下：由运动神经本性维持的自然反射平衡似乎需要交感运动神经放电占主导地位，而迷走运动神经放电占次要地位。交感运动神经冲动抑制消化作用和胃分泌物的产生，同时增加肌肉的血液供应，并且释放肾上腺素到血流中。通常，这种类型的交感内脏冲动与增加骨骼肌紧张性的紧张冲动同时并行。迷走神经冲动加速了消化进程，并且会抑制骨骼肌的血液供给和紧张性冲动。因此，需要迷走神经通道的运动神经刺激与运动神经本性形成对抗。这样的运动神经刺激会打乱运动神经本性维持的自然反射平衡（在自然反射平衡中交感冲动占主导地位）。如果拮抗性运动神经刺激强度比运动神经本性弱，我们便会发现自然反射平衡扩大；也就是说，通过交感通道输送的神经能量增加。另外，如果拮抗性运动神经刺激比运动神经本性更强，那么，我们会发现，运动神经本性尝试着增强交感抵抗力；交感运动神经放电显著减少，同时迷走神经放电相应增加。交感运动神经放电明显减少，打乱了反射平衡，使其偏向迷走神经一方，也标志着拮抗性运动神经刺激击败了运动神经本性。

总而言之，交感运动神经放电的增加表明了运动神经本性成功引发支配反应；交感运动神经放电最初增加，继而减少，迷走神经放电相应增加，构成了强制服从反应。

阵发性饥饿感唤起与运动神经本性相对抗的、强度更高的运动神经刺激

因此，按照上述思路，我们可能希望解决以下问题：由阵发性饥饿感唤起的运动神经刺激是否与运动神经本性相对抗？如果相对抗，这种运动神经刺激会比紧张性运动放电更强还是更弱？来自芝加哥的卡尔森与他的同事一起，针对阵发

性饥饿感对身体其他机能的影响，进行了一系列研究[1]。卡尔森很幸运地找到了一名受试者 F.V.先生，他的食管已经完全闭合，并且患有永久性胃瘘。这位受试者在 11 岁的时候，不小心喝了烧碱溶液，从那时起的二十多年里，他都只能通过胃瘘来消化食物。卡尔森报告说，在这二十多年里，F.V.先生的身体状况良好，并且除食道闭合外，身体的各个方面都与正常人一样。胃气球和其他记录仪器都能轻易地通过胃瘘插入胃部，胃瘘通向胃底部，并且不会产生意识的反常状况，而通常吞下带有连接管的胃气球都会导致反常意识的产生。通过这种方法，卡尔森和他的同事能够进行非常精确、可靠的研究，对于不同类型的运动神经刺激（或者不同程度的饥饿收缩引发的运动神经放电），他们为我们提供了非常完整的描述。

卡尔森表明，除非胃部收缩非常强烈，否则受试者感受不到明显的饥饿感。强烈的饥饿收缩会伴随下述反应：

（1）膝跳反射增强。

（2）心率加快。

（3）手臂血流量增加。

（4）在每次收缩强度最大时会喷出唾液。

（5）明显烦躁、易怒，不能保持注意力集中。

手臂的血流量上升到接近胃收缩的程度，随后，在收缩完成前血流量又开始下降。隆巴德（Lombard）发现在饥饿状态下膝跳反射要比饥饿得到满足之后更弱（虽然卡尔森认为处于饥饿状态的膝跳反射比既不饥饿又不满足时更强）。所有这些身体反应综合起来，清晰地显示出拮抗性运动神经刺激的强度要高于运动神经本性。喷出唾液、烦躁和不安（显然都代表了对骨骼肌的一种能量干扰）只出现在饥饿收缩最强的时刻。唾液分泌只是由迷走神经支配所产生的，并且迷走神经放电阻碍了交感神经冲动，这些充分说明之前受试者进行的支配活动也受到阻碍，具体表现为烦躁和不安。

每次饥饿收缩发生的前期，交感神经支配会增加手臂的血流量。在这种收缩达到最大值之前，血流量又开始减少，这说明迷走神经又一次战胜了交感神经支

---

[1] The results of these studies are found in A. J. Carlson's *Control of Hunger in Health and Disease*, Chicago, 1919, which is cited as authority for the account of Carlson's findings here rendered.

配。如果隆巴德得出的结论得到证实，便有可能说明，虽然饥饿收缩增强了膝跳反射，但是由于对抗性的迷走神经部分获胜，所以膝跳反射会降低到最大值之下。但是，膝跳反射的测定还不够精细，不足以让这种比较绝对准确。通常，随着心跳的减弱，心率会以相同的速率加快，这一点，从手臂或腿部血流量的减少或肱动脉收缩血压的数值可以看出。

对于由阵发性饥饿感引起的身体变化，唯一可靠的测量数据表明紧张性平衡（支配反应）扩大到了一定程度，即接近刺激的最大强度，这时，由这种阵发性饥饿感唤起的拮抗性运动神经刺激，似乎能突破由运动神经本性建立的抵抗屏障，这种对抗性刺激勉强能够强迫运动神经本性放弃自己的支配反应，并且寻找某种能与阵发性饥饿感刺激相容的支配活动。这一分析说明，阵发性饥饿感构成一种与运动神经本性相对抗的刺激，其强度高于运动神经本性，旨在强制形成一种"强制服从"的被动服从反应。（之所以说"被动"，仅仅因为迷走神经冲动勉强成功地迫使运动神经本性放弃其之前的支配行为。）

受试者被动服从阵发性饥饿感，并且主动支配食物

这一分析似乎在研究胃部剧烈收缩的受试者时得到证实，这些受试者在胃部收缩时感受到了恶心、虚弱和眩晕。在博林[①]（Boring）和卡尔森的报告中都提到了这一类型的受试者。而我自己花了大约一年半的时间，研究这种类型的一位女性受试者。在胃部收缩中，她感受到了恶心和明显的身体虚弱。在这种情况下，测量其心脏收缩压，发现收缩压的数值随着胃部收缩明显降低。由于其意识中缺乏饥饿感，在饥饿收缩时又出现恶心，这个受试者几乎吃不下东西，身体处于一种营养不良的状态。

她已经咨询了许多医学专家，并且尝试了不同的饮食方法，都没有效果。在分析了她的情绪反应之后，我得出结论：这应该是一个心理学病例，而不是医学病例。在我看来，她似乎已经将服从发展到了某一极致：其服从反应已经控制了其内脏功能，而正常情况下，内脏功能是不会自愿受控制的。这个案例似乎与之

[①] E. G. Boring, "Processes Referred to the Alimentary and Urinary Tracts: A qualitative Analysis," *Psychological Review*, 1915 , vol. XXII, p. 320.

前提到的印度异人的案例不一样，因为在这个案例中出现了新情况：她过度的身体服从不能适应积极、活跃的生活，事实上在占主导地位的西方文化下不太可能出现这种身体反应。

基于这一理论，我的治疗方案就是，建议这位受试者对自身的阵发性胃收缩采取一种积极的、进攻性的态度，将这些阵发性胃收缩视为敌人，以强迫自己进食作为对抗，即使恶心让进食变得十分困难（其食道似乎也处于一种亢进的状况）。一开始，受试者痛苦万分，常常无法将食物吞咽下去。但是，在我反复建议下，她开始将这种阵发性胃收缩视为一种具有进攻性的敌人。不久之后，她吞咽食物时就不感到那么痛苦了，而且每隔两小时才会有阵发性饥饿感。6 个月之后，由阵发性胃收缩带来的恶心和眩晕已经变成了强烈的饥饿感和对食物的欲望。有几次，我发现该受试者处于一种由饥饿引起的攻击性状态，根本就等不及面包被切开或抹上黄油，便抓起来狼吞虎咽地吃下去了。这时，这位受试者的体重开始增加，大约过了 3.5 个月，体重就已经增加了 50 斤。

对于刚才所描述的这个案例，我自己的分析是，受试者在阵发性饥饿刺激的反应过程中，清除了主动支配的元素。正如我们上面所提到的，主动欲望（active appetite）是由同时发生的复合情绪——被动服从（如本例中对阵发性饥饿的服从）和主动支配（引导受试者发出抓、咬食物的动作）所构成的。案例中的这位女性受试者曾经在神秘和隐世的宗教流派中受过训练，以至于无论受到多强烈的刺激，她都能够主动服从所有对抗性的运动神经刺激。但是她的服从训练走到了极端，而且没有被训练如何恰当地将服从和支配结合起来，形成欲望的复合情绪。我为她提供服从和支配相结合的额外训练，训练的结果似乎也证实了我的分析。

综上所述，我们可以得出如下结论：阵发性饥饿感是由胃底部突发的胃部收缩构成的，而阵发性饥饿感又构成了一个天生固有的运动神经刺激个体，与运动神经本性相对抗，并且强度更高。因此导致的情绪反应属于强制服从反应。然而，强度更大的运动神经刺激刚好调节到只能产生被动的服从反应，并且允许运动神经本性对食物这种单一的环境刺激采取主动反应。因此，在所有积极的身体欲望反应中，受试者会被动地服从阵发性饥饿感，同时主动支配食物。

受试者主动服从食物，被动支配阵发性饥饿

选择食物，作为支配行为的目标，主要取决于嗅觉和味觉的刺激，以便抑制阵发性饥饿的力量。可想而知，阵发性饥饿本身并不是由于运动神经放电至中枢神经系统中产生的，因为人们已经证明，阵发性饥饿通常发生在胃里，而胃与中枢神经系统的所有神经是完全脱离的。因此，我们发现，由阵发性饥饿引起的高强度对抗性刺激，通过迷走神经通道引起运动神经放电；而第二种对抗性刺激，即食物，虽然也是通过这些相同的通道引起运动神经放电，却会抑制或消除第一种对抗性刺激，即阵发性饥饿。坎农（Cannon）、卡尔森（Carlson）等人已经证明，食物带给人的视觉和味觉会导致两种结果：

（1）抑制胃的饥饿收缩。

（2）分泌唾液和胃液（由迷走神经支配），骨骼肌肉的血液供应减少，消化内脏的血液增加。

他们的研究还显示，咀嚼食物和吞咽唾液、食物也可以通过迷走神经放电来抑制阵发性饥饿。因此，总体上，食物诱发的运动神经刺激比阵发性饥饿引起的运动神经刺激更强烈。

充分地嗅闻、咀嚼和品尝食物时，食物激发的运动神经刺激强于运动神经本性，因此人体会愉快地服从这一刺激。所以我们对食物刺激就有了一个整体概念：食物刺激激发了拮抗性运动神经刺激，这种对抗性刺激数量比运动神经本性多，但强度比其弱。与此同时，食物激发的运动神经刺激起初能够战胜运动神经本性，因为二者使用相同的运动神经通道，继而因阵发性饥饿刺激引发传出性放电，阵发性饥饿刺激起初有足够的强度克服运动神经本性。

最后，我们发现，随着食物激发的运动神经刺激抑制和降低阵发性饥饿的强度，运动神经本性也随之重新成功抵抗阵发性饥饿引发的运动神经刺激。我们发现，在这种情况下出现了复合情绪，即同时出现运动神经本性对食物刺激的主动服从与对阵发性饥饿引发的拮抗性运动神经刺激的被动支配。对食物的服从反应活动由未受抑制的迷走神经放电形成，导致唾液和胃液分泌量大大增加，胃和肠进行消化运动，同时大量血液从骨骼肌转移到起消化作用的内脏。简而言之，对食物的主动服从包括机体自然反射平衡的整体转变，即从交感神经占优势变为迷

走神经占优势。然而，反射平衡的这种转变是通过大量中等强度的拮抗性运动神经刺激来实现的，允许运动神经本性继续控制自己的正常运动神经路径，甚至允许其数量略微增加（如在吃饱后，收缩压水平略有增加）。因此，对食物累量服从的反应，同时伴随着对阵发性饥饿的被动支配。

欲望满足期间，主动服从从服从食物扩展到服从其他环境刺激

我自己对身体欲望满足的研究显示，被动欲望的满足（前面所述的充饥），除了服从食物本身，还伴随着主动服从几乎所有环境刺激的情绪态度；而且还表现出扩大化的自我满足情绪态度，表现为喜欢说话，以温和的方式夸耀一下自己的成就，对一起聚餐的同伴友好谦和。显而易见，对于重要的商务伙伴，商界人士都有邀请聚餐的习惯，希望获得大额订单或有利于自己的商业合同。我研究过不下 20 个这样的例子：一个商人在上午时以坚定的态度拒绝了销售人员或业务伙伴的建议，而在吃完午餐之后，就十分乐意地接受了销售人员提及的相同建议（餐间没有喝酒）。吃了满意的一餐后，人体对食物的主动服从似乎总是延伸到其他带有欲望性质的刺激，如商业交易、共同的事业，欢宴和各种娱乐活动。推销员或商人想要自己的提议为他人采纳，如果提前做好准备，不要过分加大建议的力度（不要过分强调自己的意图或业务优势），这种延伸的主动服从可带来巨大的经济利益。

被动支配也使得一般男性在身体欲望得到满足后，容易受到欲望刺激的影响。此时的受试者十分自信，总觉得自己掌控了所有威胁或危险的对抗者。虽然这种被动支配的因素确实是由身体的阵发性饥饿产生的，但在谈判时会拓展到所说的商业情境中的元素。在午餐之前，似乎这些元素对受试者的商业安全而言是可怕的、危险的；然而，当身体处于满足状态时，他往往会感到更安全，能够承担有风险的事业。

小结

我们可以将身体欲望总结如下：当阵发性饥饿作用于机体，迫使其被动服从时，食物是唯一能使受试者作出支配反应的环境刺激。

然而，一旦食物被支配，并且放置在鼻子或嘴巴能受到刺激的距离之内，就会引起与运动神经本性相对抗的运动神经刺激，虽然只有中等强度，但数量大于运动神经本性。食物引起的这种数量巨大的运动神经刺激，能够自如地控制其迷走神经通道，因为尽管运动神经本性有抵抗力，但阵发性饥饿带来的过度强烈的运动神经刺激已经打开了这些迷走神经通道。此外，食物刺激会通过抑制作用减弱阵发性饥饿的强度，直到运动神经本性能够成功地抵抗由阵发性饥饿激发的运动神经刺激。对食物的主动服从和对阵发性饥饿的被动支配，两者同时发生并结合起来，构成了被动欲望情绪，即满足感。

食物消除了饥饿感，产生了满足情绪。满足情绪持续存在时，这种复合情绪中的主动服从和被动支配因素，往往会对除食物外的许多其他适宜的环境刺激作出反应。

进食行为中显示的支配与服从特征

我曾有机会研究过一些有趣的性格特征，通过分析进食行为很容易发现这些性格特征。例如，许多男性受试者（包括青少年和成年人）身上，主动支配高度发达，然而是以牺牲主动服从为代价的。这类受试者中有几个是大学生，我每周花五六天的时间在大学食堂观察他们的饮食习惯。我所研究的 7 个受试者中，5 个人总是狼吞虎咽地"攻击"食物，就像在运动场上攻击对手一样。他们几乎总是非常匆忙地吞咽食物，耗费了不必要的能量，这样的方式通常被称为"狼吞虎咽"。在这些受试者中，至少有 2 个受试者有明显的消化不良，这是由于他们的唾液和胃液分泌不足，以及吞咽前对食物咀嚼不够。7 人中还有一个，只要他急于去上课或约会，都会狼吞虎咽，即使不赶时间，他也会比一般人吃得要快。这种进食行为似乎清楚地说明，受试者对食物的主动服从不够完善，同时，即便食物已经摆在面前的餐桌上，抓在他手里，他还是会对食物表现出过度的主动支配。这些大学生的性格中体现出来的主动支配过度和主动服从欠缺，非常令人吃惊。

成年男性，尤其是商务人士，有时候会将生意中的主动支配发挥到极致，甚至觉得即使将食物嚼烂，也食之无味，就像吃锯末。在两个类似的案例中，我通过诱导他们学习主动服从食物，来恢复受试者进餐时的味觉，使之感受到食物美味可口。唾液的分泌一般会随着视觉、嗅觉和味觉的反应而增加，对食物的"品尝"和享受也相应增加。我研究过的各种其他类型的商务男士，特别是白领，他们在消化食物时觉得非常痛苦或不适，显然是因为他们吃饭后没有停止需要骨骼肌肉运动的身体活动。换句话说，他们可能在吃饭期间主动服从食物，但一吃完，马上就匆忙地利用午休时间进行需要消耗体力的活动。或者，这种商务男士一吃完饭，立即回到自己的商务筹划上。如果想要通过完全满足身体的饥饿机制，以自然的方式建立适当的被动欲望情绪模式的话，需要成功地主动服从食物，这种服从反应必须持续 20~45 分钟。

阵发性饥饿可以建立起欲望情绪的典型整合模式

在总结我们对欲望情绪的初步研究时，我们要再次强调身体的阵发性饥饿机制所起的作用。除身体饥饿之外，还有无数其他环境刺激足以同时引起被动服从和主动支配，构成主动的欲望情绪。除满足身体饥饿之外的许多刺激足以唤起主动服从和被动支配的组合，这些组合构成了被动的欲望情绪。但是，阵发性饥饿机制代表了一种内在的适宜刺激机制，如果加以明智研究，而且允许其控制机体，这种机制能够在欲望情绪的主动和被动阶段建立完全正常的、平衡的欲望情绪整合模式。

此外，主动和被动欲望通过身体饥饿机制以最有序的方式汇聚在一起并相互融合。随着食物进入消化道，主动欲望逐渐消失，被动欲望取而代之。此外，在正常人从诞生到死亡的整个生命周期内，阵发性饥饿这种天生固有的情绪刺激机制每隔 3~5 小时就会重复产生刺激。在整个均匀平衡的欲望情绪整合模式中，这种持续反复的刺激，为恰当学习欲望情绪提供了条件，这种条件在用于欲望训练的其他任何实验性刺激中几乎找不到。当然，在多多少少显得随意的日常生活中，一般人几乎体验不到这一系列完美安排好的刺激。因此，应该将阵发性饥饿机制视为欲望情绪的老师，儿童或成人的教学环境应该模拟该机制而设计。

第十一章

顺从

可以说，大自然的吸引力会相互影响。这些具有相对稳定的能量形式在物理学上被称作"物质"。每种物质对其他所有物质都具有吸引力，这种相互吸引叫作"万有引力"。我们每天接触的最大物体是地球。地球的引力与那些较小物质体对地球的引力共同作用。这种共同作用的引力以质量更大的物体（地球）为主导，质量较小的物体向地球中心移动，并且随其运动不断加速。这种使质量较小的物体向着地球运动的力被称作"重力"。因此，重力是一种共同作用的吸引力，较弱的吸引力受到较强吸引力的强制作用而不断弱化。这一规律客观、完美地解释了顺从的含义：弱者削弱自己来与强者形成更紧密的联合。

顺从反应需要丘脑运动神经中枢的参与

有趣的是，恒定的紧张性运动神经放电构成运动神经本性，而这种紧张性放电主要由机体对重力的反射反应形成。和地球上的其他物质体一样，人类和动物的身体也顺从重力作用。紧张性能量注入骨骼肌，抵消了这种重力，使身体保持直立。这种身体上的顺从必定会在整个有机体的生命进程中受到心理神经支配反应的对抗和抵制。

戈尔茨和谢灵顿及其他研究者对切除大脑的动物进行过研究，根据他们的成果，我们已经知道，当所有大脑皮层的影响消失时，对引力的支配性或紧张性对抗作用会大大增强。增强的紧张状态被称作"去大脑僵直结果"。在大脑缺失的情况下，这种紧张性放电会对所有并发性的运动神经刺激作出支配反应，也就是说，通过增强自身来战胜已经变强的对手。服从反应被放弃，性情绪中一定会发生的顺从反应也消失了，这种顺从反应也刚好是切除大脑的动物主要支配反应的整合性对立反应。事实上，戈尔茨发现性情绪没有被唤起。因此，我们可以确信，顺从反应，就像服从反应，需要某些运动神经中枢的调节，从整合角度来看，这些运动神经中枢比紧张中枢更高级。另外，只有丘脑的联结是自发运动和中枢神经支配的性反应所必需的，这种观点在一个世纪以前就已经形成[①]。性反应主要取决于一种整合的顺从反应。我们可以得出结论：在没有大脑半球的情况下，顺从的主要情绪反应可能由丘脑运动神经中枢调节。

真正的顺从出现在婴儿行为中

华生将"爱"的反应作为一种天生的情绪反应[②]。他说，唤起"爱"的反应的刺激可能是轻抚皮肤，挠痒痒，轻轻摇晃或拍打。这种反应也可通过刺激性敏感区（乳头、唇和性器官）而产生。当婴儿啼哭时，进行这样的刺激，他们会停止哭泣，出现笑容。婴儿会发出咯咯的笑声和咿咿呀呀声，并且伸出手脚想要继续被挠，或者得到抚摸。阴茎勃起、血液循环加速和呼吸的变化也属于华生所述"爱的反应"。因此，他列举的所有反应取决于紧张性神经对环境刺激的抵抗减弱，以便增强联合的运动神经刺激对机体的影响。

在所列举的反应中，以阴茎勃起为例，我们知道，与运动神经本性和爱的反应相对抗的大脑皮层抑制作用，一定是在通过脊髓到达骶神经节前已经被运动神经刺激消除了。骶神经节支配着外生殖器。一般情况下，运动神经本性是无法消除大脑皮层的抑制作用的。因此，我们明白运动神经刺激一定具有比运动神经本性更强大的整合力量。我们可以在顺从刺激影响中发现相同的结论，这种顺从刺激成功克服了超强支配类型的反应（比如啼哭）。至于产生顺从反应的运动神经刺激，到底是通过强大的数量联合，还是通过所用神经通道的先天优势，获得其整合能力，这点无须讨论。如果运动神经刺激比运动神经本性强度更大，并且与运动神经本性结合，那么这种刺激就符合第五章定义的顺从刺激。

[①] A. Desmoulins and F. Magendie, *Des Systemes Nerveux* , 1825, yol. II, p. 626.

[②] J. B. Watson, *Behaviorism* , p. 123.

自主神经系统的交感神经和骶神经分支，分别支配内外生殖器，虽然看起来彼此对抗，但事实是：内部和外部生殖器的兴奋在整个性行为中是同时引发的，直至达到性高潮时这种同时兴奋才会终止。然而，为使内外生殖器官同时达到兴奋，很明显交感神经或紧张性运动神经放电必须降低强度。因此，在华生描述的环境刺激下，阴茎勃起时，为了与更强大的运动神经刺激增强联合，运动神经本性可能减少了。这种节点类型的整合就是顺从反应。在华生描述的"爱的行为"中，婴儿减少其运动神经本性，以便完全屈服于联合性运动神经刺激。

较大的孩子身上相似的顺从行为

较大的孩子的母亲及其喜爱的其他成年人对其进行拥抱和爱抚时，孩子的反应与华生描述的婴儿的反应大致相同。当孩子被爱抚时，任由身体接受成人的拥抱或其他刺激。如果这个孩子处于调皮（高度支配）的状态，爱抚和类似的爱的刺激常常会消除这种调皮或使脾气变好。孩子也会自发地给予父母同样的爱抚，更愿意靠近父母。遵循自己喜爱的人的命令，这种反应是顺从行为模式的重要组成部分。这种遵循命令的行为会自发地产生，并且带来极大的快乐。

学习顺从令人愉快，学习服从令人不愉快

强调顺从和服从之间的区别是有必要的。在孩子出生之前，紧张性放电的强度或数量似乎并没有降低，至少没有出现华生描述的短暂性环境刺激导致紧张性放电减弱，从而导致顺从反应。在这个意义上，我们可以认为，顺从反应和服从反应都是后天习得的。然而，顺从反应更容易学习，而且总体说来是以愉快的方式习得的；而服从反应，正如我们所看到的，通常需要非常苛刻、甚至破坏性的刺激才能直接唤起。

对顺从和服从这两种反应的区分最早来自许多 3~7 岁小男孩的案例。这些小男孩乖巧并亲热地回应他们的母亲、保姆或比自己年长的女孩，但是他们会对父亲或跟自己一起玩耍的大男孩作出支配反应。我曾在短时间内研究过三四个这种类型的案例。其中一个 4 岁的男孩保罗，在幼儿园里总是毫无抗议地听从一个十二三岁的姐姐的命令，顺从本身也给他带来了很大的快乐。然而，据说这个小男

孩在父亲面前非常叛逆，不听父亲管教，而且也不服从学校里一位纪律严明、管教严厉的女教师，在学校里惹了不少麻烦。

另一个案例是在第七章提到过的小男孩杰克。要记得，杰克有些内分泌紊乱，因而过度刺激了他的支配能力，使他不会因强迫而服从，哪怕是对他进行体罚。然而，杰克对他的班主任 B 女士很顺从，这位班主任二十三四岁，举止文雅。虽然她的方法柔和而令人愉快，但她的命令却非常坚决，使她班上的孩子保持良好的秩序。杰克甚至比其他孩子更愿意接受这种命令。杰克和 B 女士成为好朋友。正如我们观察到的，B 女士成功地让杰克承诺改正拉帮结派、打架斗殴的恶习，这个承诺保持了较长时间，就孩子的生理来说这是极不正常的。杰克对 B 女士的承诺，以及他在学校教室里明显听从她命令的行为，显然是顺从的表现，而不是服从。杰克有些不情愿地向我承认，他"很在意 B 女士"。显然，顺从比支配更让杰克感到愉快，虽然相对于支配，顺从只占了杰克生命中的一小部分，因为他不断受到引发支配反应的刺激，这种刺激远超过顺从反应的刺激。

唤起顺从的刺激必须与受试者形成联合，唤起服从的刺激会与受试者相对抗

这些案例足以说明一个事实，即顺从反应是自然、愉快地习得的；而如果想要直接唤起服从反应则很难，需要非常严厉、不愉快的刺激。上面的案例也同样说明了顺从和服从所需要的刺激具有根本的区别：姐姐能够唤起她的弟弟保罗的完全顺从，首先是对弟弟的关爱和抚摸，唤起了弟弟的顺从反应。在我对孩子们进行研究的前一年，保罗玩耍时，完全由姐姐 E 照管。我所知道的是，她从来没有对弟弟有过任何严厉或不公正的行为。她允许保罗和同龄的孩子玩，但当她认为该停止玩耍时，则坚决要求弟弟服从。他们的母亲说，E 总是按时将保罗带回家吃饭，保罗也会毫无反抗地让 E 帮他洗脸洗手。简而言之，E 总是为保罗着想，而不是为自己。奇怪的是，这比不时受到父亲的严厉鞭打更让保罗印象深刻。保罗顺从 E，因为他觉得 E 是具有优越实力的盟友。正是这种刺激的联合性质唤起了他的顺从反应；也正是那些方式和态度，包括声音音调和手势，向孩子传达了一个信息：年长者的行为说明她可以是自己的盟友。

顺从反应不依赖于性敏感区的刺激

上面引用的案例中，姐姐 E 当然亲吻、关爱和抚摸了弟弟保罗，也可以假设这些爱抚是唤起孩子顺从的最重要的元素。然而，在杰克的案例中，根据那位女老师的描述，以及其他人对杰克与 B 女士关系的观察，两人之间没有任何身体接触。就老师所能回想的，她甚至没有友好地用手拍拍杰克的肩膀，或者拉着他的手跟他说话。但杰克对 B 女士的顺从是明显而持久的。杰克印象深刻的事情之一是 B 女士决策公正，尤其是她能"照顾孩子们"的利益，而不是她自己的利益。在我看来，老师自身的行为和态度给顺从她的孩子们留下了最深刻的印象，这其中也包括杰克。顺便说一下，为了自身的进步，这位老师花了很多时间在校外进修，所以除在学校教室外，她和孩子们没有别的接触。对顺从反应的适宜刺激似乎并不取决于直接或间接地刺激性敏感区，也不取决于刺激持续的时间。

激发顺从反应的刺激必须比该男孩更强，但不能太强

孩子，尤其是男孩，到了青春期，似乎需要更为强烈的刺激才能激发其顺从反应。一方面，这个时期的刺激强度必须经常进行恰当的调整，因为支配型男孩即使意识到刺激的联合特性，也不会认为该刺激比自己更加强大；另一方面，如果刺激的强度太大，该支配型男孩总是会将其视为与自己对抗，而非联合。我们可以从一位高中老师 R 女士的案例来解释前一种情况——刺激强度不够。R 老师"爱"她所教的各个班级的孩子们。"爱"这个字是 R 老师对自我态度的描述。事实上，R 老师是一位优秀的老师，但在管理纪律上却相当失败。我亲自观察的一个情况：一位高大且有支配性的足球队员，在教室后面安静地起身，朝另一位此时正在背诵的足球队员扔了一本书。

R 老师以非常关心的口气说道："爱德华，你这么做，公平吗？我完全没想到你会这么做，我太吃惊了。"

爱德华点头道："你说得对，R 老师，我下次会等到本朝我看时再扔。我知道，他没有看我，我打他，这是不公平的。"

全班爆发出一阵哄笑，事情就此结束。尽管 R 老师面红耳赤，似乎犹豫着是

否送爱德华去校长室进行惩罚，最后她放过了该行为，继续上课。我想，R 老师的行为并不能视为过度服从或"恐惧"，因为她在自己的教学生涯里已经采取了很多行为，在道德和身体上都表现出勇气。她自己过于顺从，因此不能激发他人的顺从反应。然而，爱德华及在 R 老师监护下的所有男孩都非常喜欢她。事实上，在上述事件之后，爱德华邀请 R 老师参加了学校的一个舞会。他在解释自己的行为时说，他"害怕因为此次扔书会对 R 老师的情感造成伤害"。但即使出于对 R 老师情感的考虑，在当时或此后，都没有使爱德华或其他男孩听从她。R 老师给这些男孩留下的印象是，她是比这些男孩本身更弱的联合性刺激，这样的刺激没能激发顺从反应。

在同一所学校，有位校长助理 Y 先生被男孩们认为是个严厉的纪律执行者。在他的管理下，那些聪明些的年轻人不会质疑他的诚实，也不会质疑他对不端的行为作出处置决定的公正性。那些不太聪明的男孩子们会找出一些惯例，想要证明 Y 先生的不公正和自负。然而，这些聪明的和不太聪明的年轻人都认为 Y 先生是一个"坏人"。他们不仅没有服从他，而且总是想要找到聪明且巧妙的方法去"击败" Y 先生的命令，这已经成为他们的首要任务。下面这个案例说明 Y 先生为了让男孩们听从他而采取严厉的措施，或者过高强度的刺激，揭示了男孩子们不愿听他话的情绪根源。

按学校惯例，对于不严重的过错，会在当天下午放学后让犯错的孩子额外做一两个小时的学校义工作为惩罚。一个男孩无意中撞落了架子上的一块板擦，这个男孩从地板上捡起板擦的时候，在另一个背对教室在黑板上忙着写东西的男孩背后画了一下。孩子们都笑了，班级老师将其行为报告给了校长助理，以期对其进行常规的小惩罚。但 Y 先生并没有按照惯例让该男孩做一两个小时的义工，而是对这个小家伙进行了一大通可怕的训斥，冠以许多罪名，就差把他称为杀人犯了，最后宣布给他额外增加 40 小时的工作。根据我对 Y 先生及其所采取的方法的研究，我深信，他这样做真心认为这是为了这个男孩好。这个男孩在学校一直表现得非常差，Y 先生的想法就是纯粹通过严厉的惩罚来使其服从。然而，Y 先生不仅没能激发他想要的服从，相反该男孩没有服从这种惩罚，而是征得父母的同意后离开了该学校（父母将他送到了另一个更好的学校）。即使一个刺激本质上是与受试者联合的，但是如果过于强烈的话，就会被受试者视为对抗，就不会激发顺从反应。

数量巨大的联合性刺激能有效激发顺从反应

这一点可以用 H 先生的例子来说明。H 先生是纽约市一所继续教育学校的校长。他使用有效强度的刺激来激发 12 ~ 17 岁男孩的服从反应。继续教育学校的主要目的，是为没有完成法律规定的学校教育就去工作的孩子们提供教育。该校的学生要比那些普通走读学校的学生更有支配性。例如，在我们调查 H 先生的继续教育学校时，发现一位学生是老练的走私者。有一位学生在木工车间制造棍棒时被 H 先生制止，该男孩说："这是要卖给一个朋友的。"H 先生对付这些年轻人的方法是，一方面，尽可能让他们留下深刻的印象，让他们知道，他会一直为他们的利益着想，无论会给自己带来多少麻烦。他维护学生的利益，只要法律许可，他会为他们出席青少年法庭，为臭名昭著的坏孩子承担父母的监护职责。因为这些行为，H 先生毫无疑问地成了他们心中最好的朋友。另一方面，H 先生坚持要孩子们严格遵守他制定的规则，不仅在学校里，在 H 先生为他们找到的工作中、在家里和当地社区，都要遵守这些规则。

H 先生一直密切关注男孩们的行为，获取相关信息，一旦发现行为不端立即进行批评指正。然而，H 先生所用的管教方法与上文提到的 Y 先生所用的方法截然不同。H 先生必要时会强制性约束男孩们的随心所欲，以此作为行为不端的惩罚。但是据我观察，H 先生并没有对需要主动顺服的冒犯者施加惩罚，也没有真正给男孩们惩罚性的痛苦。H 先生会要求一个男孩待在某个教室里，不让他去他特别喜欢的车间工作；H 先生也会扣押证书，使该男孩不能得到渴望的工作；或者 H 先生一段时间内不让男孩到班里去（有位年轻人一连几个月每天都会来学校，H 先生才让他正式回到班里）。在极端的情况下，H 先生会不再认可表现非常差的男孩，使之失去收入丰厚的工作，或者使之独自面对少年法庭的惩罚。

这些惩罚在本质上能够抑制孩子们的不良行为，在许多情况下比剧烈的鞭打更为有效。但是这种有效性基于数量而不是强度。巨大数量带来的效果似乎是，刺激的联合性质并未发生变化，而刺激者——H 先生扮演着实力强大的角色。当然，也存在着个别案例，受到惩罚的男孩会暂时性地表现出支配性。但是在我研究的所有案例中也仅有一个例外，而且这种最初的支配性，在最后的顺从情绪被激发后，也随着对 H 先生的喜欢情绪增强而转换成顺从反应。我们可以将 H 先生的方法总结如下：如果一个联合性质的刺激能够让受试者意识到其联合性质和巨大数量，便能最大限度地激发顺从反应，对支配性受试者来说尤其如此。

男性青少年很少感到女性力量的强大

从目前的社会习俗及社会态度来看，女教师或女训导员比同等能力的男教师更难给青少年留下实力强大的印象。我们研究了一名担任校长的年轻女性，她任职的学校既是语言学校，也是一所高中。她凭借自己的机敏和强硬的举止成功地使学生顺从她，而大多尝试这种方法的女教师只会让自己成了学生的敌人。但是，这位年轻貌美的女士不同寻常，同 H 先生一样，在校外活动中乐于维护学生的利益。她通过各种方式帮助学生，关心学生的利益，这一点比她严厉强硬的管教态度给学生的印象更为深刻。然而，一些年龄更大或更有支配性的男孩，对她的强势印象并不深刻。虽然他们也喜爱她，但对她的顺从程度比不上对他们关心并不多的男教师。

具有联合性质的、智力超群的刺激者可能引发顺从反应

我发现仅有一名在高中（学生为 13~18 岁）任职的女教师（她的名字缩略为 C.M），能够让她所管理的支配性很强的青少年感受到她的强大实力。其中一位青年后来成了大学教授，他告诉我这位女教师让他受到前所未有的强人影响，获益匪浅。他将该教师描绘成一名"鼓舞人心的美丽女子"。C.M 老师全心全意、毫无保留、想方设法地帮助学生解决他们的问题。在我看来，这名女教师不仅认真了解了每个学生，因材施教，而且足智多谋，能够压制蠢蠢欲动的年轻人，不让他们叛逆起来，让学生备她神秘莫测的影响力。该教师的方法可以称为智力手段——让他人感觉到自己强大，从而使他人顺从自己。就教师而言，想要学生听话，不仅需要普通意义上的智力，还需要洞悉学生的情绪。凭借这种出色的洞察力，学生的支配情绪刚产生，就被转移到其他对象上，不会落到该教师身上。看起来，教师对学生情绪反应的巧妙处理，和她无法抵抗的影响力，给学生留下了深刻印象，而她令学生感受到的强大力量，在于个人深度，不在于管理强度。从 C.M 老师的能力中，我们发现了另一种能激发顺从的有效刺激。联合性质的刺激

可以巧妙地运用于具有支配性个体的情绪机制中，使这种支配不会发生在刺激者身上，受试者能够一直感觉到这种刺激的强大，从而成功激发顺从反应。

刺激者必须与受试者相似，才能唤起顺从反应

迄今为止，我们从所有引发顺从的刺激中，发现了一种共同因素：唤起顺从反应的刺激者和被唤起顺从反应的受试者之间，在物种、种族及行为和语言的习惯中，存在一种高度的相似性。一名中国心理学教授告诉我，刚上学时，他和同学很少听英美教师的话。在外教任职的中国学校中，中国男孩很自然地服从自己国籍的教师，对外籍教师表达的真诚友谊没什么印象。这些中国男孩为了获得他们想要的教育，会非常巧妙、机智地服从外籍教师的严格要求。然而，他们的反应是一种被动的欲望情绪，包括对老师的主动服从和对自己的学习需求的被动支配。这些中国年轻人的行为看起来顺从，但实际上并没有任何顺从反应。外籍教师没能激起学生的顺从反应，似乎是由于穿着、肤色、眼睛、表情、语言、语调、行为方式和社会规范等方面的显著差异导致的。无论外籍教师对学生做什么，或者在课堂上态度多么友好，中国学生因为刺激者与受试者之间的明显差异，无法将外籍教师视为联合性质的刺激。当然，中国人对外国人的态度也许会发展为他们行为的调节性因素，然而，如果不是因为两者不同，为什么在友好交往中不能顺从外国人呢？

因此，刺激若要引发顺从反应，先决条件是，刺激者须与受试者属于同一种族，与受试者的民族或文明背景相似，这样才能使受试者感觉到该刺激与自己属于联合性质。正常的人类不会顺从动物，除了由其同胞最先引发的某种反应反常传递外，正常人也绝不会服从无生命的物体。其原因是人类与动物或物质刺激是不同的，因此无法让受试者的机体感觉到该刺激是自己的盟友。外国人很少（即使有的话）会像本地人一样在同等社会基础上被接纳，这是一个公认的社会现象。"无法理解外国人"，至少私下里，本地人会觉得他们很古怪，甚至可能与本地人的利益有冲突。社会中对外国人的排斥现象频频发生。

一方面，所谓的有教养或显赫的外国人，其言谈举止常会给某些人留下印象，尤其是一些女性，常认为外国人能力较强。外国人言谈举止的这种影响又因一些广为流传的偏见而加强，给某些外国人贴上了有魅力或浪漫的标签。于是在美国，

拥有英国贵族或法国、意大利外交官举止的那些人就比普通欧洲人有暂时的社会优越性，而这些人实际上极有可能是追寻财富的骗子而已。另一方面，无论亚洲人多么聪明，社会地位多么高，却几乎不能从美国人那里（无论男人还是女人）获得顺从反应，因为肤色、面部特征、行为举止和风俗等方面的差异太显著了。

总而言之，通常只有人类才能使人感觉到足以与其他人类联合并引起顺从反应。肤色、种族体征及社会风俗必须在相对较小的范围内相似，才能使人觉得可以结盟，从而引发顺从反应。当物种和种族的相似性要求得到满足时，语言和社会举止的细微差别会让某一个体增加力量强度，构成第二必要属性，即力量的优越性，从而使该个体成为适宜的刺激，激发顺从反应。

女性行为中的顺从多于男性

最后，我的情感研究表明，年龄介于 5~25 岁的女孩在总体行为中表现出的顺从反应要比年龄相仿的男性比例更高。必须记住的是，这种比较并不是指顺从反应与诱导反应相比较的数量，而是指顺从反应在总体行为模式中的相对重要性。

我临床研究的这个年龄段的女孩，大部分顺从反应都是直接针对她们的母亲的，在少数例子中，顺从反应是针对她们喜爱的女老师或女性朋友的（这些人通常比女孩年长和成熟）。

尽管普通女性的行为中包含着大量的顺从反应，但对男性或男性家长和恋人的态度明显是以诱导为主要特征的，我们在下面的章节中会进行讨论。根据我的观察，女孩对母亲和女性朋友的态度中真实顺从的比例最大。

我对许多青春期女孩进行过有关性格方面的访谈，她们似乎从来都没有怀疑过完全顺从自己的母亲是否明智，哪怕让她们拒绝与某些男生或女生交朋友，而这种友情是自己渴望的。14~16 岁的意大利女孩儿虽然对于学校的某些领导、她们的哥哥或父亲并不顺从，却顺从母亲的命令，除了上学，每天都会在家织布 6~8 小时。

其中几个女孩告诉我，她们"疯狂地想去跳舞和看电影"，但实际上她们一年中看电影和跳舞的次数都不超过三四次。她们在母亲的命令下工作，并没有一点反抗的意思，我观察发现，她们对母亲的顺从反应似乎使她们非常高兴。而且，在这些例子中，母亲都是为了自己，而不是为了女儿的利益。

但是在儿童的关系与早期训练中，女孩们从没想过母亲是自私的。在最早有记忆开始就一直关心她们、给她们穿衣服的母亲，在她们看来已经完全是与她们联合的刺激者。母亲凭借着孩子早期的经历和训练，被赋予了更强的力量。据我所知，身体上的爱抚在母亲与女儿的关系中只占很小一部分。

在其他例子中，一些女孩来自不同种族的家庭，包括英国人、爱尔兰人、德国人和法国人。她们已经离家在外面工作，但是仍毫不犹豫地将她们的全部工资交给母亲。这些女孩的兄弟们很多早就拒绝上交工资给家里了，其中一些男孩被父亲殴打威胁后，索性离家出走。

此外，我还发现了两个例子：当父亲试图通过惩罚、威胁让女孩服从时，她们离家出走了。但是，这几个女孩经常被母亲鞭打却不反抗。在这几个家庭中，孩子们都习惯地把收入交给父亲而不是母亲。正是这种情况导致了关系的破裂。

在对女大学生进行临床研究时，我发现对支配性过强的女孩，最有效的影响往往可以通过她特别钦佩和在乎的一个女孩儿来实施。在一个实例中，有个女孩很容易就被她的朋友说服去从事某项对她有益的社会活动，而之前她对亲属或男性追求者的劝说却无动于衷。在其他一些例子中，女孩们会服从姐妹会的学姐们，因而在大学里成绩得到大幅提升。

就我的经验而言，在同等情况下，这些女孩的顺从反应比男性受试者更容易被激发，而且更持久。在本章所提到的顺从反应的例子中，特别要注意的是，我们尽量研究简单顺从反应的事实，而没有讨论由顺从诱导的复合反应，这种复合反应形成爱的反应。

上面的研究重点放在受试者和刺激者之间的关系上，不包含复杂、强烈的爱意。当完整的爱的情绪反应牵扯进来时，以上所述例子的结果无疑会有很大差异，特别是其中涉及一种性别对另一种性别的影响时。

主动顺从和被动顺从

在迄今为止所提到的所有顺从反应的例子中，我们发现刺激物为一个人时，他的行为与受试者的自身行为形成联合，但同时又表现出比受试者更为强大的实力。用描述情感机制的专业术语来说，如果环境刺激物密切联合，而且数量大于受试者机体的比例，会引起运动神经刺激与运动神经本性联合，运动神经刺激的数量大于运动神经本性。

在上面的所有例子中，顺从反应都包括受试者机体对环境刺激抵抗的自愿弱化，运动神经本性的联合运动也相应削弱，从而使受试者与其顺从对象之间建立更紧密的联合关系。更准确地说，我们可以将这种情况描述为：运动神经本性对顺从刺激作出反应，减弱了自身强度，使自己接受该刺激的控制。

被动顺从则可以被定义为：运动神经本性力量减弱到足以使机体的运动神经本性接受运动神经刺激的支配，但运动神经本性并没有采取主动行为来推进运动神经刺激的目的。婴儿停止哭泣并且不抗拒别人的呵护和抚摸，或者一个女人被动地躺在爱人的臂弯里，都是被动顺从的例子。

主动顺从需要运动神经本性主动减少，直到运动神经本性可以被运动神经刺激支配，这也是运动神经本性的一种主动行为，以便达到运动神经刺激能够支配受试者机体的目的。

可以在婴儿的行为中找到主动顺从的例子。孩子在母亲的爱抚下，会让自己更贴近母亲的身体，或者长大一点后，当妈妈亲吻他时会主动把嘴凑上去。这种主动顺从在成人的行为中也存在，比如一个男人会根据爱人的要求改变住所或职业。

运动神经本性降低自身强度以接受控制

顺从反应期间运动神经本性强度降低的数值，似乎与支配和服从反应期间运动神经本性强度变化的数值不同。在顺从反应期间，运动神经本性会经常根据目标对象增强自身强度，而不是根据顺从刺激来增强，这是为了能执行激发者的命令。然而，在与顺从刺激的关系中，运动神经本性必须保持足够的削弱状态，才能允许该刺激能引导运动神经本性对其他对象产生反应。因此，运动神经本性减少的数值，与运动神经本性的初始强度和被运动神经刺激控制进行顺从反应的强度之间的差值大抵相同。所以，如果运动神经刺激非常强，而运动神经本性相对较弱，那么运动神经本性只需要略微降低，就能够使运动神经刺激对其进行完全控制。另外，如果在顺从反应开始时，运动神经刺激和运动神经本性之间的强度差别不大，那么运动神经本性可能需要大幅度降低其初始强度，才能完全被运动神经刺激控制。

以下是两个极端的例子。训练一个五岁的小女孩立即服从母亲的命令，只需要减少她现有的能量释放，使之把注意力集中在母亲的话语上，便完全被母亲的指令所控制。由于母亲和女儿的习惯性关系，母亲引发的运动神经刺激强度自然很大。这与成人和幼儿个头和力量上的巨大差异，以及同类反应中系统训练的整合性影响有很大关系。

关于降低运动神经本性强度来顺从适当的运动神经刺激，另一个相反的极端例子是一个疲惫的商人，被要求给他的小儿子当马骑。在这种情况下，父亲的体形和力量比孩子大得多，他整个机体所有反应的阈值都是由疲劳引起的，他对孩子的习惯性情绪态度是诱导或命令而不是顺从反应。然而，这样的人对孩子的情感反应也许是通过妻子的影响来进行的，这种顺从已经被当作对孩子"骑马"要求的回应。如果运动神经刺激是由孩子口齿不清的指挥和轻拽缰绳激发的，那么，要想将父亲的运动神经本性置于运动神经刺激的控制之下，父亲的运动神经本性强度就必须大幅降低。日常生活中我们经常看到这种运动神经本性强度大幅降低的例子。

小结

顺从是无生命物体之间的一个反应原理：较小的物质个体，通过引力作用，被较大的物质个体吸引过去。这两个物体在彼此的引力中相互作用。较小物体通过减少自身的作用力，来增加较大物体对它的作用力，最后，较小物体的引力完全受较大物体的支配。

有趣的是，运动神经本性，即持续性的紧张性放电，是由一种反射产生的，这种反射对抗身体上的物理顺从（地球对它施加的重力）。因此，心理-神经方面的顺从必须包括充分减少运动神经本性对重力作用的对抗，以允许运动神经本性被数量更大的联合性运动神经刺激控制。去大脑动物的实验表明，顺从反应的主要情绪反应需要一些运动神经中枢的调节，这些运动神经中枢从整合角度来看比紧张中枢更高级。从生理学家的研究中可以进一步看出，丘脑运动神经中枢满足顺从反应出现的需要。

研究显示，极小的婴儿也有自发的顺从反应，而且显然是一种愉快的反应。尽管顺从反应像服从反应一样，可能都是后天习得的反应，但顺从反应获得时会带来轻松和愉快感，这是它与服从反应的区别。顺从反应的习得效率相对较高，似乎是由于刺激的联合性质，因为当运动神经本性让步与之联合的运动神经刺激时，会感受到积极的愉快情绪。支配性过度的儿童，即使环境刺激很强烈，足以造成身体伤害，也不能引发他们的服从反应。但就算是这样的儿童，顺从反应也可以很好地建立起来。

如果要让具有支配性的受试者产生顺从，那么环境刺激除了要使它的联合性质给受试者留下深刻印象，还必须能够激起比受试者运动神经本性更强大的运动神经刺激。研究表明，增加环境刺激的联合特性并不能弥补联合性刺激力量的不足。如果环境刺激的强度太大，即使它实际上与受试者的利益完全一致（具有联合性），也只会激起受试者机体内的拮抗性运动神经刺激。

如果需要唤起顺从反应的受试者是一个人，那么环境刺激也必须是一个人，这样才能保证适宜的顺从刺激具有联合特性。在大多数情况下，只有当受试者与被顺从者属于同一种族、具有相同或相似的身体和社会特征时，才会形成恰当的联合。然而，在这些限制范围内，社会文化和民族的差异性可能使被顺从者的力量强于受试者，从而激发顺从反应。

迄今为止，我对情绪反应的研究发现，年龄在 5~25 岁的女孩表现出真正顺从的数量，比相应年龄的男孩要多得多。女孩表现出的顺从反应阈值较低。这些女孩似乎很容易被激发顺从反应，最容易顺从比她们年长的或更成熟的女性，尤其是她们的母亲、老师和某些特别的女性朋友。

主动顺从是运动神经本性的自发调整和活动，使自己受运动神经刺激支配，从而产生顺从反应。被动顺从是运动神经本性降到足够低，以允许机体被动行动，以及运动神经本性被动调整。

顺从反应时运动神经本性减少的数值，就是运动神经本性的初始强度和数量与运动神经本性被运动神经刺激（运动神经刺激由适宜的环境刺激激发，强度大于运动神经本性。）完全控制时的强度和数量之间的差值。

顺从的愉快

顺从反应从开始到结束都是愉快的，这是内省研究者一致公认的。根据定义，环境刺激与受试者机体的整体利益完全一致，因此一旦顺从反应发生，引起顺从反应的适宜运动神经刺激必须相应地与运动神经本性形成完全的联合。

　　然而，在环境刺激的联合性质充分体现在有机体上之前，会有一个中间期。在此期间，初步地、暂时地与运动神经本性相对抗的运动神经刺激被激起，运动神经刺激还不足以诱发顺从反应，整合性顺从才刚刚开始，这些初步刺激会引起临时冲突，产生不愉快。例如，在面对母亲的命令时，小孩会先回答："我不！"接着，支配反应变为顺从反应，孩子可能以后悔的语调补充说："哦，妈妈，我会的。"最初短暂爆发的支配反应可能令人不愉快，在随后顺从反应刚开始时仍会让人感到些许不愉快。但是，一旦产生完全的顺从行为，没有混杂着支配或服从反应，这时的反应会令人十分愉快。

　　另外，有必要判定反应是真正的顺从，还是仅仅是一种服从。如果是服从反应，就像要求孩子玩耍之前做各种家务时，孩子的情感基调最多的是冷漠，通常包含明确的不愉快情绪。当然，判断所表现出的是顺从还是服从的标准，是受试者对所给任务的运动神经态度。如果受试者认为这个工作是"不得不做的事情"，即使自己不"想"去做，控制这种情况的运动神经刺激与运动神经本性也是对立的，所产生的反应是服从。如果强制性行动的目的仅仅是为了获得奖励，那也是服从。在这种情况下，也掺杂了支配反应，使得整体反应成为一种欲望情绪。但是，如果受试者"想要"完成任务，是因为"妈妈要我这样做"，那么发生的反应就是一种顺从反应。如果这个行为是为了"取悦妈妈"，那么可能还存在一些诱导情绪，很有可能是顺从和诱导的结合，产生了复合情绪，那就是爱。但在这种情况下，正如反应是纯粹顺从的一样，情感基调是强烈且持续愉快的。

　　真正的顺从反应的愉快感（例如，前面提到的爱的激情），可能在从初始到圆满的过程中不断增加。即使顺从反应未与诱导反应复合形成爱的情绪，而只是自身的单一反应，受试者和刺激者之间的联合越紧密，愉快感似乎也越强。也就是说，刺激者是受试者主动选择的顺从对象，当受试者成功完成刺激者交给的顺从性任务时，受试者产生的愉快感会随着顺从任务的完成而增强。只有当强加的任务会使受试者与其顺从对象分离时，受试者的愉快逐渐变为冷漠。在这种情况下，真正的顺从在减少，或者其情绪特征变为服从，因为对顺从刺激的实际感知，对于保持纯粹的顺从反应是必要的。只要任何记忆或刺激与受试者最初服从的对象仍然密切相关，一些愉快的痕迹和最初顺从反应的痕迹也会持续，而且，真正的顺从在任何情况下都不会令人不悦。

顺从情绪的独特意识特征

对于顺从情绪，或者一些基于顺从的复杂情绪模式，有各种各样不精确的术语，可列举如下："心甘情愿""温顺""讨人喜欢""温厚""好孩子""好意""温柔善良""软心肠""善意""慷慨""乐于助人""随和""体贴""温柔""柔和""服从""奴性""钦佩""听话""好管理""容易受骗""关爱他人""无私""志愿服务""卑屈""奴役""唯命是从"。

上述列举出的大多数词语有一个有趣的特征：无论将顺从视为一种性格特征，还是作为与其他人的一种关系，它们都描述了顺从行为的客观性。在描述支配和服从反应时，像"愿意""愤怒""胆怯"和"恐惧"这些内省式的词汇似乎很普遍。但是，顺从是一种行为，当别人执行这一行为时，作者们很愿意将其描述为一种有吸引力的行为，却不愿承认这也是他们自己感情生活中的一种意识因素。当顺从获得毫无保留的支持时，如"乐于助人""体贴"和"与人方便"这些词所描述的，因增加了一丝服从情绪或欲望情绪，顺从他人的自发情感享受便非常合理或可以谅解。"乐于助人"和"与人方便"包含了某种意思，即顺从是习惯性行为，在获取对欲望的满足时，这种行为最有效。在最近对五十名男性受试者进行询问中，只有两人表示有可能在成为"快乐的奴隶"时会获得完全的愉快感；只有这两人毫不掩饰地承认，纯粹的顺从情绪对他们本身来说是愉快的（也许"快乐的奴隶"这样的情绪是复合的，能形成激情，我们会在下一章提到这一点；但即使如此，它的控制因素还是主动顺从）。

上面列出的通俗词语中，在顺从行为的情感意义方面并没有含混不清。在任何情况下，顺从都意味着运动神经本性降低，以允许与自己联合的人随意支配自己，不仅将机体与运动神经本性分离，还支配运动神经本性。主动顺从包括主动选择一些行动，这些行动是运动神经本性受顺从刺激而强制采取的。在顺从刺激的强制下，运动神经本性自愿克制一个或多个自然活动，这便发生了被动顺从。

有关顺从情绪的内省式描述主要从女性那里获得（虽然也有部分报告来自男性，主要是有关激情时的顺从经历），这些描述表明顺从的决定性特征是：愿意让自己毫无保留、毫无顾虑地听令于另一个人。随着被顺从者对受试者控制程度的增加，这种愉快感也越来越强烈，从而构成顺从情绪。

第十二章

诱导

　　大小物体相互作用（产生引力）时，我们认为可以将较小物体的行为称为"顺从较大的物体"。较大的物体在吸引较小的物体时，是否是一种诱导行为，还有待说明。如我们所见，每个物体相互吸引的力量相互作用，彼此构成紧密联合。然而，较大物体施加的力量，如地球施加的引力，强度大于较小物体施加的引力，因此会迫使较小物体的力量向地球或更大的物质体移动。较强的吸引力通过迫使较弱的吸引力服从其控制，从而不断强化自身，同时，较强的力量始终保持与弱者联合，因此我们可以将作用于较小物质个体的吸引力称作"诱导"（Inducement）。诱导作为无生命物体的一种行为准则，与顺从有着完全相同的关系。与自然物体间的相互吸引相似，人类或动物的诱导也与其顺从有关。在这两种情况下，我们认为诱导是在较弱一方的行动中发挥主动性，而这种行动实际上来自强弱双方的同时联合作用。

诱导情绪需要丘脑运动神经中枢

　　像顺从和服从一样，除非有某个运动神经中枢调节，而且这个运动神经中枢在整合方面比紧张中枢更高级，否则诱导反应不会作为动物或人类受试者的主要情绪反应而发生。生理学者研究发现，与顺从和服从反应一样，诱导反应不能出现在去脑动物身上。如前所述，所有的环境刺激，在一只切除大脑的动物身上，似乎只能引起对抗性刺激。

　　此外，在实验动物废弃的中枢神经系统中，似乎不可能发现这种情况：一种环境刺激可以激发强度高于运动神经本性的运动神经刺激。诱导反应取决于两点：运动神经刺激具有联合特性，以及运动神经刺激强度高于运动神经本性，所以，按照戈尔茨和谢灵顿所述的方式准备的动物不可能产生诱导反应。然而，在顺从反应的情况下，我们会发现诱导是性反应的必要组成部分（性反应受中枢神经调节），如前所述，这种自发的性反应可能通过丘脑的运动神经机制而发生。诱导可能像其他主要情绪那样，在丘脑运动神经中枢内出现。

婴儿行为中出现的诱导

在华生列举的"爱的反应"中，我们发现婴儿的行为有许多天真或本能的反应，或许可以称为诱导。在早期阶段，诱导可能表现为婴儿自发地伸出双手或双脚，让别人给他挠痒痒。稍大一点，婴儿显然会拥抱母亲或护士。孩子把手臂伸向自己顺从的人，并且发出咿咿呀呀声，这种声音可以理解成邀请别人继续抚摸自己，这些行为也可以被视为更主动的"爱的行为"。婴儿的所有邀请或诱导，如果成功，会导致母亲或护理人员按照婴儿的指示行动。然而，婴儿诱导行为不能对成人施加对抗性强制。母亲对孩子用已经习得的顺从来作出回应，通过对婴儿机体的感知，允许联合的运动神经刺激强度大于母亲的运动神经本性。因此，婴儿早期的诱导行为通常比后期的成功率大。

诱导是女孩行为的重要因素

在 3~5 岁的女孩行为中，诱导反应经常作为一种自发的反应类型出现。根据我的个人观察，在年龄相仿的男孩中，这种反应也会自发地出现，表现为对可爱的小女孩或比自己小的男孩作出攻击性戏弄。然而，对男孩来说，对弱于自己的孩子，起初的诱导降至最低，更为明显的是试图以对抗的方式强制对方服从，整个反应很容易由开始时的诱导变为混合着支配的反应，而且以支配为主导，采取折磨弱势儿童和动物的形式。男性，即使在很小的时候，就对诱导效力没有信心，他们很容易试图强迫或支配他人，最终，他们对待同胞和无生命的物体的方式没多大区别。

和一个比自己大的女孩玩"上学"（扮演老师）和"过家家"（扮演母亲），

心理学著作将其描述为"模仿本能"或"游戏本能"，即模仿最常见到的成年人。如果"模仿"或"扮演"（无论是哪个）是这种活动的唯一解释，对于为什么选择模仿母亲和老师，而不是模仿保姆、厨师、女仆、园丁或看门人，却没有特别的原因。在许多家庭，仆人与孩子相处的时间比父母多很多。但在世界各地观察儿童游戏发现，小女孩会在那些更小的孩子面前扮演母亲或某个女教师，以此说服别人加入这个游戏。显而易见，诱导是以非常纯粹的形式在这种行为中表达出来的反应。在我自己对玩游戏的孩子们的观察中，我注意到，比母亲或老师扮演者小的其他女孩似乎比一起参与游戏的同龄小男孩更喜欢这样的活动，男孩只是极不情愿地答应玩"过家家"或"上学"游戏。男孩通常选择有一定竞争性或更剧烈的体力活动，主要表现出支配性。虽然"假小子"型小女孩在选择游戏活动时，在很大程度上和她这个特定群体的男孩一样有支配倾向，但是，即便在她与男孩的竞争中，仍然存在大量的主动诱导因素，其目的是赢得这些男孩们的赞赏和尊重。"假小子"显然具有比普通女孩更多的支配性，但在女性的诱导方面和普通女孩的正常水平差不多。在这种情况下，要引发该群体男孩的顺从，支配是一种更有效的刺激方法，而不是以玩"过家家"和"上学"的方式直接诱导男孩子。

青春期时，许多"假小子"的主导性情绪反应中真正的诱导特征会在领导其他孩子时清楚地显露出来。我有机会观察到，一个女孩（名字缩写为 A.B）小时候选择玩男孩们的游戏，还与男孩们一起参加体育竞技活动。青春期时在预备学校成为群体中无可争议的领导者，后来上大学时也一样。她的领导力表现在各种欲望、支配、服从性的活动中， 并不限于体育运动。她在上大学时是校报编辑、班长、学校戏剧社的女主角，还成为学院理事会中代表学生团体的少数本科生。据我所知，像其他许多美国学生一样，A.B 从未把成功归于财富或其他欲望方面的优势，虽然其父母的社会地位高、拥有大量财富。据我观察，A.B 首先是在各类竞争性活动（体能方面和社交方面）中获得了成功，并且从这种成功中获得了支配性满足。但是，这种支配反应似乎总受到诱导的控制，因为最终几乎总是领导力量较弱的人，而这些人愿意并渴望得到这样的领导。

男性的诱导反应受支配和欲望的控制

如前所述，男性的诱导往往开始于对弱小儿童轻微的虐待，而在青春期后期，诱导变得次要了，完全受支配反应的控制。我们将会在下一章中有机会观察到，顺从要素是"诱惑"这种复合情绪不可缺少的部分。诱惑是施虐者戏弄或折磨弱小人类群体或动物的一个重要组成部分。在男性青春期后期，在大多数情况下，主动诱导和被动顺从会发生一定的分离，诱导往往从爱的复合情绪中转移出来，受到欲望情绪的控制。当然，诱惑可以继续成为一类单独的性行为，但这并不妨碍诱导被用来协助支配和欲望情绪。

在欲望的控制下，男性诱导情绪的逐渐转移可以用以下案例来帮助理解：少年们对彼此表现的所谓"残忍"，经常在心理学和文学作品中有所体现。一个男孩如果有特别明显的特点或弱点，他就会成为同伴嘲弄和攻击的对象。我们在一所学校进行心理健康调查时，我注意到一个右腿畸形的男孩，他右边的肢体比左边短 10 厘米。这孩子最近做了一次手术，但是失败了。手术后，他在右脚上穿了一只鞋底较厚的鞋来弥补右腿的缺陷。

学校的其他男孩（8~12 岁）开始叫他"跛子"。这个有残疾的男孩哈里，因为手术，在身体上和精神上都经历了相当大的痛苦，他总是对以前朋友的嘲笑特别敏感。他再也不能成功地逃离他们。当他试图逃跑时，年龄较大的孩子会追到他，而且形成了一种习惯，每天都聚集在他的周围以各种方式戏弄他，不是带给他身体上的伤害，而是费尽心思给他带来诸多不愉快。我刚刚问了三四个嘲笑哈里的男孩，我发现他们对哈里的态度丝毫没有恶意。事实上，其中一两个男孩在所有玩伴中最喜欢哈里；除了一个男孩，所有的男孩都对哈里的残疾表示同情和遗憾。当被问及既然他们这样看待哈里，又为什么要一直折磨他，让他生活得很痛苦时，一两个男孩回答说："我不知道，我忍不住要这样做。追逐他、让他哭，很有趣，但过后又会感觉不舒服，对他感到很抱歉。"另一个男孩说，他认为哈里逃跑是"胆小"，而且如果男孩们"挑中了他"，那就是他自己的过错。还有一个男孩说"逗哈里很好玩"，但他指出，他们也会经常取笑其他男孩，只是"其他男孩不会这么在意"。

一群少年欺负和折磨一个较弱的伙伴，从这种很普通的例子可以很容易地看出这主要取决于诱导情绪，诱导情绪又部分与顺从情绪进行复合，形成诱惑情绪（见下一章），但由支配情绪控制。最初，哈里代表比其他男孩弱的联合或友好的环境刺激，根据前面提出的定义，这使得哈里成为适宜的环境刺激，从更为强大的同伴身上唤起主动的诱导反应。然而，当哈里开始哭泣和逃跑时，在其他男孩的心里，他们的联合在很大程度上就已经被切断了，此时哈里代表一个比他们弱的男孩，他不会顺从他们这种支配和诱导掺杂的复合情绪。这使得哈里成为对抗性刺激，力量弱于那些对他作出反应的男孩。这些男孩的对抗性立即增加，支配反应完全控制了他们对待哈里的行为。然而，他们仍然感到对哈里有潜在的好感和兴趣，因此被唤起一种持续的诱导目的，想要哈里顺从他们。在这种情况下，诱导适应支配反应，并且被支配反应控制，因此，哈里遭受了那些戏弄。

另一个有关男孩行为的例子引起了我的注意，这个例子可以用来说明当被嘲笑的男孩选择顺从那群折磨他的男孩时，这些强势男孩反应中的不同之处。在这个案例中，根据学校的习俗，大一点的男孩会想出一些办法对新来的男孩进行身体的惩罚和折磨，使之服从，以此"接纳"新人。在这个"接纳"的过程中，几个刚来学校的男孩被割伤、擦伤，身体上还有其他轻微的小伤，他们的衣服也被撕破和弄脏，所有受到伤害的男孩都会在不同程度上反抗这种惩罚对待。

我尽量以不干扰男孩行为的方式进行观察。有一次我观察到，一开始，一个新来的男孩显得逆来顺受，无论施加什么给他，他都接受。后来我得知，他在学校的一位朋友告诉了他他会受到的对待，并且告诉他"不要逃避"。因此，这个男孩没有任何逃跑的想法，也没有试图违抗这些施虐者的命令。对于这种态度，我听到几个年长的男孩对话说"他什么都不怕"，"他是个好孩子"，"他没事，放他走"，"这就够了"。他们只是稍微为难了他两次之后，便放过了他，并且热情地欢迎他，完全接纳他成为学校的一员。

关键点似乎在于：一开始，年长男孩的支配情绪决定了他们的诱导情绪，因此，当他们攻击的对象没有表现出丝毫的抵抗或对抗的时候，这种初始支配很大一部分由于缺乏刺激而消失了。只有在征服新来男孩时，诱导情绪才得到增强。这种诱导（与顺从复合成为淡化了的诱惑情绪）不够广泛，不能在支配消退后使初始情绪长时间支撑下去。新来男孩一次或两次成功激发顺从反应，便足以满足那群少年的诱导情绪。简言之，我们可以得出这样的结论：对青春期的一般男性而言，如果诱导完全脱离了支配，诱导情绪就不是充分发展的情绪，无法控制其大部分行为。

男性机体不适合诱导其他男性

据报道,男性同性恋关系普遍存在于一类特殊学校中,这类学校英国称为"公立学校",美国称为"私立学校"。我曾研究过一两个同性恋关系的案例。在这些案例中,我注意到一个年纪较大、身体较强壮的男孩迫使年纪小、体格弱的男孩给他带来性快感,以及其他满足年长男孩欲望的服务。在这种情况下,诱导情绪反应比纯粹戏弄和折磨年幼男孩带给年长男孩的愉快感更强。此外,年幼的男孩通过顺从与诱导反应的结合,获得一定的自由,没有成为支配反应的对象。在这些案例中,年长的男孩通常会以各种方式保护和偏爱屈服他的男孩,他不会欺侮和折磨年幼的男孩,而且还会阻止其他男孩这样做。因此,在该类行为中,我们可以发现,男性受试者表现出一定的诱导行为,这种诱导不受支配控制。

对这种关系的限制似乎是生理层面的。因为无论是年幼男孩的身体还是情绪发展都不适合充当激发年长男孩激情的有效刺激。年幼男孩的支配反应屈服于年长男孩的支配反应,变成了弱者对于强者的一种服从而不是顺从。简言之,年长男孩,作为一种环境刺激,唤起了比他同伴的运动神经本性更强的运动神经刺激,但是,在大多数情况下,这种运动神经刺激与运动神经本性相对抗。因此,较强壮的男孩成了服从反应的适宜刺激,而不是顺从反应的适宜刺激。年幼男孩会屈服,不是因为他喜欢这样的关系,而是因为屈服似乎能给他带来欲望方面的好处。反过来,较弱男孩的服从,使原本的诱导者感受到这种服从,因而这种诱导未能产生大量、持久的愉快感。

但是,在这种关系中,这两个男孩会经常使自己的欲望得到不同寻常的发展,诱导渐渐转化为欲望,适应欲望情绪,并且为欲望情绪所控制。换句话说,年长的男孩已经明白,他可以用诱导获得他原本无法得到的服务和愉快感。同时,较小的男孩,也学会了用一种诱导与顺从相结合的复合情绪反应来对待更强壮的伙伴,这样一来,他可以获得保护,得到礼物,或许还能顺利参加学校各种各样的活动。至少,在我研究的案例中,形成这种关系的两个孩子,使用诱导这种主要情绪反应,并非为了诱导本身,也不是因为对真爱的回应,而是作为一种急救措施来进一步实现主动欲望或被动欲望,或者两者兼具。在后面我们会有机会观察到，这种对诱导的使用方式会演变为其性格发展中非常不幸的因素。

正常成年男性把诱导从虐待转向商业领域

然而，对于没有同性恋经验的男性而言，诱导的因素往往会遵循类似的发展过程。这种对其他男性"残忍"的行为，在某种程度上，在成年人的一生中持续存在。商人，以及从事专业型和学术型事业的男人，给自己下属的其他男人制造困难、施加一些轻微的折磨，以此获得某种情感的愉快。同样，当听到另一个男性失败时，这样的快乐体现得更为明显，即使这个人不是竞争对手。大多数男人喜欢肆意批评或攻击另一个男性，仅仅从除掉对手以获得支配或欲望方面的满足来解释这种行为，似乎并不能令人满意。此外，一想到对手会屈服自己，旁观者也会被慑服，他们就会产生某种情感上的满足（诱惑情绪）。

但是，对于那些非常成功的正常商人而言，源于不正常诱导反应的这些偶然享受必须严格限制在一定范围内，即受试者强迫他人服从来让自己得到享受的行为不会对自己的个人欲望和利益产生影响。有迹象表明，在青春期末，支配、服从，以及欲望的结合在男性受试者中发展得非常迅速，直到欲望毫无争议地控制一般男性的情感反应。随着这种成熟欲望的出现，以暴力欺凌和伤害其他男性的诱导行为也受到抑制和限制。年轻人开始发现，虽然他现在有机会以伤害的方式迫使其他男性服从，虽然这时那些人已经不重要了，但是，只要他们以后会以某种方式为他带来利益，他便不能疏远这些男性。

例如，在体育比赛中，或者竞选一个班干部职位时，或者竞争学术奖时，一个男孩可能成功地支配了同一组的另一个小伙子。获得这种成功之后，一般男性会自然而然地公开向对手炫耀自己的胜利，甚至还会流露出一种屈尊俯就的态度来进一步强化自己的优越感。胜利的男孩并不会把失败者当作敌人或对手。事实上，如果他真的把失败男孩当作对手的话，整个诱导反应的愉快感会转变为冷漠。为了充分享受这种胜利，他必须仍然将失败者当作朋友，尽管这位朋友的实力和地位处于劣势。然而，我们很快发现，失败者会因胜利者公开表达优越感而成为其真正的敌人。

也许，在随后的班干部选举或学习关系中，如果这两个男孩选修了相同的课程，当成功的孩子需要被自己一向视为弱者的那位男孩的帮助时，他会发现这样的支持遥遥无期。先前被击败的孩子现在以支配反应来回应那个男孩之前的控制性支配行为，而之前获胜的孩子便会觉得痛苦。我研究了许多类似的实例，在这些实例中，我发现只有少数人的经历会导致诱导和公开支配分离开来，并且导致一个新行为模式开始。在这种新模式中，诱导用于促使欲望目标得到实现，而不是起阻挠作用。换句话说，受试者不是自由随意地伤害和征服其他男孩以获得愉快感，而是很快就学会了使用诱导来获取和恢复这些男孩的支持和服务，以实现自己的欲望目标。

商业中的诱导

在商业活动中，诱导被用于促进欲望情绪。销售商品时最能体现这种复合情绪反应。销售人员不仅通过向潜在顾客展现产品的价格优势，刺激顾客的欲望机制，还向顾客运用大量的"个人魅力"，也就是说，销售人员努力向顾客展示自己的个人品质，让顾客觉得自己是一个品德良好、值得信赖的人。倘若潜在的顾客对销售人员持认可态度，销售人员会坦诚说明自己的个人需要和愿望，以便赢得这位购买者的同情。从销售人员的角度来看，所有这些行为便构成了非常明确的主动诱导行为。这种行为本身与待售商品的质量和实用性没有任何关联。然而，现代商人没人会怀疑此类诱导技巧在有效营销中的重要性。

印刷广告虽然不能让销售者亲自出现在买家面前，但其中也包含大量的诱导元素，可以通过文字、图片，还有广告的形式和颜色传递出来。据说漂亮的代言人有助于将待售商品以发出邀请的方式展现给广告读者。产品的生产商被象征为家庭最好的朋友，或者人类在困境中慷慨的赞助者。广告中还经常能见到另一种形式，可以称为替代诱导，即试图将广告商等同于潜在顾客的家庭成员，诱导广告读者购买广告中的产品。例如，他们可能用一幅婴儿的图片配上广告语"购买这个软乎乎、笑呵呵的玩偶，把快乐带给您的孩子"，或者将两个可爱的孩子正在共享一瓶软饮料的图片配上广告语"让您的孩子享受美味诱人的饮料"。

我们可以在现代商业的几乎所有销售手段中，发现直接或间接表现出来的诱导元素，另外，还能在有关商品固有价值及其带给顾客快乐的描述中发现欲望方面的诉求。一般男性常常在性成熟期学会使用诱导反应来促进欲望情绪。此后，他对诱导反应的使用越发限制在用于诱惑其他男性，因此获得快乐，并且越来越扩大这方面的用途，以便从其他男性和女性身上获得欲望方面的益处。

诱导与支配的混淆

刚才讨论的行为，可能容易带上男性诱导情绪发展的特征，仅仅用来说明所有男性表现出的倾向性，有时会使人将支配和诱导行为混淆。支配和诱导中相同的整合元素是运动神经本性强度大于运动神经刺激。两种反应的整合性差异在于：支配情绪的刺激与运动神经本性相对抗，而诱导情绪的运动神经刺激则必须与运动神经本性进行联合。

对于构成环境刺激的人是否心甘情愿接受自己的弱者地位，如果受试者产生了丝毫的怀疑，那么一般男性的机体往往会立刻将对方视为拮抗性刺激来作出反应。这种倾向性的可靠证据，从伟大人物的男性下属所采取的"拍马屁"或完全顺服的态度，便可见一斑。这种态度对这些下属来说是必要的，这样能够保住其地位。不管在什么时候，倘若助手或员工不经意表现出一些行为，令老板感觉本该弱于自己的这位男下属实际上力量可能强于自己，他会觉得有必要立刻削弱该下属的力量，使之明显弱于自己。这种情绪普遍存在于支配和诱导反应中，但是由于支配是主要的男性情绪，老板几乎总是通过采取与下属利益相悖的行动来削弱其力量，如当众斥责下属，降低工资或开除他。男性领导者通过这些方法来削弱下属力量的例子，我已观察到许多例。

这些方法并不只局限于商务关系或上下级间多半存在利益冲突的欲望关系中。一个家庭里可能用这样的方法使妻子或儿子"安分守己"，如对妻子故意说出尖刻和侮辱性的话，儿子如果敢顶撞自己强大的"成功"父亲，则很有可能挨打。父亲会体罚儿子，中断儿子的零花钱或特权。在一个实际案例中，父亲甚至让少年法庭逮捕或处罚其儿子，作为打击其傲气的一种方法。所有这些行为，都是支配行为，用于削弱劣势者的力量，而不是诱导方法，因为所有这些处理方法完全不顾他人的利益和好处。

如果诱导是主要的反应，父亲（或权威人士）的行为就必须完全符合臣服者的福利和快乐。这样，诱导行为才算真正发生，弱势一方会自愿将自己的力量降低到所需程度，以便完全接受诱导者的控制。许多男性几乎没有发展出纯粹的诱导情绪，因此会认为这个任务是不可能完成的。普通男性往往会说："让孩子安分守己的唯一方式是结结实实地揍他一顿。"这种观点常常听起来比随后的行为更暴力,但两者在本质上是一样的。百分之九十的案例表明,只要对方的力量需要加以削弱,他便会被视为对手,这时支配反应便取代了诱导反应。

女孩表现出不掺杂任何欲望的诱导

女孩和妇女诱导反应的发展与男性十分不同。所有 3~5 岁的女孩常常能表现出令人惊讶的、复杂的诱导技巧。至少,在我研究的一个案例中,妇女们显然喜欢将男性作为其诱导对象。然而,小女孩帕特里夏也诱导了她的妈妈、婶婶,还有比她小的女孩。事实上,在大约三年的时间里,诱导似乎是这个孩子行为模式中的一种主导性反应。帕特里夏有条不紊地通过她滑稽的动作引起人们的诱导反应从而得到重视。这种诱导似乎并不包含明显的性兴奋,也不包含欲望方面的渴求。这个孩子似乎一心想要让自己的力量强于那些吸引她的人,同时又与他们建立更加亲密和友好的关系。

在我研究的其他案例中,年龄相仿的女孩会表现出明显的诱导反应,这种诱导伴随着性早熟而出现,而且也明显是由于性早熟造成的。在这个年龄段或这个年龄段到青春期的女孩中,这种诱导反应可能发生复合,变为完美的组织起来的"爱的反应",通常在照顾婴儿或更小的孩子中表现出来。这种爱的行为会在下一章详细论述。这里,我们只需注意到,这种爱的反应是主动诱导的一种纯粹或自然的表现形式,而不是掺杂着欲望的非正常状态。

女性为了欲望而被迫使用诱导

几千年来,女性通常被视为两性中的弱者。人们几乎一致认为女性是弱者,不仅指身体上的劣势,还包括与男性关系中情感力量的弱势。这种关于女性地位的观点是极其不正确的。的确,一般女性的支配情绪发展不如男性;但是除了商务关系主要依赖支配和欲望反应,在其他实际关系中,依靠的是诱导和爱的反应,这时女性相比男性,可以更好地胜任情感上的领导角色,这一点毋庸置疑。事实上,女性一直发挥着这种情感领导的作用,在很大程度上掌管着家庭生活和孩子的教育。但是,反过来,在男性主导的文明之下,她们在执行这些功能时,又受到支配行为和欲望行为的制约。

当女性发现自己由于受到支配而被迫处于弱势地位时，这种情况会强迫她们使用诱导行为（以及顺从行为），作为获得欲望优势和保护的一种手段。男性通过控制社会习俗和惯例，迫使自己非正常地使用对女性的诱导来服务自己欲望，而女性如果摆脱了这种欲望的强迫，她们天生的情感特征似乎没有男性的这种发展倾向。如果食品和各种欲望来源掌控在实力更强、主要作出支配反应的人手里，较弱的人只有两种选择：要么通过爱的反应来满足欲望、得到供给，要么因为欲望方面的弱势而死去。大多数女性学会了采取第一种选择。现代文明最乐观的情绪特征似乎是，女性已经开始通过增加自己实现欲望的力量来摆脱这进退两难的困境。她们可以提供给自己的东西与男性能带给她们的越来越接近。整体来说，当女性达到了欲望方面的平等，她们的诱导反应很可能就可以基本摆脱欲望的控制。

女性因为欲望而被迫诱导男性

女性被迫依赖诱导来获得欲望回报的行为中，出现了一个有趣的分界线。这些女性的诱导反应很大程度上，显然更针对男性，而不是其他女性。为了食物和衣服，女性必须对一个男性或男性群体进行诱导。男人作为这种欲望的主要提供者，不会受到女性的支配而被征服，女性对男性的这种诱导反应中没有混杂任何的支配。简而言之，如果女性必须从身体方面比自己强大的男性那里获得金钱或食物，那么为了寻求这种帮助，她们必须表达纯粹的诱导反应，并且不能有任何形式的支配。如果女性对待这种男性的态度里有了支配，那么在任何时候，这种诱导将不会有任何回报。与男性对其他男性的诱导相比，对于需要从男性处获得支持的女性而言，这似乎使她们的诱导技巧更具明确的诱导行为性质。

为了欲望诱导男性的女性互为竞争对手

仅仅依赖成功的诱导行为来从男性处获得生活来源的女性，会不可避免地把所有其他类似女性看作实际或潜在的竞争对手。如果另一个女人成功说服 Z 先生供养她，那么 Z 先生就不太可能去供养与之相竞争的女性诱导者。即使他愿意同时接受两个女人的诱惑，在两人身上都花钱，但是两个女人分别得到的钱，很有可能比他单独花在一个女人身上的钱少。女性诱导者发现她与其他女性诱导者之间的关系就如同两个汽车销售员之间的关系，其中一个用温和的手段抢了另一个人的顾客。这种情况的结果似乎是"社会"的进步，或者女性之间的"社会"竞争，每个女性对待对手的态度，与男性对待其他男性一样，是诱导和支配的混合。女性对"堕落女性"或社会地位低下女性的忌讳，似乎体现出与男性雇主或领导对男性雇员相同的支配反应。而且，被社会排斥或冷落的女性对女性支配者应有的友好态度，与被羞辱的男下属必须对上司所持的态度相同。当然，人们期待的这种顺从态度，在上述两种情况中都没有激发出来。支配会强制产生一种不愉快的服从反应，但是真正的顺从只对诱导作出反应。女性之间的社会支配，带着一丝诱导的伪装（这种伪装微弱而且容易识破），这是最不可原谅的，因为女性表现出来的支配力量都是借来的力量，这种力量是通过真正的诱导从男性那里获得的。

除了社会竞争，女孩对其他女孩表现出纯粹诱导的其他情况

然而，与"社会"这类情境相反，我发现，几乎所有在社会竞争中表现得不那么极端的女孩和妇女都会对她们的女性朋友、女性亲戚表现出真正的诱导和关爱，或者会经常对贫困或不幸的人（不论男女）产生这样的表现。这些女性反应会在讨论诱导和顺从相结合、形成完整的"爱的反应"之后，再详细探讨。

我最近所观察到的一个例子，在这里很值得一提：一位 20 多岁的女大学生 D 小姐将她和一位女性朋友 F 小姐之间的友谊作为她主要的情绪兴趣。我曾有机会对这位年轻女士进行了为期数月的观察，没有发现在 D 小姐和她的朋友 F 小姐之间存在明显的恋爱或性爱关系，然而，D 小姐却投入了大量的时间和精力去取悦 F 小姐，如 D 小姐会扔掉 F 小姐不喜欢的帽子。为了和 F 小姐在一起，D 小姐还加入一个自己不喜欢的年轻人群体，但是，两人关系中，D 小姐无疑是主导者。F 小姐听从 D 小姐的要求，其实这些要求几乎就是命令，她甚至在 D 小姐的指导下选择自己在大学里的课程（尽管她自己才是学业比较好的学生）。两个女孩之间似乎没有激情，因此她们的关系不具备成熟的爱的特征，同时也防止了这段关系会最终导致身体的结合。我几乎可以确定的是，D 小姐渴望自己能与 F 小姐建立充满关爱的领导关系，而 F 小姐则通过明显的主动顺从反应来接受这种领

导关系（F 小姐也有可能在这个角色中体验到了一些激情，但是即便这样，也没有对 D 小姐产生任何明显的反作用）。

D 小姐的行为似乎是一个明确的纯粹诱导的例子，并且，这个例子体现了纯粹的诱导反应与诱导和支配混杂的反应之间的区别，前者是女性机体的自然产物，而后者是男性经常表现出的反应。当 F 小姐的任务或兴趣与 D 小姐的不一致时，D 小姐发现，没有什么比让自己的行动与朋友保持一致更让自己开心的了。D 小姐并没有作出服从反应，因为据我观察，从始至终，她都感觉自己是 F 小姐的领导者；D 小姐也没有将 F 小姐视为敌人或对手，强迫 F 小姐改变自己现有的倾向和兴趣，D 小姐只是保持着自己之前与 F 小姐之间亲密的联合关系，同时，D 小姐表现出自己是这种联合关系中强势的一方。一顶帽子、一群无关紧要的人，与 D 小姐从 F 小姐那里获得的愉快相比，都不值一提。因此，她对于这些障碍都不予理会，或者仅仅将其视作一种与自己想诱导的朋友之间建立联合关系的方法。结果，她的朋友 F 小姐接受了与 D 小姐所建立的这种友好关系，她们的关系甚至变得比以前还要好；最后她自愿接受了 D 小姐对于那群人的看法，D 小姐是不赞同那群人的行为的。这个例子描述的是一位性成熟的年轻女性对待自己女性朋友的行为，这似乎是一种近乎纯粹的诱导，这种诱导中几乎没有混杂其他主要情绪反应。

诱导的适宜刺激的特征

以上提到的所有例子几乎都说明，如果这种反应是一种诱导情绪而不是支配情绪的话，那么就必须维持反应者与刺激者之间的紧密联合关系。但是诱导的刺激因素到底是什么呢？我们已经提到，为了唤起诱导反应，男性受试者必须认为环境刺激强度明显低于自己，并且这个刺激在本质上还要与自己联合。在顺从反应中，就刺激的适宜性而言，重点在于体现这种联合的特征。在大多数情况下，不同程度的刺激强度能够决定反应究竟属于顺从反应还是诱导反应。在本章中，我们已经发现，只要男性觉得弱于自己的刺激者表现出想要增强力量来抗衡自己的倾向，他就会用支配反应来代替诱导。如果我们分析这种行为来判断适宜的环境刺激的本质是否是诱导，那么我们会发现，至少在上述男性的例子中，如果要激发诱导反应，那么在弱势刺激和受试者自身的力量之间，必须有很大的差距。

就目前我所能观察到的，力量或强度不存在这样一个最小阈值：低于这个阈值，联合性质的刺激会停止激发诱导反应。也就是说，虽然为了唤起诱导反应，一个联合性质的刺激必须让男性受试者觉得该刺激比自己弱得多，但是如果该刺激引起了受试者的注意，无论它变得多么弱小，它都不可能停止激发诱导反应。

男性诱导阈值会随着欲望反应的变化而变化

为了使运动神经刺激弱于男性的运动神经本性，环境刺激必须维持在一个较弱的强度范围内，这个范围取决于受试者自身的欲望、渴望或满足感，而不取决于刺激者所体现的内在力量。因为支配是男性普遍具有的主要情绪，所以受试者很有可能将自己和整个刺激情景（在这个刺激情景中，力量劣势的人只是其中的一部分）做比较，而不是将自己与这个力量劣势的人相比较。如果一个男人的欲望已经成功实现，而且脾气还很好，那么他就已经处于这样一种意识状态，即他觉得自己已经证明了自己的力量是超过自己所处环境的。在这种情绪下，他通常不需要自己的下属展现出很大程度的服从性来满足自己的强大感。

一般来说，男人似乎对待人和对待事物没多少区别，因此常常将雇员或下属归为环境中无生命的个体。他对待这些无生命元素的态度，往往也扩展到长期构成环境组成部分的人类。另外，无论何时，如果一个男人遭遇挫败，或者他的渴望得不到满足，他就会支配弱于自己的所有人或物体，以此满足自己渴望中的支配元素，除非这些人和物体远远弱于他，并且和他的利益完全一致（联合性非常明显）。如果无法满足自己的渴望，男人会踢狗，严词拒绝妻子的逢迎讨好，严厉地命令孩子去睡觉，脾气很坏，毫无缘由地痛斥仆人和其他雇员。这时，绝对服从他（在他面前显得力量极其弱小），并且在为他端茶送水、提供用具的服务方面比平时更仔细周到，最能取悦他，这时便有可能成功地诱发一个短暂、敷衍式的诱导反应。为了讨好妻子，他会说"爱丽丝，这个雪茄非常棒，我希望你可以帮我再多买一些"，或者对雇员说"琼斯，干得很好，如果你可以继续这样，我想你会成功的"。然而，无论其联合有多紧密，其劣势有多明显，除了这种不完整的诱导反应，任何刺激都不能唤起进一步的诱导。

诱导服务欲望时，诱导阈值较低

如果欲望情绪是初始和基本的反应，而诱导在实现欲望需求的机制中发挥次要作用，那么，引起整体反应模式的环境刺激能否构成适宜刺激，并不取决于诱导的整合机制，而取决于引起欲望情绪的环境刺激是否是适宜刺激。在这种情况下，诱导最初是以服从的形式出现的。如果要成功地达到欲望效果，紧接着必须出现诱导反应。因此，当刺激者的任何方面或属性与受试者形成联合，并且弱于受试者时，会引发适合诱导的运动神经刺激。这种情况与之前讨论的诱导刺激截然相反。在前一种情况下，对于一个无法实现自己渴望的人，只有极端的服从并且利益完全一致的刺激才能构成诱导刺激。而对于现在讨论的情况，只需要略微表现出利益可能一致，并且在某方面力量可能弱于受试者，就足以引起非常主动和长时间的诱导反应。

例如，一个女人可能依赖丈夫来获取自己和子女的生活来源，而她丈夫众所周知是十分吝啬的，因此，在欲望渴求不可抗拒的驱动下，这样的妻子会诱导丈夫数日甚至数周，以获得所需的供给。以这种方式对一个明显不足的环境刺激实施诱导，妻子不得不仔细研究她和丈夫可能有什么共同的兴趣和品位，并且根据经验选出存在于他顺从反应机制中的几个反应点。妻子必须将注意力集中在这些轻微的刺激上，才能延长自己的诱导反应，成功获得自己所求的希望。然而，虽然这些诱导刺激是轻微的，但它们对于引发真正诱导反应必不可少，真正的诱导反应能够独自服务女性的欲望渴求。如果不能找到这些刺激点，或者妻子没能持续将注意力放在这些或多或少的刺激物上，她的行为将立即失去诱导性质，而且会被小气的丈夫视为一种支配反应——处心积虑骗取自己的钱，因此丈夫对这种刺激的反应，会使他采取比以往更严厉的对抗态度，拒绝给妻子最在意的利益。如果妻子要实现目的，纯粹的诱导反应不起作用。因此，使诱导服务欲望，会产生这样一种情况，其中环境刺激仅仅与受试者构成很松散的联合关系，而且在力量上也略弱于受试者，这就可以构成诱导反应的适宜刺激。

上述情况引起了对某种交界性刺激的考虑。在这种情况下，很难判断最初引起受试者反应的刺激是对抗性的还是联合性的。不管男性或女性受试者，都倾向于将难以受诱导影响的异性看作对手，认为对方会妨碍自己作为优秀诱导者所具有的优势力量。因此，刺激者可能因为自己构成受试者的障碍或对手而唤起了受试者的诱导反应。刺激者起初激发受试者的支配反应，支配反应立刻被迫采取诱导行为（正如受试者机体所学到的那样），以达到其支配目的。

因此，一个大学男生经常对那些受其他男性欢迎的女孩施行精心设计的诱导行为，仅仅是为了证明所有女性都容易被他的魅力诱惑，该女孩也不例外。在他试图吸引这位年轻女性时，诱导情绪似乎成为纯粹的诱惑。据我观察，他完全不会对她表现出自己的支配反应，他的诱导也没有与顺从混合在一起，成为真正的爱情。然而，一旦诱导行为的目的已经完成，女孩愿意接受他的殷勤时，这个男孩的情感态度就明显地变成支配情绪了。这种成功的意识，常常是诱导和支配的交替和混合，其中支配占据主导地位。我也观察到许多在爱情方面采取进攻态势的女孩，她们试图诱导受欢迎的年轻男性对她们赞赏和关注，似乎因为她不愿意这些年轻人成为自己让异性倾倒的障碍。

反抗可能诱发纯粹诱导

然而，我观察到直接由刺激者引起女性诱导的情况，这些刺激者在交往期间任何时候都没有成为对立者。至少有一个案例中，有吸引力的男性通常容易唤起女性受试者真正的诱导反应，几乎与他们对该女性表现出的冷漠相对等。据我观察，这个女孩并没有将这种冷漠视为对立，反而把这样一个冷漠的人视为与自己联合的刺激者，因为她感受到对方的力量弱于自己。事实上，这位男子对她的冷漠，让她觉得是一种适宜刺激，可以让男子的力量降低到一个适合她控制的水平。这时，纯粹的诱导反应，与诱导和支配混合的反应之间的分界线是非常细微的，但通常可以通过详细研究案例来区分清楚。

对于诱导情绪高度发达的受试者，特别是对女孩来说，真正的诱导可能几乎总是被有吸引力的异性所激发，而且该异性对受试者表现出完全的冷漠。在这种情况下，受试者强烈的诱导发展显然成为一个非常低的阈值，使运动神经本性增强力量，对联合性运动神经刺激作出反应。环境刺激者的冷漠，引起了大量联合性的运动神经刺激，这些运动神经刺激在力量上与刺激者对受试者的冷漠程度相对应。运动神经本性对这类刺激具有非常低的强化阈值，因而快速并大力增强力量，从而产生相应强度的诱导反应。因此，可以认为，刺激者的冷漠决定所激发的诱导反应的数量，而不是这种冷漠一开始就引起某种特殊力量来激发诱导反应。

刚刚分析的这类受试者，以真正的诱导对一个有吸引力但无动于衷的刺激者作出反应，这类受试者倾向于对任何具有足够吸引力（与受试者的标准和品位非常一致）的人作出反应。简而言之，这样一个受试者总是容易受到诱导刺激的影响；只有在刺激者很容易受到诱导而产生服从的情况下，诱发反应的强度才不会太大，整体反应因此不太明显。

测量运动神经本性诱导的增量

顺便提一句，我们可以从这种诱导反应得出结论：在诱导反应中，运动神经本性增加的量是运动神经本性的已有强度与取代完全被受试者控制的刺激者所需力量之间的差值。

女孩和同性的结合比和男性更为紧密

像 D 小姐这样的女孩，通常具有发达的女性诱导情绪，换言之，更容易对其他女孩的诱导作出反应，而不是男性。这似乎是因为其他女孩给受试者留下了深刻印象，使得受试者与她们的关系比与男性更亲密。此外，如果受试者运动神经本性的力量不够强大，并且还有一个一贯敏感的强化机制，那么该受试者更容易认为其他女孩是比男人更弱的力量。然而，就 D 小姐而言，重点在于她认为自己和其他女孩之间的关系越来越紧密，对男生却大部分是在支配。简而言之，她似乎认为男性的力量不如自己，两者是对立的而不是相结合的。

在其他一两个类似案例中我还观察到，这种密切结合的另一个特点似乎是强调友谊至上胜过与男性交往。像 F 小姐这样的女孩，很容易从别的女孩那里得到诱导反应，却从不屈服于男性。与男生谈恋爱会让她疏远自己的朋友，这样一来，就没有引起她女性朋友的诱导反应。对男性的服从似乎是敌对的异化行为元素。如果像 F 小姐这样的女孩引起了诱导反应，对男性表现出很大的吸引力，那么这个行为似乎并没有干扰她诱导 D 小姐的效果。事实上，只要男人服从，女孩自己不服从欲望，成功引诱男人的行为似乎会给女孩刺激者和女孩诱导者之间增加结合因素。

刺激的联合需求与其力量成反比

如果刺激者的力量明显逊于诱导者，只需要诱导者稍微加强运动神经本性，那么便可以引起诱导反应。这样看来，为了激发诱导反应，需要与受试者进行较小程度的联合。另一个种族和肤色的孩子可能引起普通女性的诱导反应（尽管不太可能是爱），这几乎和她对自己的孩子一样容易。小男孩、弱者或受伤的人会唤起正常成年男性相当纯粹的诱导反应，即使男孩或弱者与引起诱导反应的男性的标准和品位不一致。即使令某些人讨厌的动物，也可能经常引起人类的诱导反应。看来，无论何时，力量的差距越大，即使轻微的刺激联合也容易引起诱导反应。

如果我们将环境刺激中所需要的联合程度进行比较，以便在适当的环境诱导刺激中引起必要的顺从，我们发现顺从刺激必须总体上与受试者有更密切的联系，而且超过诱导刺激所需要的联合。这样做的原因似乎是，大多数正常的人都知道，减少自己的力量从而被另一个人控制是一件危险的事，因为所顺从的人虽然在顺从之时与自己紧密结合，如果提出要求改变其欲望爱好，两者之间可能随时变成对立关系。

例如，一个女孩在童年时可能完全顺从母亲，那时母亲的态度与孩子的幸福和爱好完全结合在一起。然而，在以后的一段时间里，母亲极有可能用各种方法让女孩留在家里，不允许她到遥远的地方去上学。或者母亲的欲望偏好会让女儿与她自己不爱却富有的男人结婚，而且这个男人可能永远无法让她有爱的感觉。在这种情况下，母亲经常采用唤起女儿的顺从反应的方法，来满足自己的欲望情绪。因此，情绪成熟的成年人通常已经学会了仅顺从与自身密切相关的刺激者。

另外，受试者会对比自己弱的人产生诱导反应，即使后来经证明这些人与受试者的爱好有明显的对立性，而对诱导反应的尝试不会对受试者造成严重伤害。因此，通过学习，需要更加密切的结合来唤起顺从反应而不是诱导反应。当要求进一步降低诱导人或动物的联合性，并且后者与受试者的力量差距又很大时，可能就需要这种类型的学习了。

小结

支配、服从和顺从等诱因是无生命客体的行为准则。当两个客体之间有引力或重力时，较大者会吸引较小者。运动时，较大者控制并引导较小者，并且相应增加自身的力量。在整个反应过程中，两者相继增进联合。人类和动物的诱导行为遵循同样的规则，唯一的区别是人类的诱导行为由整合机制引起，伴随着意识的呈现。

诱导反应无法作用于被去掉脑干的动物，这可能因为诱导发生时，运动神经中枢的调节作用整体优于紧张中枢。诱导行为是自发恋爱行为中的重要反应元素，它显然受丘脑中枢调控。

华生和其他学者在婴儿的行为中发现了诱导反应，该反应通常在停止爱抚婴儿时跟随顺从发生。纯粹的诱导反应是三岁以上女孩的重要行为，像"过家家""上学"和类似的游戏可能是女孩诱导情绪的常见类型，女孩还会用母亲或教师的角色诱导他人顺从她。

据报道，青少年和大点儿的女孩对比自己年纪小或不懂事的其他女孩表现出纯粹的诱导反应。这种行为没有色情或所谓的"性别"元素。我们建议诱导反应向纯粹的方向发展，或者成为正确恋爱情绪（诱导和顺从的复合体）的组成部分，普通女孩和妇女的诱导不会在欲望的迫使下，成为支配或欲望的情绪工具。在正常的女性诱导反应中，主体在整个反应过程中与所引发的人的利益和福祉联系在一起，给人留下能力优越的印象，直到引发自发顺从。然而，在男性受试者中，诱导情绪的发展截然不同。诱导与支配混淆不清，往往受支配控制。在青少年末期，一般男性不会通过诱导-支配去折磨或打败其他男性，因为这种行为只是权宜之计。他会使用诱导反应，但是只将其作为一种欲望工具，由此从其他男性那儿获得帮助和好处。

女性将强制的诱导作为欲望的情感工具，用于竞争满足她们需求的男性。女性通过增强支配满足自身需要，她们无拘无束，表现出纯粹的诱导并且爱上他人，这通常受到机体自然迫使。

通常来说，程度较轻的联合需要唤起诱导反应而不是顺从反应。

诱导情绪发生时，受试者运动神经本性增加的量是初始力量和控制刺激者有效量之间的差值。

诱导的愉快

由始至终，在表明诱导行为是愉快的这方面，内省报告要比那些与顺从有关的报告更加直白。因为真正的诱因需要运动神经本性和运动神经刺激之间的完整结合，所以，如果既没有支配也没有欲望情绪干扰的话，在这种反应中是不可能存在任何不愉快之源的。

许多受试者认为，如果诱导没有成功或者它的成功仍受质疑，那么就会令人非常不愉快。当一个人把追求"成功"作为终点，那么他表现出来的是支配而非诱导。在这些反应中，其目的就是驱赶反抗者，而不是引导其组成一个联合，到对两个人都有益的行动中去。真正的诱导，不论成功与否，一直都是绝对愉快的，因为其他人被看作朋友或联合者。如果一个愿望能够驱使受刺激的人做一些违背意愿的事，那么支配必须替代诱导反应，不愉快会伴随对完成其目的的一种支配反应的失败而产生。

诱导情绪的不愉快无疑会随着联合紧密度的增强而增加，而该联合紧密度由刺激者和目标之间的诱导反应本身所产生。诱导是一种反应类型，并不代表有机体的一种静态平衡。诱导力求将刺激者引入这个紧密的联合中，可以不用额外的奋斗或努力顺从他人。因此，这种有机体完全静态的平衡越有保证，可见的诱导的愉快就越多。许多受试者指出，这种自我察觉表明增加的愉快是一种支配满足。在诱导企图与顺从的静态平衡反应相结合时，就能意识到最终的愉快将会产生。毫无疑问，诱导情绪在到来时，是所有情绪中最令人愉快的。

诱导情绪特殊的意识特征

描述以诱导为特征的一些术语有说服、吸引力、魅力、引诱、即兴（如扮演吸血鬼）、令人信服的、令人印象深刻、诱人的、诱惑、人格魅力、迷人、个人魅力、有感染力的、引导他人、使人信服、转变他人、吸引他人、毛遂自荐、乐于向人推荐、鼓励行动、取信人心和获得友谊。

这些关于诱导行为相似的术语在意思上主要的区别就是欲望的目的或方法

的不同程度的变化,这是整个行为的组成部分。这些有关诱导的一些流行的描述,就好比描述顺从,大部分都是客观的,只提供了一点点有关情绪的线索,这种情绪是当引诱者的诱导反应正在发展中时,他能够在自己的意识中察觉得到的。

粗略地分析一下这些描述诱导的术语,能看到它们作为一种应对他人的行为类型背后与其真实自然的反应大体一致。在任何情况下,诱导本身的增强,使本身与刺激人更加完整地相结合,目的是对那个人的行为加以控制。

同性受试者(尽管男性报告所涉及的诱导反应用作商业或其他欲望的目的)所报道的诱导情绪的自我观察表明,诱导的明确的特征是:赢得他人的自愿顺从去做受试者所说事情的一种非常必要的情绪,这种情绪就是诱导情绪,会随着其他人的顺从而逐渐令人愉快。

第十三章

诱导和顺从

显然，一个孩子要想积极地顺从母亲的命令，必须将其运动神经本性置于由母亲诱发的运动神经刺激的综合控制之下。这种控制包括由母亲决定哪部分运动神经本性应该加强。也就是说，影响孩子加强其运动神经放电以刺激其握肌的决定性因素，是母亲的命令，而不是被抓住的物品。如果婴儿正抓着一根杆子，从婴儿握着杆子的相反方向拉杆子，那么，他的运动神经本性会得到加强，由杆子的对抗运动诱发了运动神经刺激，而运动神经本性的加强，是作为对这种运动神经刺激的反应。另外，我们假设，在海滩野餐后，孩子正拉着一条地毯的一端，帮助母亲折叠起来。地毯很重，母亲必须拉着地毯的一端使出很大的力气才能将其拉直。孩子对地毯没有支配倾向，或者没有主要情绪反应，当地毯的重量和母亲的拉力朝着他抓住地毯的相反方向拉去时，地毯便一点点滑出他的手指。

"泰迪，紧紧抓住它。"妈妈指挥道。泰迪便立即使出全身力气抓住地毯，来回应母亲的要求。在这个例子中，与其说孩子的行为是对地毯的支配反应，不如说是对母亲命令几乎完全顺从的反应。当然，在这之后，泰迪会用他的支配反应来指导顺从反应（D＋S），在这种情况下，泰迪对地毯真正的控制反应会适应他顺从母亲的反应。

D＋S 使机体处于稳定的平衡状态

在这个例子中，我们试想，母亲的命令诱发的运动神经刺激与孩子运动神经本性的各个方面互相配合，这些运动神经刺激能够同时增加孩子的运动神经放电，从而伴随孩子自身的紧张性运动神经传出冲动通过传导路径传向握肌，握肌收缩抓住地毯。这些随之而产生的肌肉紧张增强，将会反射性地增加紧张性运动神经放电，这两者通过肌肉本体感受器提供的额外刺激和相应的中枢强化机制，会对抓住地毯的肌肉造成影响。这似乎足以说明积极的顺从反应是支配反应天生的盟友和补充。

在顺从反应发生的任何时候，都不会将受试者的运动神经本性排除在控制生命体的自然反射平衡之外。然而在其内部，根据顺从刺激的要求，可以通过增强和减少部分刺激指令来适当调整重新分配紧张性放电的总量。反过来，为了与运动神经本性保持完全的联结，这种刺激必须对运动神经本性进行最和谐、高效的调整，以适应整体环境。因此，顺从刺激将仅仅代替环境刺激来进行支配（D）和服从（C），唤起总体环境刺激情境的运动神经本性的优化调整。凭借与顺从刺激的顺从关系，运动神经本性能更有效地保持自然或常态的平衡。之后，这种整合状态会使运动神经本性处于稳定的平衡状态，运动神经本性因其占主导性、是更强大的盟友而得到补充和保证。

诱导反应需要不稳定的反射平衡状态

对于诱导反应，整合模式必然截然不同。诱导反应是一种似乎从运动神经本性总放电模式的特定部分中获得联合的反应。从根本上看，诱导不是运动神经本性为适应总体环境的休眠调整，运动神经本性必须适应周围的支配和服从刺激。诱导还要维持自身力量的增加，从而确保较弱的联合刺激在掌控联合传出冲动的紧张性运动神经放电模式中持续存在。

让我们试着重现母亲机体必须实现的整合情况——在我们刚分析的顺从事件中，她成功地诱导儿子将地毯折叠起来。例子中的母亲，一开始注意到自己的帮手泰迪很弱小，无法在他们的共同的项目中维持二者的联合状态。那么，她的问题就在于，她要通过一种方式来增加和调整运动神经本性，从而使帮手的运动神经本性也得到增强。当母亲命令孩子抓紧地毯时，力量就会得到增加和调整。在折叠地毯的全程中，为了让泰迪持续按照她做希望的那样发挥作用，这位母亲必须继续对孩子的行为发出指令，同时持续监督泰迪，以确保他在恰当的时候作出适当的举动。

此外，母亲还要根据泰迪的身体情况来施加压力。比如，指挥孩子用牙咬或用脚踩地毯是无用的。此外，放松对泰迪施加影响会使他的协助无法获得效果，因为他回应的是母亲而不是地毯本身。首先，母亲自身的机体内，其运动神经本性必须允许这种联合性质的、较弱的运动神经刺激（泰迪）在其总体运动神经放电模式中选择其中一部分，在这一部分中，运动神经刺激和运动神经本性必须相互增加。其次，必须加强母亲运动神经本性中已经占据最后通路的部分，以便较弱的、联合性质的运动神经刺激进入最后通路时，所受抵抗能大量减少。这种情况持续时，较弱的运动神经刺激会作为联合体留在最后通路内，但前提是运动神经本性在必要模式下有选择地增强。

由于运动神经本性具有恢复到自然静止状态或平衡状态的恒定趋势，所以诱导反应的整合状态必然是不稳定的，因此，运动神经本性停止了其暂时的选择性增长，这样又使较弱的联合性传出冲动处于诱惑状态。能让母亲的整合性调整变得持久或稳定的唯一方法，是通过增强联合性运动神经刺激，使之达到一定程度，不仅能够在没有协助的情况下保持现有的联合状态，而且还可以主动选择能让母亲的运动神经本性减少的联合途径。

换句话说，只有泰迪学会折叠地毯并能进一步主动指引母亲活动从而完成合作时，母亲的自然反射平衡才能恢复到完全静止或平衡的状态。当然，这样会转变母亲与孩子之间一开始的关系，变成母亲顺从孩子的引导。从母亲的角度来看，诱导反应被顺从反应取代，不仅使她的整合平衡状态恢复到自然或静止状态，而且可以永久地满足诱导反应的需要，即在这一件事情上获得永久的帮手。

诱导与顺从的关系就如同服从与支配的关系

如果这种诱导（I）和顺从（S）反应的互动机制大致准确，那么，诱导和顺从先后发生时，两者之间的关系就像服从和支配的关系。只要环境诱导刺激让有机体积极地与刺激建立联合关系，诱导就能够以有机体控制的主要情绪反应的形式存在。当这种诱导反应停止时，如果运动神经本性持续对同一联合的环境刺激作出反应，即使这种环境刺激比运动神经本性弱，运动神经本性也会自动调整至能与环境刺激达到紧密联合的状态，并且毫不费力地让刺激和自身形成密切联合。这种情况将会构成被动顺从反应。联合刺激将会用足够的力量吸引运动神经

213

本性进入由刺激决定的模式中，但是它不会对运动神经本性施加足够的力量，以迫使它在该模式中主动反应。因此，主动诱导反应往往自然而然地带来顺从反应。

另外，如果诱导成功，如同母亲指导孩子折叠地毯那样，诱导反应的大获成功往往会在成功诱导之后立即产生积极的顺从态度。诱导反应的最终目的是，将联合刺激增加到比运动神经本性力量更强的程度，而不是低于本性。例如，在华生关于孩子天然行为的描述中，婴儿会伸出手脚邀请别人刺激他（如给他挠痒痒），或者不由自主地拥抱母亲，以诱导母亲继续爱抚自己。在这种情况下，诱导反应的目的，就是增加联合性质的刺激强度，让孩子再次顺从强度增加后的刺激。

教导是诱导（I）＋顺从（S）

任何通过拓展学生知识或提升其能力，以提高其各科成绩的行为，在学生拥有足够的知识储备时会导致一个最终结果，即学生会根据其目标和能力要求老师给他们提供更多的指导。"有经验的老师会通过充分的初步诱导将学生的能力提高到一定层次，这样，老师就可以有效地向他传递知识。"因此，我们发现，大学初级课程主要包括对学生的讲授和严格指导，以使其掌握相应科目的基本技能。到了高年级，课程主要由研讨会和研究工作组成，在这个过程中，学生对自己的设计进行调研或理论阐述，在需要帮助的时候，他会请求教授和同学们对其设计进行帮助和指正。

再次强调，如果我们在刚刚提到的行为中考虑学生控制情绪的反应，我们会发现，在教师同意给学生提供指导之前，学生必须为老师提供诱导。有潜在意向的学生的第一次诱导反应比较简单，可能包括向学院支付必要的费用，安排适当的申请并注册考虑申请的课程，或者请教授批准学生选择该课程。这种简单的诱导行为一旦成功，与学生相比，教授的力量会立即得到增强，在整个即将进行学术研究的期间，教授能够诱导学生，而学生也会顺从教授。因此，在这种类型的行为中，可能出现的主要反应如下：

（1）学生诱导教授接受学生来上他所教授的课程。

（2）教授根据学生的要求接受其诱导。

（3）教授诱导学生按照课程规定开展学习。

（4）学生听从安排完成学习任务。

（5）在随后的高年级课程中，学生诱导教授对学生自身的问题给予特别的帮助。

（6）教授顺应需求提供帮助。

（7）学生相应地改变其方法来体现顺从。

在上述一系列诱导-顺从的反应中，以及前面提到的一系列婴儿诱导反应中，诱导和顺从之间关系的两个方面不容忽视：一方面，在所有例子中，顺从最终都会取代诱导；另一方面，作为有选择性的受试者，诱导反应决定了接下来顺从反应的性质和强度。

诱导（I）＋顺从（S）的学习是愉快的，试错（C+D）的学习是痛苦的

如上所述，诱导和顺从的主要情绪反应之间的适当关系是整个生物体中最重要和最有益的。通过这种方法，人们可以从一些特定领域的专家而不是受试者那里寻求指导和帮助。此后，在受试者的诱导下，高水平的人一旦响应受试者的需求对其进行全面指导，该受试者就会顺从教学实施或指导帮助。正是通过这种情感机制，结合人类和动物顺从和诱导反应的关系，会比那些动用服从进行填鸭式灌输，随后用支配进行强制弥补的方法要少受苦或有更好的学习效果。而那种强制性的学习方法被称为"经验学习法"或"试错法"（the trial and error method）。

没有诱导和顺从反应，人类和动物的生活所承受的痛苦不仅像现在一样巨大，而且还将超乎想象地增加。每个强制服从的习得性反应都会在学习过程中产生一定的不可避免的痛苦。此外，支配反应必须遵循和抵制这种强制执行的服从，通常比原来的遵守更加令人不愉快。"假如说用 C+D 的方法学习给我们带来双重不愉快，为了达到同样的学习目的，使用诱导-顺从机制，能让我们有双重的愉快。"

在上述分析中，如果诱导和顺从的反应具有恰当的关系，就能够将持续愉快的动机作为整个学习过程的背景。在为了生存奋斗的过程中，雄性动物和人类男性获得的强制服从的反应，在"适者生存"的规则下，通常会对学习者的身体和意识的重要部分产生积极的破坏。几乎所有童年时期给人带来的不愉快或异常的

感觉，以及由于过度服从或无谓支配导致的扭曲、夸张的反应，最终都会导致其成年后到内科或精神科就诊，这可归类为学习过程中因强制服从的方法所受的伤害。另外，通过诱导-顺从方式的学习，只要确保二者能够保持恰当的关系，就不会对身体或意识功能造成伤害或缺失。如果在诱导-顺从型学习中被选择的老师掌握的知识不足甚至是错误的，学生在学习之后在实践中会受到伤害，因为他试图用不恰当的方法去操纵环境。在这种情况下，如果诱导者一开始做了错误的选择，即在服从和支配行为试图利用所谓的知识的过程中，会和从前一样遭受伤害。

英美法系禁止对人类使用支配

通过对比"服从-支配反应"的适宜环境刺激与"顺从-诱导反应"的适宜环境刺激之间的区别，就能区分人类受试者对其他人类的正常反应与人类受试者对自然无生命物体的正常反应之间的差别。可以看到，包含法律和所有的社会机构在内的文明基础，都是基于禁止对人类采取"服从-支配"行为，而必须在所有社会关系中采取"诱导-顺从"行为的。英美普通法是英国和美国法律体系的来源，通过刑法和惩罚来试图阻止在人类商业和经济关系中使用支配强制行为。根据英美普通法原则，只有国家才能实施不受限制的支配行为，而且，即便国家迫使其市民强制服从（用强制手段迫使其服从），国家仍要顺从构成其公民的绝大多数人的最高需求，至少理论上如此。

美国的宪法体现了这个原则，包含了一些有名的规定：无正当的法律程序，不能剥夺公民的生命、自由及追求幸福的权力。从主要情绪反应的角度来看，这一规定保护公民免于强制服从，不管是美国公民，还是国家机构都不能对其同胞施加支配性控制。每个个体被赋予一种权力——不需要被迫服从其他任何人施加在他身上的支配性行为，除非他自己因对其他公民实施类似的行为，因而需要接受惩罚。理论上，至少在法庭程序上，通过刑讯逼供得到的供词不予采信。法律上不允许警察暴力执法，除非他们自己或其他公民受到了暴力威胁，或者罪犯对社区的和平采取暴力行为。

法律上也不允许父母和老师通过暴力鞭打来管教顽劣儿童。这个孩子只能提交法庭，法庭会对其进行约束，但不能鞭打。如果父母对孩子进行体罚，便会因虐待儿童而受到刑事控告，传召出庭。反对强制支配的这个规定甚至还推广到对动物的训练或对待上，美国各州几乎都会对"残害动物"进行刑事处罚。

虽然鼓励对无生命物体使用支配反应，但是法律禁止对公民使用相同的支配反应，而且，在商业和贸易中，也禁止对其他人实施强制支配来获取利益。美国的"谢尔曼反托拉斯法"，禁止为了贸易限制而进行任何整合。该联邦法认为，如果一群人获得了对生活必需品的垄断权，他们会间接地对公众施加支配性影响。如果一些"托拉斯"能够垄断该商品并且以过高的要价和为了获得高额利润来定价的话，根据人类的心理、生理规律，大部分的人会被迫去支付这种高价格。

食物、房租和衣服的最高价格是根据政府规章制度来制定的，而这在世界大战期间成为一种备受欢迎的法律原则。我们还发现，人类对采取非暴力原则来保护自己也达成共识，哪怕这种强制是由于自身的身体、天气因素或环境对抗性因素造成的，而随后被不法分子利用，也不能接受。一个国家在对一个违反法律的罪犯进行支配控制时能达到的程度，现如今已受到人类公众舆论和法律规定的限制。死刑在美国已经逐渐废除，因为这种被完全摧毁的恐惧会给那些谋杀嫌疑人施加最大限度的支配控制。很久以前，美国法律就废除了刑讯逼供及"残忍、异常的惩罚方式"，不管在判决前还是判决后，都不会采用这些方法强迫人服从。

普通法在商业中执行时遵循"I+S 关系"

我们将对普通法原则的分析运用到包括合同法和销售法在内的商业法领域中，就会发现商业法的基础似乎是对连续诱导和顺从反应之间的正常关系的默认。通常，普通法要求货物交付或支付款项必须遵从合同协议，或者要求一方当事人对受到损失的另一方进行赔付，如果这个合同增项被当事人接受的话。

就主要情绪而言，合同和销售的法律原则有以下特点：卖家 A 诱导买家 B 顺从 A，为 A 在随后日期内发送给 B 的货物支付一笔钱。当然，法律并没有规定 A 必须诱导 B 或 B 必须顺从 A 的诱导。但是一旦 B 通过顺从 A 来进行应对，法律会规定 A 必须把 B 的支付看作一种诱导刺激，而 A 必须作出顺从反应，发货给 B。我们已经注意到，诱导-顺从反应的这种法律强制的连续性总体来说是正确的。A 诱导成功后，他诱导的对象已经成为自己的一种适宜刺激，因此必须对其作出顺从反应。主要情绪的整合原则超前成为法律体系的原则，而主要情绪机制却在几百年后才提出，这一点确实神奇。

如果受试者 A 诱导 B，使之成为自己适宜的顺从刺激之后，却没有顺从 B，而且，如果有证据显示，A 在诱导 B 顺从他之前，并没有打算后来要顺从 B，那么英国和美国法律会认定 A 犯了"以欺诈手段来获取货物"罪。如果在 B 顺从 A，A 打算顺从 B，但是因为一些不可控的原因未能顺从 B，那么很明显 B 只能够以民事诉讼来追究 A 的经济责任，而不是对 A 提起刑事诉讼。之所以有这种差别，是因为我们的另一种共识：将主要情绪反应运用于事物和运用于人身上是有区别的。如果 A 将 B 视为物体，没有冒犯 B，那么 B 就不能获得国家的帮助，以类似的对待来惩罚 A，但是 A 被认定已经剥夺了他对事物或财产的优先权，他没有从 B 的利益出发正确地管理好自己所拥有的财产。通过 A 对 B 所产生的顺从关系，B 因此获得许可，能强制要求 A 所拥有的财物符合与 B 的关系，即获得 A 承诺要移交给 B 却未能做到的财物。

而且，A 的顺从必须符合他的诱导，关于这一点的完整性，存在着严格的法律限制。"货物出门概不退换"这一规定来自这一情况：被诱导者 B 自愿在一定程度上顺从 A，而这种顺从程度归因于 A 原来的诱导。也就是说，A 说"我销售世界上最好的手表"，然后他给 B 展示手表，同时对该手表的优点夸大言辞。法律认为，这种类型的诱导，本质上，仅凭一番销售谈话是不可能激发 B 的顺从反应去支付天价手表的。因为 B 很可能表现出支配和顺从的一种混合情绪反应。B 不会对 A 的诱导完全屈服，除非拿出来销售的物品刺激了 B，使之对手表作出一种支配反应，依据其被激发的渴望，可以表明支付货款的价格是合理的。因此，法律又认为，欲望性支配对于事物来说是一种恰当且难能可贵的反应，是贸易的最终目标。与此同时，在物物交换中，也要求诱导-顺从反应的恰当整合顺序必须运用到人类关系中。

法律认为 I+S 是一种正确的学习方法

最后，在这一点上，我们有趣地发现，法律在很大程度上意识到在不同阶层中，如成熟发达的人与其他阶层中不发达的人之间，存在诱导－顺从关系是有好处的。应该记住，由于有诱导－顺从关系，在以支配－服从学习方法为主的经验学派占上风的情况下，仍可以获得不必遭受痛苦的学习类型。普通法似乎基于主要情绪的整合原则，使各种关系得以存在，这些关系主要是通过诱导－顺从学习方法来要求训练和保护的。这种关系在法律上被认为"资格"。与特定资格有关的法律权利并非来自特定机构，而是分离自相关人员的诱导和顺从反应。与特定资格有关的法律权利和职责来自资格本身，且除非资格被取消，否则它具有相对固定和不变的性质。

依据普通法，在法定年龄以下的孩子均被视为"未成年人"。对于未成年人，父母或监护人按照法律要求符合各种类型的诱导和顺从反应。例如，他们诱导孩子去上学，遵守国家和社区的法律，吃足够数量的食物，保持健康。法律所要求的父母对孩子的反应就是简单的诱导反应。另外，依据法律，孩子在所有上述提到的行为中，要顺从其父母的命令，也被要求顺从与他有关系的各种人，如学校的老师、城市医生，卫生部门和其他人，而在这些关系中，他们会对他表现出诱导。当未成年人过了法定的 16 岁、18 岁或 21 岁，他对父母和其他人的顺从会随着父母对孩子的诱导地位的削弱而慢慢消失。

依法建立的诱导-顺从关系的其他例子包括警察和普通公民、一个国家和它的市民、丈夫和妻子（在这种地位下，目前双方都需要几乎相同的诱导和顺从），以及监狱管理局和囚犯。

极为有趣的一个事实就是，法律体系的原则已经演变到不需要科学的帮助，就能准确地反映人类之间的诱导-顺从关系的基本原则。如果这些合法关系能得到合理利用的话，那么人类就能够通过学习唯一正常的 I+S 的方法对成年人和青少年进行说教和训练。在某些方面处于劣势的弱势群体通过法律与跟上那些发展较好的人，尽量避免或至少能减轻在支配-服从关系下的"适者生存"规则所带来的不可避免的痛苦。

第十四章

爱

爱（love）不同于性（sex）。根据字典上的解释，"性"（sex）指男性和女性之间身体上的差异及男人和女人不同的性格特征。了解"性"的含义之后，你就会知道"性情绪"（sex emotion）指一个人作为男性或女性所拥有的情绪。从来没有人认真地争辩说，爱是一种只有某种性别的人才能体验到的情绪。毫无疑问，男女都有爱，而且至少女性还会爱着其他女性，且爱的方式与她们爱异性的方式完全相同。因此，爱的情绪（love emotion）不能视作"男性与女性身体上的差异"，也不能认为爱的情绪需要依赖两性差异才能存在。在很大程度上，西方文明因为将爱的情绪等同于性，所以才会在爱情方面设置许多社会禁忌。认为爱是一种情绪，身体结构的两性差异促进了这种情绪的表达，这种观点是正确的。但是，将爱的情绪等同于性别特征，尤其是男性特征，会导致人们完全不能理解爱，这是非常不幸的，因为男性的主要性别特征中，欲望（appetite）占优势，这也会导致将爱情中的性别差异与欲望中的性别差异混淆起来。每种性别都拥有各自的次要爱情特征，同样也拥有各自的次要欲望特征。在身体结构上，爱情中的性别差异主要体现在身体外部，然而欲望当中的性别差异不明显，因为这时可以表现出不同的腺体平衡、不同的饥饿机制和不同的体形及肌肉组织。将"爱"与冠以"性情绪"之名的"性"混为一谈，究其原因，便如将"欲望"与冠以"性情绪"之名的"性"混淆一样。

婴儿表现出主动和被动的爱的行为

前面我们观察到，婴儿表现出支配和服从的整合式复合情绪，同样，婴儿的行为显然也体现出诱导和顺从的某些方面的结合。正如华生、琼斯和其他人提到的，婴儿有两种类型的爱的行为（love behaviour）。第一种爱的行为是：当婴儿停止其他活动、完全受到刺激的控制和引导时，我们可以知道，主动对刺激者顺从构成了外显反应（explicit response）。这样的反应可以被暂时称作爱的被动反应（passive love response），此时将会考虑到服从之外的其他构成因素。婴儿所表现的另一种爱的行为，指的是婴儿贴在父母身上，或者抱着母亲或保姆，以各种方法试图控制所喜爱的人的行为。这种类型的行为包括积极诱导，这是一种最显性的情绪反应。爱的行为的这个方面经常会被定义为"主动的爱"，分析其额外的情绪成分也是很有必要的。

被动的爱是被动诱导（pI）和主动顺从（aS）的复合情绪

在被动的爱（passive love）里，显著的控制因素是主动顺从。在所分析的婴儿的反应中，婴儿敏感区域受到刺激，他们会有显性和隐性的反应。最初，运动神经本性会减少到足以使联合性质的刺激完全受到控制（表现为放弃支配行为，比如哭泣），之后，运动神经本性会增加总体运动神经放电，使之达到运动神经刺激的要求。施加刺激的人挠痒痒使婴儿发笑，抚摸和爱抚婴儿，以这些方式选定婴儿身体受紧张性神经支配的相关部位，如骨骼肌和内脏，这时婴儿会对强加的刺激作出主动的反应并变得更加紧张。主动的反应不是对抗性质的，但它表明，紧张性神经放电通道会为刺激引发的冲动打开大门。例如，阴茎的勃起就是一种紧张性的最终反应，一般受到皮质抑制的影响[①]。因此，当发生这种反应时，运动神经本性很明显不会进一步受到所激发的运动神经刺激的抑制，但是，它会对敏感区域刺激所产生的联合性冲动产生积极和顺从反应，这就是主动顺从。

---

① E. G. Martin and M. L. Tainter, "The Inhibition of Erection by Decerebration," *American Journal of Physiology*, 1923, vol. 65, pp, 139-147.

此外，被动的爱包含第二个因素，第一个因素是以刚提到的主动顺从为条件。第二个因素包含伸出手和脚让别人来挠痒痒（在第十二章中已经提到过），这被视作诱导的表达。有人会认为，婴儿非常享受主动顺从的体验，所以会伸出手脚，让刺激者方便挠痒痒，以期望延长这种体验。这种行为虽然本质上具有诱导的特征，但是比起自发的拥抱和贴着母亲的身体，在某种形式上更具有被动性。受到刺激的部分只是暗示性地邀请进一步的刺激，但是并没有尝试主动采取措施带来进一步的刺激。可以认为，运动神经本性加强了自身的力量，表现为对手、脚和其他部位的紧张性神经支配，目的是引起他人对这些部位的注意，让这些部位伸展出去获得更多的刺激。但是运动神经本性还不够强大，也没有足够的积极性让这些身体部位贴近刺激者的身体，因而也无法激发婴儿所顺从的人相应的力量。那么，运动神经本性的这种部分强化（其目的是邀请刺激者选择给予的刺激），便可以称为被动诱导。

很显然，被动诱导能与主动顺从有效地共存，这一点可以从以上讨论的婴儿行为中看出。而且，两种反应会与受试者的运动神经本性相互结合，彼此也会相互结合。两种反应由同一个刺激者所激发和表达。被动诱导和主动顺从复合而成的情绪可以称为被动的爱。

主动的爱是主动诱导和被动顺从的复合情绪

通过对婴儿行为中有关主动的爱（active love）的分析，显示了一对同时发生的主要情绪反应元素。当然，之前婴儿突然拥抱或紧靠着母亲，在婴儿自身的机体中肯定有一些诱发性或决定性反应。也就是说，母亲或保姆有可能经常抱婴儿，或者和婴儿有肢体接触，但没有表现出任何主动的爱的行为。在其他场合，婴儿自发地展示了爱的主动性。那么，婴儿的机体中究竟是什么性质的预备反应（preparatory response）能让他在那些情况下自发表现出对母亲的主动的爱？

婴儿有机体中隐性的预设反应（predetermining reaction）或许可以从母亲停止给婴儿爱抚和轻拍后，婴儿表现出主动的爱的频率来进行思考。实际上，在我观察到的男性婴儿的案例中，每次在母亲或保姆停止爱抚或轻拍婴儿时，主动的爱的反应会立即出现。有一次，母亲一直在给三个月大的婴儿洗澡。水温的刺激，以及母亲抚摸婴儿的皮肤唤起了被动的爱的反应。洗完澡后，抚摸停止了，婴儿没有哭，自发地伸出了手臂。母亲把手放在婴儿够得着的地方，婴儿用两只手抓住母亲的手，把它抱在自己的怀里。

我在一些年纪稍大的女婴身上发现了类似的主动的爱，但这些婴儿并不是在被爱抚之后，立刻出现主动的爱。在这些案例中，婴儿的这种主动的爱，总会向之前经常安抚自己的人表达，可能母亲已经间隔了很久没有抚摸婴儿了。

这些案例似乎表明，对男性婴儿而言，主动的爱的行为往往发生在主动顺从的刺激仍作用于机体的时候，但是刺激结束以后，它不再拥有足够的力量积极作用于婴儿的运动神经本性。而女婴的案例表明，爱的荷尔蒙累积到足够的程度，一段时间之后仍可能存在，并且以相似的方式作用于有机体。如果一个顺从刺激作用于有机体，即使不够强大到支配婴儿的运动神经本性，这种刺激仍然足以让运动神经本性产生被动顺从。在以上案例中，这种刺激要么以神经中枢后放（after discharge）的形式被应用于男婴的机体中，要么可能在适当的区域中以爱的荷尔蒙（love hormone）形式体现在女婴的机体中。在这两个案例中，被动顺从反应似乎都包含轻易地放弃运动神经本性的一切活动，这种运动神经本性与机体内引发被动顺从的运动神经刺激不相兼容。

这种情况似乎是主动诱导反应的诱发原因，由母亲和所爱的人组成的环境刺激所引发。在被动服从阵发性饥饿感的案例中，食物是唯一强于饥饿感的环境刺激。同样，在机体内部的被动顺从刺激案例中，引发爱的刺激者似乎是唯一弱于受试者的环境刺激（因为受试者知道这个人服从她的诱导），但又强于当前控制运动神经本性的被动顺从刺激。这种整合情况致使婴儿对母亲产生诱导反应，就如同饥饿感致使婴儿和成人机体对食物产生反应。

如果母亲没有出现，没有唤起诱导反应，机体便无法对其他环境刺激作出长时间的协调情绪反应，就像被动顺从反应对内部机体刺激作出反应那么长。似乎只有这种积极诱导的反应才能在这时控制婴儿的大部分行为，就像单凭食物就能够在饥饿感持续期间控制其行为。因此，婴儿明显地体现出主动诱导反应，却对某些机体内部刺激作出含蓄的被动顺从反应，在这些婴儿身上，我们发现存在一种新的复合情绪，包含同时发生的主动诱导和被动顺从，而这种复合情绪就被称为主动的爱。

诱惑（Captivation）

前面我们为了概括或命名所发现的复合情绪，分析了婴儿反应，但不管是主动的爱还是被动的爱，其意识情绪特性在婴儿行为中都不是很确定的。然而，我们已经从稍大一些的孩子的行为中，清楚地发现了主动和被动的爱的反应特征。在研究诱导时，分析了一系列男性反应，包括施加在较弱男性身上的虐待或折磨。我们注意到，在那个时候，潜在的爱的反应已经调整为支配反应，并且由支配反应控制，这种支配反应混合着诱导和顺从，导致一种特定的反应类型，专为诱惑较弱的男性而设计。从主要的情绪因素及同时发生的复合过程来看，这种诱惑情感似乎和在婴儿的行为中所发现的主动的爱的反应是相同的。

将这种复合情绪中的支配和欲望情绪完全抽离出来，我们发现，其中还剩下一个主动的诱导反应（旨在使受到折磨的男孩产生顺从反应），外加一个被动服从反应（也许是由一系列环境刺激引发的，取决于环境）。如果一群男孩（在社会心理学中被称为"群体"）团结在一起，对一个比其他人弱小的男孩进行欺凌或折磨，那么这个团体中的每个个体都会被动地服从这个整体。一个群体或团体，当然不具备统一的"意志"或"精神"，这种"意志"或"精神"可以积极引导或强迫群体中的个别成员。但是，让八个、十个或二十个男孩参与同一种游戏，可以有效地诱导团体中的每个成员放弃所有个人欲望和活动，而遵从团体的意志和活动。每个男孩对团体的这种反应就是一种明显的被动顺从反应。

大家经常提到这样一个事实：团体中的一些成员在折磨某个人时，如果私下有异议，要不是他们感觉到来自整个团体的强大影响，他们不会继续当前所做的事。正是这种影响迫使他们继续做下去。当然，群体的影响在某种程度上可能是支配性影响，受到过度影响的群体成员的行为中还混杂着服从。然而，群体对单个成员的影响主要是诱导，因为每个成员都希望遵从同伴的良好意愿，不希望被认为是一个逃兵，所以相比之下，他们更容易受到同伴的影响，而不是因为退出团体活动会受到一顿胖揍才继续参加团体活动。总之，对同伴的尊重将使每个男孩都顺从整个群体，因而一起欺负另一个男孩。

如果男孩的被动顺从反应增加一种对被欺负男孩的主动诱导反应，那就变成一种复合情绪，我们已经称之为"主动的爱"。在折磨他人的男性的情绪意识中，这种主动的爱的因素清楚地表明了在奴役（诱惑）刺激者时有快感。

必须记住，刚刚提到的男性情绪包含混杂着支配的主导情绪。因此，对于强迫他人产生诱惑和屈从进而获得快乐这一行为，我们需要谨慎对待这种包含暴力性质和对抗性质的快乐，才能揭示主动的爱这一情绪的真正特性。如果把支配抽取出来，只剩下纯粹的主动的爱，我们依然发现俘获弱者（受刺激者）时的愉快感。但纯粹的主动的爱如果要产生愉快感，必须先让它的俘虏愉快。主动的爱要求被俘的人必须是自愿的，而且完全顺从。只有当俘获者对受刺激者完全有吸引力时才能达到这种效果，被俘获者才会自愿顺从施加于他的吸引力。根据这一分析，主动的爱必须被定义为"以个人魅力的力量俘获所爱之人"。

"诱惑"这个术语几乎传达出了该含义。诱惑指的是"用魅力来诱使"，它描述了纯粹的主动的爱这一情绪的一种非常恰当的特征。因此，我们会将"诱惑"这个术语作为主动的爱的一种语言符号。

两性之间的斗争会激发相互的诱惑情绪

诱惑情绪常见于男女之间的日常生活。几乎所有正常的男孩女孩都会经历大量的诱惑情绪，它们来自与有魅力的异性进行的嬉笑打闹。诱惑情绪会更频繁地发生在同样的情绪斗争或智力斗争中，这种斗争并不是为了像支配物品那样去支配对手，斗争的目的仅仅是决定谁应该诱导，谁应该顺从。

在这种类型的行为中，没有任何群体或团体引发个人的被动顺从。在两性斗争中，两人各自引发对方的被动顺从。也就是说，在男性和女性的身体和情绪间至少通过学习获得了联合。在这种斗争中，每个人都试图增加运动神经本性的力量，从而诱导要去俘获的人。这种试图去诱导的行为每次都可以取得部分成功，能够唤起某个异性的一些顺从；但是，这种顺从反应只能阻止他人对除诱导者外的刺激者产生反应。这就是两者间的被动顺从反应。

然而，每个人都在继续尝试证明自己的身体或情绪的力量优于对方，这就构成了主动诱导。因此，在先前分析过的主动的爱这种反应中，我们可以看到隐性的被动顺从和显性的主动诱导相结合。然而在这种两性间斗争的情况下，主要情绪要素中有一个逐渐增加的刺激，这个刺激随着斗争的增加而增加。因此，这种情况会唤起斗争双方的一种最大限度的愉快的诱惑情绪。两性之间的相互诱惑是日常生活中非常普遍的现象。在海边，人们都穿得比别的场合更暴露，男人们经常抓住女性同伴并试图把她们带去冲浪，而在海滩上的女性则会向男性同伴扔石子。这些活动目的在于激发我们刚才所分析的相互诱惑。

在通过传统类型的聚会建立的两性之间的社会关系中，诱惑竞争更多的是由女性唤起的，而不是男性。我在临床中注意到了一个属于这种类型的案例，正好能够说明我们所提到的这种行为。一个二十岁的女孩 Z 非常坦率地说，自己"根本不能阻止男性粗暴地对待自己"。她问我怎样能阻止这种她所说的"男人的兽性"，她确信这种欲望是由于她的性魅力激发的，而现在却超出了可控范围。这个年轻女孩说出了一件事情，我后来部分证实了这件事。

X 先生与 Z 小姐相识于一场舞会，并且邀请她坐他的车兜风。车里到底发生了什么事情，没有人知道，因为 Z 和 X 所讲的故事截然不同。然而，在 Z 小姐回来后，几个 Z 的朋友描述了 Z 的样子（我就这件事对她们进行了询问）。"她整个人一团糟"，其中的一个女孩说道。她的上臂严重擦伤了，嘴唇裂开了，而且肿得厉害；她的衣服被撕破了，长长的头发垂在肩上，凌乱不堪。然而没有证据证明她与 X 先发生了性关系，只是 Z 小姐下了 X 先生的车回来之后，朋友们发现她哭得很厉害。

从这些事实初步推断，至少可以说，X 先生对待异性的行为就像一个野蛮人。但是，经过仔细调查后，却并没有发现 X 在对待其他女孩时曾经有过任何粗鲁或暴力的行为。有几个女孩几乎与 Z 一样也搭乘过 X 的车。在一个例子中，我能够证实 X 曾经与一个来参加他舞会的女孩 Y 小姐发生了性关系，但是没有发生其他不好的事。"是的"，这个女孩告诉我，"X 完全没有问题。我直接告诉他我不喜欢他。"Y 小姐的确用这种方式拒绝了 X，而且证据确凿。

X 先生对 Z 小姐的反应无疑取决于 Z 小姐"对待男人的技巧"。Z 习惯性地接近各种男性（包括我本人），她总以一种有效的方式来展示自己的身体魅力，进而吸引那些男人的注意。她的方法很大胆、刺激，但也太有挑逗性了。她当着男人的面炫耀自己，好像自己拒绝亲密的行为是一种无可厚非的美德。但是这其实给男性提供了一个明确的挑战信号，他们为了显示自己强大的情绪力量，就会通过诱导 Z 小姐来试图改变她这种态度。简言之，Z 小姐自己很容易顺从某个男人的关注，因此唤起男人的顺从，从而让他不可避免地聚焦到她的魅力上。同时，她直率地、明确地宣称自己在两性问题上有优越感，进而唤起了主动诱导和支配的复合情绪。被动顺从和主动诱导同时发生，从男性角度来看，这就是一种诱惑情绪（当然，对普通的男性而言，还混杂着支配）。

Z 小姐向所有男性发起了两性之间的斗争，她并没有意识到这种对普通男人的诱惑反应不可避免地混杂着支配。Z 最初依赖强大的社交场合的支配力量来消除 X 对她的支配，但在搭便车的情况下，这种力量消失了，Z 小姐便遭受了 X 先生的释放性的支配。这是一种古老的两性间的情绪反应，女性通常拒绝去理解这一点。她们拒绝理解其真正的本性，似乎是因为她们不愿意接受上面提到过的事实，即在"为欲望而诱导"的机制下，女性的支配力量是从男性那里借来的，是来自那些能够保护她的男性，使她免受其他男性或比她更强大的女性的伤害。如果她放弃了这种因为诱导而获得的间接力量的保护，她自身的力量很快就会被男性优势的支配力（包括身体和情绪上的力量）所压倒。很难找到这样一个男性：我们能够唤起他的诱惑情绪，却不让这种情绪中混杂控制性的支配反应。

Z 小姐和 X 先生的案例似乎就是这种情况。Z 小姐的行为所提供的刺激的本质与 Y 小姐的行为进行对比就会更明显。尽管 Y 小姐的身材同 Z 小姐一样也很有吸引力，但是在拒绝 X 先生的示爱时，Y 小姐不但没有唤起 X 的支配行为，而且也没有唤起他的诱惑反应。Y 小姐具有一种非凡的能力，能将支配情绪和爱的情绪结合起来。她的支配能力基本与 X 先生相当，身体也很强大。Y 小姐对待男性或女性时的反应主要是顺从，除非遇到让自己厌恶的情况才会动用支配。显然，Y 小姐在对待 X 先生时基本没有进行诱导。在这段关系中，她顺从他的品位和兴趣，但是当 X 显示出那种支配的诱惑行为倾向时，Y 小姐对他的行为有明显的敌对反应，明确而不屈地显示出支配反应，加上 X 先生的社交训练，让 X 变得顺从而没有引发更深层的诱惑情绪。也就是说，当 Y 小姐冷静又果断地拒绝了 X 先生，让他看到 Y 小姐成了对抗性的环境刺激，而且比自己更强大，至少在与社会习俗的力量相结合时是这样的。同时，Y 小姐顺从 X 的品位和兴趣，这在 X 那里，引发了一种相当纯粹的诱导行为，在最有利于 Y 的情境下，让 X 明显地愿意和 Y 保持朋友关系，并且享受 Y 小姐的陪伴。事实上，在 X 性格中，有两种不同类型的情绪反应可以依次在他的行为中观察到，X 先生几乎就像哲基尔和海德[1]那样有双重人格。但是，X 的情绪反应差异并不能归因于他的任何特质，这只是两种刺激类型之间的极端对比，每种刺激都能唤起可预测的情绪。

男性诱惑男性，能体会到支配–诱惑情绪

1925 年至 1926 年，弗朗西斯科·凯勒（F.S. Keller）和我对学生们在校园霸凌和年级斗争进行了研究[2]。我们发现，几乎所有的高年级学生在对新生施加支配–诱惑反应时，都会产生强烈的快感。在所有报道的案例中，当高年级男生与新生之间展开身体较量，并且搞定了新生后，高年级学生体验到的支配–诱惑情绪的力量和快感都大大地加强了。

按照惯例，大二学生和新生之间会展开一系列的较量。在此期间，每个年级的学生都会试图阻止他们的对手举办年级聚会。只要某个年级的男生们有理由认为他们的对手打算举办聚会，他们就会尽可能多地抓住对立年级的男生，将他们绑起来，一直绑着或关着，直到确定那天不能举行任何聚会。如果对立年级中被抓住的一位成员不想被关着的话，他也可以"退出"（sign off），但他必须承诺，如果那天举办聚会，他不会去参加宴会。

被抓的男生大概只有非常少的一部分（一到两个）会被长时间绑着。他们说，只要被对手战胜并绑起来，他们就不能感受到任何快乐。接下来就变成一种妥协：要么继续忍受这种不舒适感，要么忍受屈服带来的屈辱感。然而，大部分胜利者和投降者称，在争斗期间，他们都体验到强烈的、愉快的支配–诱惑情绪，直到最后确定了哪一方占据优势。

胜利者称，在捆绑和压制他们的对手的过程中，他们在诱惑情绪反应中的快乐感增加得较多。如果有对手"退出"，那么总体来说，他们体验到的愉快的诱惑情绪会较少。有一些男生的支配或服从（取决于在争斗中所扮演的角色）感非常突出，因而，从他们的内省描述（introspective description）中无法发现诱惑（臣服）情绪因素。然而，在整个情绪模式中，这些男生们的行为还是显示出大量诱

---

① Jekyll and Hyde，史蒂芬森笔下的一个具有人格分裂症的人物，白天是善良的哲基尔，晚上变成邪恶的海德。——译者注

② 这些研究是在马萨诸塞塔夫茨学院进行的，凯勒先生在此担任心理学讲师。

惑反应的情绪因素。在这些较量中，似乎参与身体搏斗的两个男生，被动服从和主动引诱会相互激发对方，其目标不是伤害另一个男生，或者将其作为成功路上的障碍进行消灭，而是通过捆绑和束缚来俘获他的身体。

这种情形似乎代表了对诱惑情绪的最强的刺激类型之一。男性受试者的支配反应完全无法阻止或抑制大多数这些受试者的诱惑情绪，这一事实似乎证明了刺激情形会选择性地激发诱惑情绪。同样地，一位男性（刺激者）激发了另一位男性的纯粹的诱惑反应，这一事实说明诱惑反应并不局限于两性之间。

女性惩罚女性，能体会到诱惑情绪

在 1925 年至 1926 学年，奥利芙·伯恩（Olive Byrne）和我对大二学生和高年级女生在对大一新生每年进行惩罚的期间所表现出的情绪进行了研究[1]。学校有个惯例，由高年级女生给大一女生设定一些规则，要求她们服从，这些规则要求新生、佩戴新生纽扣、平常要听从学姐的命令。在春季，大二的女生们会举行所谓的 "Baby 聚会"[2]，要求所有大一的女生必须参加。在这个聚会上，大一女生的不良行为会受到斥责，如果她们不服从或敢于反抗，就会受到惩罚。之所以叫作 "Baby 聚会"，是因为大二女生要求这些新生在聚会上必须穿得像婴儿那样。

在聚会上，在大二学生的要求下，这些大一的女生要完成一些表演。例如，有一次，大一的女生被带到一个漆黑的走廊里，她们被蒙上眼睛，手臂被绑在身后，每次只有一个人被带到这个走廊上，每隔一段距离，就有 个大二的学生驻守。这种安排主要是让那些受到惩罚的女孩们知道，她们是逃不出大二学生的手掌心的。在经过一系列的无伤害的惩罚之后，每个女孩会被带到一个大房间里，所有高年级和低年级女生都聚集在这里。在这里，她会被要求做各种表演，这些表演非常适合惩罚每个不遵循高年级女生所制定的纪律的女孩。如果必要的话，大二女生还拿着一根长长的棍子来强迫大一女生完成表演。尽管这种安排并不需要这些女生进行像之前提到的男生之间的肉搏战，但是，据大多数高年级的女生说，这一娱乐中最精彩的部分就是，大一女生会经常反抗那些抓捕或看管她们的

---

[1] 这些研究是伯恩小姐还是一名学生时，在马萨诸塞杰克逊学院进行的。

[2] 美国大学校园里姐妹会的一种形式，类似兄弟会所举办的聚会。——译者注

大二女生。

几乎所有的大二学生都讲述到整个聚会上诱惑情绪带来的兴奋和愉快感。在她们必须在身体上制服那些反抗的新生时，或者通过反复要求和额外惩罚让新生完成她们奋力逃避的表演时，诱惑反应的愉快感似乎会增强。另外，在一个新生哭泣或表现出害怕的时候，事实上，大二的"看守者"会表现出一种不愉快的情感，带有"同情"和"对她感到抱歉"的情绪。她们总是告诉该新生"不要害怕"，并且劝她而不是逼迫她继续这样做下去（这种行为与那些大学的男性欺凌者完全相反，男性欺凌者会经常用伤害性的暴力来对待一个软弱或胆怯的男孩）。

在对这些女生反应的研究中，似乎很显然，最强和最愉快的诱惑情绪是在与试图逃避控制的女生的斗争中体验到的。被诱惑者表现出痛苦或不愉快时，总会激发一种完全不同类型的"爱的反应"。

在后一种情况中，或者当一个女生完全服从的时候，年长的女生会激发出一种近乎纯粹的诱导反应，其中大量混杂着一种积极顺从，顺从受到惩罚的女生的需求。那些新生所穿的衣服很大程度上增强了高年级女生的被动顺从和主动诱导情绪，但是，因为传统原因，这些女生不会在其内省报告中完全坦言这一点，因而内省描述显得非常含蓄。

总体来说，似乎高年级女生体会到了纯粹的诱惑情绪，这种情绪给她们带来极大的快乐。从她们的描述中，或者我们所观察到的、她们对待低年级女孩的行为中，几乎没有发现有支配情绪混杂其中。尽管最强和最愉快的诱惑情绪出现在低年级女生通过身体抗争来逃避高年级女生惩罚的时候，但是很多迹象表明，诱惑情绪在所述行为中始终存在，甚至在"Baby 聚会"前后都存在诱惑情绪，而且与身体抗争情境一样强烈和愉快。也许，女性机体中在婴幼儿时期就已经有爱的荷尔蒙，这种器官内部的刺激会使得女孩和妇女们通过激发被动服从而产生诱惑情绪。当然，在所研究的女孩身上，这种反应出现在她们的行为中，也出现在她们天真的内省中，而且反应形式比男性在同样环境刺激情形下作出的反应更为纯粹，并且始终一致。与男性的行为相比，女性行为更能说明诱惑情绪不受两性关系的限制。在适当的情况下，女性受试者会因另一个女孩而激发出强烈的诱惑反应，与她们因男性而激发的这种反应一样强烈。

激情

在使用"激情"（passion）这个术语来描述被动的爱这一情绪时，一定要小心谨慎。在通俗文学中，"激情"一词可以用于表示诱惑情绪、真实的被动的爱或两者的混合，而不加区分。在从几百个受试者身上获得内省描述后，我发现，在大多数情况下，"燃烧的激情"（flaming passion）或"红色激情"（red passion）或"深红激情"（crimson passion）是用来描述诱惑情绪的，而不是被动的爱。尽管对于已经规定好的情绪状态，我们预先确定了其主动情感基调，然而，其中总会混杂大量对爱人的主动顺从。由于这种情绪因素是被动的爱的主要特征，它证实了以下结论：在所描述的两性关系中，爱的被动和主动两个方面都是密不可分的。

所以，通俗点说，激情指的是一种身体上爱的情绪，包含了被动和主动因素，但是主动因素占主导地位。在这一点上，我们似乎不可能遵从文学术语"激情"的含义。"诱惑情绪"比"激情"这个词更能准确地描述主动的爱，"激情"表示对爱人的主动顺从。

根据这样定义的术语，90%的受试者发现，他们观察和分析自己爱的情绪的内省能力非常明显。然而，必须要明白的事实是，这里所使用的术语"激情"并不是指爱的侵略或主导性，也不是指通常与红色有关的激情。

儿童行为中的激情

在前一章节中我们提到，在被动的爱这一情绪中，对引诱者的主动顺从的显性反应与对同一个人的被动诱导的隐性反应相互结合起来了。但是，先前分析的是婴儿的行为，因此没有内省报告可供我们参考。对于包含这两种复合的主要情绪因素的情绪意识，我们无法概括其特征。因此，我们现在必须考虑两种性别的人在更成熟年龄段的人的反应，以确定被动的爱的意识特征。

2～5岁的男孩和女孩会有一种温和的激情，这是对妈妈或保姆的一种自然反应。这个年龄段的孩子通常能够通过简短的话语及口齿不清的声音来表明他们意识的一般趋势。母亲使用前面提到的各种方式爱抚孩子的身体时，孩子会紧紧地抱住妈妈，发出轻微的抽气声，或者有时轻轻地喘息，和两性关系中成人的激情没有什么不同。对母亲的爱意经常会用简短的话语和微笑来表达，明显地表明他非常专注于母亲这一控制性刺激，而且专注于双手和前臂有节奏的运动。

随着词汇量的增加，年龄稍大的孩子会说"妈妈很漂亮"，或者"我爱妈妈"等话语，表达对母亲的一种爱的反应，是自发的而且完全顺从的。显然，存在对母亲这一确定情感因素的主动顺从，并且和所描述的被动诱导态度相结合。许多精神分析家一致认为，这些被动的爱的反应是有意识特征的激情，因此，这种激情会变成不安分的异常状态，在这种异常状态下，支配反应特别强的男性很容易因为欲望而丧失正常的爱的情绪。虽然我承认这个特殊的心理分析发现很准确，我必须强烈地陈述我的发现：男孩和女孩对母亲的激情是一种自然的、非常满足的爱的反应。事实上，如果在某种程度上，在五岁或六岁之前，母亲没有激发出孩子的激情，那么孩子的发展就会受到非常严重的阻碍。在现代文明体制下，男孩绝对不可能在他后续的生命成长中再一次获得纯激情发展的机会。

诱惑在女孩行为中是自发因素，不是激情

五六岁或以上的女孩很有可能与同龄女孩产生被动的爱，无论有没有生殖器官的相互刺激。这种激情体验似乎并不是因为某一方的身体存在引发激情的器官内刺激，而是彼此间诱惑行为的自然表达，被诱惑的女孩相应地产生屈服。在 5～7 岁的孩子中，至少有两个这类恋爱关系引起了我的注意。这两个案例中的孩子，无论是进行医学检查，还是心理检查，都是完全正常的。

到目前为止，虽然我还无法对这些案例进行广泛的收集和汇编，但是我对负责照顾孩子们身体状态的工作人员进行了咨询。他们认为，女孩们之间的这种关系成了一种惯例，而不是因为缺乏对禁止行为的教导而造成的例外。一个小女孩因其他小女孩而引发了激情，这种激情显然具有被动的爱的典型情感基调，并且热烈地顺从诱导者，完全被这种伙伴关系迷住。经常有三人或三人以上组成的一群女孩，五岁到七岁，自发地形成这种爱的关系。这种反应的两个方面似乎对身体有害。首先是父母或教师对这种行为持禁止态度，因而她们会秘密进行。其次，诱导者施加诱导刺激时，处于无知和不成熟状态（无论生殖器官是否受到刺激）。在这种诱惑-激情关系自发形成的过程中，我发现女性情绪发展正常，并无异常情况。

女孩容易被其他女孩引发激情反应

青春期的女孩及年龄稍大的女孩,会对其他女孩、老师或年龄稍大的女性产生"迷恋"(crush),这种现象特别容易识别,所以,无须进行特别的描述。产生迷恋情绪的女孩会对其迷恋对象表现出一种异常强烈和专注的激情。在一个实例中,一些 14~17 岁的年轻女孩迷恋同一所学校的另一个女孩。

引发激情的女孩叫伊维特(Yvette),年龄稍大,当时 18 岁。她面色苍白,身体消瘦,头发弄成一种与众不同的奇怪风格,走路时习惯性地踮着脚走。"她并不漂亮",她的一个女性崇拜者告诉我,"但是她很迷人。""她似乎很需要别人,并且把别人吸引到她身边",追随她的一位女孩对她的诱惑影响作出了恰如其分的描述。有趣的是,这位追随者产生了完全主动的顺从反应。迷恋伊维特的女孩们也开始踮着脚走路,尽可能地把头发弄得像伊维特那样,并且开始刻苦地练习绘画,因为伊维特有着显著的艺术天赋。伊维特的崇拜者不满足于这些顺从反应,还熬夜到很晚,目的是为了能够使自己看起来脸色苍白,就像她们迷恋的那个女孩那样。

伊维特并没有以任何方式限制她对同性的诱惑,但她习惯了在夜里溜出去见那些同样爱她的男孩。虽然这些年轻女孩千方百计要去引起追随伊维特的男孩的关注,但她们对伊维特没有表现出丝毫的嫉妒。她们全力帮助伊维特去跟这些男孩非法见面,并且认为她进行这些秘密约会,是"很勇敢"的。在伊维特和她的女性迷恋者的案例中,毫无疑问,只比她略小的那些女孩产生了异常强烈和持久的激情,但没有任何身体接触或生殖器官刺激。

不同年级女大学生关系中的激情研究

为了确定 Baby 聚会中是否存在激情,杰克逊学院的格莱德(L. F. Glidden)女士在我的指导下,对她班上的女生进行了研究,研究内容是如何看待高年级女生对待她们的方式。这项研究进行之时,受到调查的女生已经大二了,她们在前一年春季的 Baby 聚会上完成了对大二学生的顺从,并且现在已经积极参与管束新入学的女生。调查大约进行了 2 个月,然而,受到调查的女生们还没有以抓捕者的身份出现在下一届的 Baby 聚会上，所以回顾下来，她们就不会有参与两种不同 Baby 聚会时产生的情感转变。本研究试图确定当这些女生自己成了大二学生时，对大二学生给新生进行服从训练这种做法的看法，以及在她们的记忆中，前一年还是新生的时候，大二女生对待她们的态度。当然，我要求格莱德女士与同自己关系亲密的同学接触，并且不能让她们发现她正在进行一个心理研究。这个要求完成得非常成功。

　　对这些女生的调查涉及以下几个方面：①她们是新生时是否喜欢 Baby 聚会？要求她们评估自己被大二学生强行约束期间的愉快程度，其中 10 人评为"最愉快"，0 人表示"没有感觉"。②上一年中，她们必须以各种方式服务和服从大二学生，对这一点，她们持何态度？③现在作为大二学生，她们是否认可并喜欢她们所参加的新生顺从训练？④她们愿意顺从男性，还是愿意顺从女性？⑤如果有选择，她们会选择成为一个不快乐的主人，还是一个快乐的奴隶？格莱德女士及时记录这些问题的答案及任何相关的内省描述。这些调查结果以表格的形式展现出来（见表 3）。

　　这项研究的可靠性在于研究者依靠自己和这些同学的亲近关系，从而能够获得她们的自我观察报告（内省式描述），而不是对一些研究数据进行统计分析。作为那些女生的朋友，格莱德女士在获得这些报告的过程中不但赢得了信任，同时，受到调查的那些女生也知道，她们的提问者对她们的行为和普遍的态度有一定的了解。因此我认为，格莱德女士收集到的这些自我观察报告，与同类的一般研究相比，其中有意识或潜意识的欺骗成分会更少。

　　在 Baby 聚会受到强制约束期间经历的愉快等级或愉快情感的趋势值大约为7。有些女生拒绝给出愉快等级，这表明受约束期间在很大程度上抑制了她们的情感。有趣的是，有更多的女生在"享受被支配"这一栏里填了 9 和 10，这一项比其他项的值都高，这表明她们在此期间体验到最大的愉快。同样有趣的是，只有 14 个女生坦白地承认，她们在整个一年当中都很享受对大二学生的顺从，有20 个女生表示很高兴可以让新生顺从她们。尽管 17 个女生承认自己总体上是顺从男性的，还有 12 个女生表示愿意顺从女性，但是，她们的所谓"顺从男性"，根本就不是顺从，而是诱导，至少在许多情况下如此。然而，前面已经说过，在现有的社会制度下，女性受到系统的培训，用诱导和顺从反应作为从男性那里实现欲望和利益的方法，这似乎是真的。

表3 不同年级大学女生关系的研究

受试者	Baby 聚会的愉快等级	是否享受被大一学生支配的感觉	是否享受支配新生的感觉	愿意顺从男性还是女性	选择当不快乐的主人还是快乐的奴隶	内省描述
1	10	是	十分享受	两者都顺从	主人	在 Baby 聚会中感到兴奋，非常不喜欢服从
2	1	否	绝不	两者都不顺从	主人	Baby 聚会很糟糕。不喜欢大一学生，喜欢权利
3	1	是	这是一件很傻的事，但是很有趣	两者都顺从	奴隶	如果在 Baby 聚会不去服从一点也不好玩了，会服从她所爱的人
4		是，如果大一学生是自己的朋友	是	男性		讨厌 Baby 聚会，因为它很荒谬
5	9	是	是	女性		因为服从大二学生而感到兴奋
6		否	讨厌这种感觉。不好，但又有必要。	两者都不顺从	主人	置身事外来观察 Baby 聚会。看到别人服从，有一种刺激的感觉
7	6	不在乎	是		奴隶	愿意付出任何代价来获得愉快。在 Baby 聚会上过得很开心，但是因为当时过于专注，回想起来没有最愉快之事

续表

受试者	Baby 聚会的愉快等级	是否享受被大一学生支配的感觉	是否享受支配新生的感觉	愿意顺从男性还是女性	选择当不快乐的主人还是快乐的奴隶	内省描述
8		没有关注她们	否	所有男性及两名女性	主人	并没有在意大一学生。因为被绑带捆着，在 Baby 聚会中一点也不兴奋。这是个很大的玩笑。
9		认可她们的优势	是	两者都不顺从	主人	喜欢给她的朋友们讲她的服从。讨厌在 Baby 聚会中公开演讲，忍受不了服从
10	9	不在乎	是	两者都顺从（有选择性）	奴隶	
11	4	讨厌这种感觉	是	男性	奴隶	Baby 聚会太乏味了，用散热管烫了她的手臂。一定要有乐趣，并通过服务他人来获得乐趣
12	6	喜欢这感觉	废话		奴隶	喜欢去领导新生，喜欢被人领导。可以想象自己成为一个奴隶
13	5	是	是	女性。如果男性证明他们是对的，也顺从于男性	奴隶	在表演过程中没有感到兴奋，想要表现得冷漠

续表

受试者	Baby 聚会的愉快等级	是否享受被大一学生支配的感觉	是否享受支配新生的感觉	愿意顺从男性还是女性	选择当不快乐的主人还是快乐的奴隶	内省描述
14	9	不在乎	必须做的事情	两者都不顺从	奴隶	作为一个高年级学生，喜欢支配新生，喜欢在 Baby 聚会中炫耀。讨厌顺从，讨厌不愉快的感觉
15		愿意做事情去讨好她们	不好，但是有必要	两者都顺从，只要年长于自己	奴隶	服务他人，感觉很愉快
16	10	否	是	两者都顺从	主人	讨厌顺从任何人
17	10	否	是	两者都不顺从	奴隶	喜欢 Baby 聚会，喜欢被羞辱。作为高年级学生，想要让新人顺从她。在快乐奴隶和不快乐主人之间，作出中庸的选择（不偏不倚）
18		那是当然的	是，在适度的情况下	两者都不顺从	奴隶	Baby 聚会很好。不允许任何人对自己进行支配
19	5	讨厌这种感觉	否	男性	奴隶	作为高年级学生，对新生很冷漠
20		愿意顺从		两者都不顺从	主人	会尽力帮助朋友。不想要别人为她做事
21	2	愿意顺从	是	两者都顺从	奴隶	Baby 聚会又傻又幼稚

续表

受试者	Baby 聚会的愉快等级	是否享受被大二学生支配的感觉	是否享受支配新生的感觉	愿意顺从男性还是女性	选择当不快乐的主人还是快乐的奴隶	内省描述
22			废话	两者都不顺从	主人	被迫在 Baby 聚会上做减肥运动，认为自己被愚弄了
23	5		这个做法很傻	所有男性和一些女性	奴隶	愿意为自己迷恋的女生做事情
24		漠不关心	是	两者都不顺从	主人	作为高年级学生，对新生的要求不多
25	8	是，但有所保留	是	两者都顺从	奴隶	Baby 聚会棒极了。喜欢被差遣，讨厌支配别人
26		讨厌这种感觉	漠不关心	一名男性，一名女性	主人	既然当奴隶不开心，那为什么不拥有权利呢
27		不喜欢这种感觉	是	男性	奴隶	喜欢按照自己的方式做事情
28		不喜欢这种感觉	漠不关心	男性	奴隶	作为高年级学生，喜欢支配新生
29	8	讨厌这种感觉	还好		奴隶	喜欢让别人服从自己的意愿。在 Baby 聚会上很开心。会提拔大一学生，喜欢权利，但是更想开心

续表

受试者	Baby 聚会的愉快等级	是否享受被大二学生支配的感觉	是否享受支配新生的感觉	愿意顺从男性还是女性	选择当不快乐的主人还是快乐的奴隶	内省描述
30	讨厌被纠缠	很喜欢	男性	奴隶	非常喜欢 Baby 聚会。喜欢去领导新生。当不快乐的主人会让她的良心受谴责
总计	中位数（Median）7	是 14 否 11	是 20 否 7	男性 17 人 女性 12 人	选择当奴隶 18 人 选择当主人 10 人	
	众数（Modes）9，10					

在"快乐的奴隶"和"不快乐的主人"之间做选择的意义,在某种程度上令人怀疑。这个调查设想这些女生有一种被压抑的愿望,即希望成为奴隶,而这个调查的初衷,是激发这种被压抑的愿望,但是这一点并没有在实际经历的自我观察中明确体现出来(比如 Baby 聚会中的经历等)。总的来说,这些女生坦言被人控制的愉快,有点超出预想。令人奇怪的是,在"享受被支配"这一栏填了 10 的女生中,有两个女生选择了当不快乐的主人,而不是当快乐的奴隶。这是否说明,这种受支配状态,如果没有清晰地标识,从而没有让她们清楚地认识到其本质时,她们就会坦白承认受到支配给她们带来的乐趣?反之,一旦听到"奴隶"这个词,社会层面的抑制因素就会起作用,因而使她们不愿意当"奴隶"?对于这个想法,可以从受试者 1 的内省报告中得到一些验证:她将在 Baby 聚会上的愉快等级评为 10,并且报告说,大二学生给她的惩罚让她在情绪上觉得十分刺激,但她又说她非常不喜欢受到支配。

还有一点在一些详细的内省报告中出现了,但是在表 3 中却没有体现,那就是"主人"(master)和"奴隶"(slave)两个词意思的差异。如果不是"女主人"(mistress)一词具有明确的社会禁忌内涵[①],在这类研究中,这个词可能比"主人"这个词更合适,因为"主人"一词在很多受试者看来,意味着一个人利用自己的支配手段强迫别人为自己自私的欲望服务。"奴隶"这个词往往被理解为(至少女生是这样认为的)"爱的奴隶",而不是"欲望的奴隶"。当"奴隶"一词与"主人"相对时,会更倾向于"欲望"这个方面。一些这样理解"奴隶"意义的女生坚持认为,不可能存在能够受他人自私支配的"快乐的奴隶"。总的来说,一个女生因为爱一个人而顺从她,也乐意顺从她,与顺从宿管人员或纪律长时的态度截然不同,在后一情境中,女生感觉这些人在为着她们自身的支配地位或欲望而控制着自己。这一个区别恰恰就是真正的顺从——激情反应和不愉快或冷漠的服从反应之间的区别。

研究结论

根据前文的研究,我们可以得出以下结论:

---

① 因为 mistress 另有"情妇"的意思。——译者注

第一，在 Baby 聚会上，在身体被制服的女生中，大约有四分之三的人会体验到纯粹而愉快的激情，这种情绪包括对年长的女生主动顺从，同时还混合着对这些女生的被动诱导。被动诱导反应见于这类行为：一个女生伸出手来，表示绑着她的带子松开了，要求重新绑一下。作出顺从反应的女生如果没能让看管者注意到她的绑带不够紧，这种快乐就会减少，这一点，在第 8 个受试者的内省报告中可以看到。她说她"因为眼罩不紧，什么都能看到，这个 Baby 聚会一点都不刺激"。这个女生抑制住了被动诱导反应，而这种反应对激情非常重要，这一点通过她的陈述得到进一步验证：她根本不在乎大二女生。

第二，大一女生被大二的"领导者"差遣，处理杂务，并为她们的欲望和利益服务，这时大部分大一女生激发出的激情反应就更为平淡了（如果有的话）。在这些情况下，支配反应从大一女生中激发出来，至少与顺从反应一样非常频繁。在为大二女生服务时，经常带有一种服从意识。

第三，一个女生强迫另一个女生服从时，如果她的命令让对方感觉是一种诱导，而不是支配，并且她要求对方所做的事情看起来不是为着自己的私利，这时，受支配女生有可能产生激情。换句话说，处于支配地位的女生如果想要构成激情的适宜刺激，就必须与其俘获对象完全联合，同时还需要不断加强对这位顺从者的控制。一位大一女生透露，当被迫吻她喜爱的女生的脚时，她会有愉快的激情。但同样是这个女生，因为没有给一个她认为自私的高年级女生擦鞋，而遭到额外的惩罚。

小结

总之，我们所说的激情或被动的爱由两种主要情绪反应复合而成——主动顺从（由诱导者唤起）和被动诱导（同样由诱导者唤起，而且是主动顺从的必然结果）。

激情的意识情绪特征似乎是一种极度愉快的感觉——受控于力量强于自己的、联合性质的刺激者，被迫在其掌控下变得越来越无助。

毫无疑问，作为诱导者的女生能够从各方面发展都平衡的正常女生身上唤起强烈、愉快的激情，诱导者和受诱导者力量对比适中，而且没有直接或间接刺激生殖器官。

男性激情的发展

根据我的研究，男孩和年轻男子的激情与女生有很大的不同。根据已有的资料和我的研究，如果暂缓讨论"恋母情结"（Oedipus complex）和"母亲固恋"（mother fixations），几乎没有证据显示，在两性关系中，大多数正常男子真正的激情反应是由外部性器官的刺激而引发的（在下一章中会进行讨论）。

毫无疑问，诱惑反应通常发生在年轻男子的行为中，很大程度上与支配反应混在一起，并且受支配反应主导。也许，更年长、更强壮的男孩身上的支配因素使得较年轻的男孩遭受身体上的痛苦及情绪上的不愉快，而不是由他的身体激发非常愉快的激情，而五岁或五岁以上的正常女生可以对其他女生的诱惑行为产生这种愉快的情绪体验。

上文已经说过，男孩的母亲在身体上比其强壮时，在没有刺激性器官的情况下，母亲能够唤起这种激情。这可能是因为在一般男孩的生活中，在母子关系的正常减弱期与我们所设想的依靠生殖器官刺激与异性建立关系的正常期之间，如果没有出现其他引发激情的替代刺激，那么就会经常出现所谓的"母亲固恋"。在我观察的案例中，这种固恋的不利方面似乎是母亲唤起的激情和性成熟后由女性外部性器官刺激产生的激情会有显著的脱节。在我看来，"阻力"是未能将先前经历的愉快激情和后来得到的性刺激相联系。在这两种物理元素之间，似乎有一种积极的抑制性障碍经常出现在中枢神经系统中。

当然，可能是社会伦理的约束，阻止了由母亲引发性器官刺激。在我关注的几个案例中，早期对母亲的激情似乎会阻碍以后对妻子或情人的激情（这些年轻人在儿童时期没有受到保姆或其他女性的生殖器官刺激）。其中一个案例中，一位年轻人无法通过性器官刺激来重新体验到早期对母亲的激情，并且这位男孩曾被迫受到年长男孩的刺激，因此遭受身体上的痛苦和情绪上的羞愧（实际上构成了受挫的支配情绪与顺从情绪之间的冲突）。这种强烈的不愉快情绪体验进一步强化了早已存在的激情和性爱感觉之间的障碍。

女性的力量不足以唤起某些男性的激情

另外还存在一种特殊的少年，他们在之后的青少年时期，会自发地发展出一种渴望被诱惑的情绪。这种男性常常无法找到力量足够强大（无论是身体上还是情绪上）的女性，强大到能够支配他。在这样的情况下，这种男性会从比他强大的男性施加给他的支配中获得大量的激情体验。尽管这些男性在支配他时，会不可避免地伴随着诱惑情绪。

一位受到严重欺凌的大一男生向我直言说，他非常享受这种经历。这位年轻人的内省描述显得非常天真单纯，描述了他对大二支配者产生的一种非常纯粹的激情反应。出于某些原因，这个男生大二时转到我任教的学校，由于学分未修满，他仍须进行大一课程的学习。当他发现所受到的欺负没有之前严重时，他表示十分沮丧，并用带着明显痛苦的语气指责学校的管理条例，因为学校的规定使大二学生减轻了对大一学生的约束程度。我认为，这种类型的其他男生也受到很大的影响，他们选择进入军事学院而不是普通大学（因为在军事学院，四年都会受到严格的规则束缚，那会使他们感受到被束缚的快乐）。

大学男生关系中的激情研究

情绪研究表明：有一种类型的年轻男性虽然受到各种各样的伤害和痛苦，但能在强于自己的男性身上体验到愉快的激情，他们只占这个国家的年轻男性的一小部分。凯勒（F. S. Keller）做了一个研究，是关于大学男新生对征服他们的大二学生的态度，调查的形式和主题与格莱德女士所做的研究完全一致。然而，研究结果基本上是相反的。只有一两个男生给出了可靠的证据，表明自己在整个大一阶段或在新生传统的特殊聚会中受到棍打及其他痛苦惩罚时，能被二年级学生唤起愉快的激情，所有人都表示倾向于成为一个"不快乐的主人"，而不是一个"快乐的奴隶"。所有参与该调查的男生没有一个表示愿意顺从男性或女性。另外，几乎所有人都表示，他们觉得有必要服从强者。

在大二男生强加给新生的一个特殊情境中，我们发现了比其他情境中更多的有关激情的证据。在新生被大二男生强迫穿着睡衣走到女生宿舍前并进行各种展示和表演时，那些兴奋的女孩，通过宿舍窗户观看他们的表演。在这种情况下，在那些受欺凌的男生身上，明显可以看到，由女观众引发的激情和对男性压迫者（大二学生）产生的受挫的支配情绪之间，有了一种冲突，这种冲突看似会在这些窘迫的男生间一触即发。然而，后一种情绪明显占了上风，几个新生奋力冲开了大二男生们的守卫。从这些新生的自我观察中，似乎可以预测到，要是施加较大力量在他们身上的实际诱惑者是女生而非其他男生的话，他们就会非常享受这种相当纯粹的激情。正常的男生似乎学会了将其他男生看作根本利益上的竞争对手，而对待女生，他们虽然会假装蔑视和讨厌，但是从心底里认为女生是友好的、可爱的。

研究结论

从上述研究中，我们得到的研究结论如下：

第一，根据所研究的大学男生的情况，正常男性的纯激情可能很少会被另一个男性唤起。

第二，女孩如果拥有足够的力量（情绪上的或身体上的），通过诱导的方式（而不是激发男孩的支配情绪），就像她们对待大一女生那样，让男孩觉得她们强于自己，大多数男孩会被女孩诱惑，从而产生强烈的激情。

小结

总的来说，在生殖器不受到刺激的情况下，男性的激情不会被其他男性唤起。根据先前提到的所研究的那类男性的情况，这个结论应该是合理的，他们的激情发展得非常强烈，强到可以在军事约束，或者其他强大男性的支配下还能持续下去，尽管这类男性支配者所偏爱的支配行为具有优势。

第十五章

爱的机制

根据前文的分析，即便没有外界环境对生殖器官进行刺激，也会出现诱惑反应和激情反应，因此，生殖器官不是引发"爱的反应"的唯一因素，这一事实无须赘述。诱惑和激情都是复合式的整合情绪，可由不同的刺激唤起。但正如消化器官就是专门负责唤起食欲的整合情绪，生殖器官似乎就是专门负责唤起爱的整合情绪。生殖器官很可能还执行着性兴奋的循环强化机制，尽管产生性兴奋的感受器完全不同于生殖器官上的感受器。正如源于渴望和满足情绪的运动神经可按一定比例放电到消化道和骨骼肌一样，源于诱惑和激情两种复合情绪的运动神经也可按一定比例放电到内生殖器和外生殖器。

但是，就算只是暂时提出假设，以上可能性也还有待实证研究。无论如何，如消化机制一样，这些生殖器官能够产生复合情绪反应。简单分析一下性成熟者身上这些机制的结构和功能，我们就可以清楚地知道，生殖器官天然地能够产生诱惑和顺从情绪。男女两性都拥有内外两套生殖器官。

生殖器官机制

严格说来，阴茎是男性唯一的外生殖器，而睾丸及其附属组织虽位于男性性成熟者身体的外部，却属于内生殖器。确切地说，女性内生殖器开始于阴道口。女性阴蒂的性质和功能常为人（尤其是被女性）所忽视，但其在身体上的功能与男性阴茎极为相似。

有关生物进化的一些推测性理论认为，女性阴蒂是双性人在进化成现代人的过程中退化而成的身体组织。无论在进化史上的真相如何，阴蒂刺激在心理神经方面的作用等同于男性外生殖器。另外，鲜为人知的是，女性的阴蒂可受到另一个女性外阴的刺激，其效果相当于女性阴道对男性阴茎的刺激。女性因另一个女性对其阴蒂的刺激（女囚犯中常见的行为）而产生的情绪，相当于男性因其阴茎受到刺激而产生的情绪。在这种身体关系中，两位女性同时频繁地体验到阴蒂的刺激，并且由此产生了适宜的情绪状态。当然，这两位女性都没有体验到阴道口的刺激。

早在 1895 年，兰利（Langley）和安德森（Anderson）就对内外生殖器的神经分布做过精确说明[1]。男性和女性的外生殖器主要分布着勃起神经，而内生殖器分布的并非骶神经纤维，而是交感神经。坎农（Cannon）等人强调，自主神经系统中的交感神经和骶神经是相互对抗的。自主神经系统这一概念由兰利提出，他在自己的一篇文章中全面阐释了这一概念。在这篇文章中，兰利提出，分布于自主神经系统中枢和末端神经之间并不存在绝对的、完全的对抗关系[2]。

运动神经本性同时为内外生殖器提供能量

观察动物之间的性行为会发现，雄性动物在寻找雌性动物并让雌性动物接受自己的过程中，其骨骼肌活动极为频繁。在骨骼肌活动的整个过程中，其阴茎一直处于完全勃起的状态。骨骼肌要被激活，就需要通过交感神经传出冲动来增加血流量，至少部分交感神经系统需要同时被激活，这样的话，骶骨的勃起神经就需要增加放电。另外，对人类性行为过程中的血压和神经传出冲动的测量结果显示，在性行为的某些特定阶段，收缩压会上升，表明由交感神经传出冲动引起的心跳力度加强，收缩压会随着骶骨神经引起的外生殖器血量的增加而增高。

此时交感神经和骶骨运动神经放电的同时增加，与饥饿难耐时上肢血管中交感神经传出冲动的减少形成了对比。在饥饿难耐时，颅神经成功放电到唾液腺，并且通过迷走神经放电到心脏。由此可推断，运动神经本性要维持有机体的紧张

---

[1] J. N. Langley and H. K. Anderson, "The Innervation of the Pelvic and Adjoining Viscera," *Journal of Physiology*, 1895, vol. 19, p. 85.

[2] J. N. Langley, "Sympathetic and Other Related Systems of Nerves," Schafer's *Textbook of Physiology*, 1900, vol. 2, pp. 616-697.

性反射平衡，既需要交感运动神经放电强于颅运动神经放电，也需要通向内生殖器的交感和通向外生殖器的骶联合起来同时放电。如果不考虑大脑皮质的抑制作用，在有机体正常的紧张状态下，内生殖器的运动神经放电要稍强于外生殖器，因为在勃起状态下，如果没有特别的刺激，外生殖器中是不存在运动神经放电的。

激活生殖器的所有运动神经刺激都是联合性的

上文分析了由运动神经本性维持的内外生殖器之间的平衡，若该分析正确，那么，在内外生殖器中寻找出口的任何运动神经刺激都会与运动神经本性联合。不过，促使运动神经放电到内生殖器的运动神经刺激将在运动神经本性维持的平衡关系中处于顺从地位。如果运动神经本性为了迫使这些运动神经刺激通过传出神经到达内生殖器，那么这就是我们提出的主要情绪中的诱导反应。

如果运动神经刺激通过传出神经放电到外生殖器，那么它们就与运动神经本性处于诱导关系。如果运动神经本性减弱，以使运动神经刺激增强外生殖器的兴奋，那么这就是主要情绪中的顺从反应。

男性机体内没有周期性的情爱刺激

分析了运动神经刺激与运动神经本性的关系之后，我们会进一步发现性行为过程中，运动神经本性与运动神经刺激的整合次序。男性似乎没有如女性经期或高等雌性动物发情期那样能够引发爱的行为的自动刺激机制。青春期男孩的外生殖器会不受控制地处于兴奋状态，在无任何外部刺激的情况下也会勃起。但性成熟后的正常男性就很少出现这种情况了。

许多研究者曾试图从精囊膨胀、排尿等内部机体方面找出引起男性情爱兴奋的原因。但根据我个人的研究，没有任何蛛丝马迹证明男性机体内存在这种能够自发引起兴奋的周期性刺激机制。在我看来，这类例子的发生都可归因于此前的性环境刺激引起的感觉刺激（我已从多个案例中得到这一发现）。许多男性在熟睡时会出现性兴奋，这也可归因于他们在之前清醒时受到的性刺激。在清醒时，该刺激引起的运动神经放电受到了抑制。同男性一样，年轻女性也常在夜间出现性兴奋，因此，这种兴奋并非源于男性特有的次生性激素。我认为，外生殖器偶然的白发勃起表明，运动神经本性维持的紧张性平衡均匀地分布在内外生殖器之间。在这种情况下，只要有少量在白天由性刺激产生的运动神经能量受到大脑皮质的抑制而没有完全放电，这些运动神经能量就会在夜间熟睡时因抑制作用稍减弱而放电，从而打破这种平衡。我的结论是，成年男性机体内不存在自动刺激机制，他们出现的刺激机制都与此前受到的性环境刺激有关。目前我能确定的是，性成熟后的正常男性必须依赖想象、记忆中的感觉或图像等外部刺激，才能唤起他的诱惑或激情。

女性的情爱刺激周期

但是，女性的情况截然不同。对至少五十名女性的调查报告显示，她们在经期前、经期后或经期前后的情爱兴奋会明显增强。对少数几个案例的仔细研究结果显示，经期前后的性兴奋存在一定差异（经期中可能也有性兴奋，但由于其通常不会引起性关系，此处便不做考虑）。经期前，卵泡的发育和成熟、子宫组织的变化，以及血液流向整个内生殖器中的神经束都需要内生殖器中有持续的刺激，与经期刚刚结束后相比，这时的刺激引起的求爱行为更为焦躁、更具有主动性。

月经期间激发的 plaS

从上文提到的案例来看，经期刚结束后的求爱行为具有较多的顺从因素。根据受试者的内省报告，此时的性兴奋与经期前相比更普遍、更丰富。证据表明，经期前后（在许多案例中也包括整个经期）被唤起的运动神经刺激会通过传出路径到达内外生殖器。通过观察阴蒂和外阴的状态及外阴阴道腺产出的物质的变化情况，我们就可以知道是否有运动神经刺激到达外生殖器。从一些案例来看，经期之后，情爱兴奋的总体特征表明，经期后外生殖器的兴奋比经期前比例更大。由此看来，经期中的外生殖器兴奋比例更大，而经期后的外生殖器兴奋是经期中兴奋的后放。在一些案例中，通过仔细的自我观察会发现，经期中护垫对阴蒂的机械刺激会使外生殖器兴奋明显增加。这样看来，在经期中，外生殖器兴奋通常强于内生殖器中的运动神经放电。从这一分析来看，经期是一个"被动的爱"（plaS）

的时期。

经期后的 aIpS

假设全部经期刺激使内外生殖器的运动神经放电增强，但外生殖器的运动神经放电相对更强，那要分析由此引起的主要情绪反应就不难了。顺从性（内生殖器）和诱导性（外生殖器）的运动神经刺激都可以被唤起。明显的机体反应，包括性躁动、运动神经能量和兴奋的显著增强，表明了运动神经本性的显著增强。由于运动神经本性的增强可能是对所施加刺激的反应的总和，因此我们可以认为，主动的诱导反应占据着支配地位。

然而，这种主动的诱导并不能使机体恢复最初的反射平衡，因为显然还有大量的运动神经放电在努力释放到外生殖器。因此，对于引起放电的刺激而言，运动神经本性处于一种被动的顺从反应状态。

女性追求男性

我们知道，由阵发性饥饿引起的运动神经刺激会使机体无法对食物以外的环境刺激作出反应。在该案例中，食物这一环境刺激强于饥饿，但弱于机体，因此，受试者被动地服从饥饿的人，同时也支配着食物。经期唤起的运动神经刺激会引起爱的反应，该反应就类似食欲刺激引起的反应，即都迫使机体只对一种类型的刺激作出既定的反应。在经期的作用下，女性只能去寻找男性，因为男性的身体组织能使女性通过主动诱导对其作出反应；但与此同时，女性也会被动地顺从部分经期刺激。正如处于饥饿中的人能够支配食物，食物又能够支配饥饿（其强度大于人体），通过情爱刺激，女性能够主动地诱导男性，因为男性作为一种刺激弱于女性，却强于引起女性外生殖器兴奋的运动神经刺激，这种运动神经刺激强于该女性的运动神经本性。

简单分析一下男性身体带给女性的情爱刺激类型，我们便会对这一点有更清晰的了解。伸入女性阴道口的阴茎会直接刺激女性的内生殖器。假设源于该刺激的运动神经放电会通过交感神经节返回内生殖器，正如源于胃部刺激的运动神经放电会通过颅神经再次回到胃部，我们会发现，肌肤相亲时，男性带给女性的刺激有两个特点：第一，所激发的运动神经刺激完全顺从女性的运动神经本性平衡；第二，这些顺从性的运动神经刺激通过既定路径到达内生殖器，增加对内生殖器的放电，直到由经期刺激引起的外生殖器的运动神经放电完全被抵消，运动神经本性恢复平衡。

由此看来，运动神经本性恢复平衡可由男性刺激引起的运动神经刺激来实现。而在男性作出刺激之前，女性的运动神经本性不能自己恢复平衡。如前所述，这意味着女性能同时感受到对男性的主动诱导情绪，以及对经期刺激的被动顺从情绪，经期刺激仍活跃于其体内。

当男性在女性体内引起的运动神经刺激完全抵消释放到外生殖器的刺激，后一种刺激（可能部分受到抑制）就会激增，伴随而来的是子宫和阴道一系列有节奏的收缩，这就是性高潮。这种女性性高潮有时被女性称为"内部性高潮"（internal orgasm），它表明女性完成了对男性的主动诱导反应，获得的联合性刺激已足够暂时抵消引起被动顺从的经期刺激。外生殖器兴奋的激增只是暂时的，即使连续有三四次内部高潮，也不会消除 aIpS 趋势，只要经期刺激的后放保持活跃，该趋势就会一直持续下去。

只适合激情刺激的男性身体

由于男性的内生殖器不会受到与女性接触的直接刺激，男性在整个性关系中的反应明显是主动顺从，这是由外生殖器的刺激累加引起的，这个过程他的外生殖器完全被女性内生殖器——阴道所包围（控制）。

我们在第十一章中讲到，阴茎勃起是一种顺从反应形式，可由联合性质的运动神经刺激（如挠痒痒、抚摸等）引起，这些运动神经刺激能够引导运动神经本性进入骶骨释放通道，因为其强度高于运动神经本性，可以克服一般的皮质抑制作用。我们刚才在本章中谈到，当阴茎在女性的阴道内时，阴茎的不断刺激会激发顺从反应。但为了让阴茎保持在阴道内，运动神经本性强度必须持续增加以维持阴茎勃起。运动神经本性的增加不断扩展到需要被刺激的部位，就会对该部位的刺激发出邀请，并且通过女性身体构造中唯一合适的部位来实现对该部位的刺激。这种进一步刺激顺从的运动神经本性属于被动诱导。

从上一章中婴儿爱的行为可知，这和孩子伸出手脚想被挠痒痒和刺激是完全相同的反应类型。同样，大一的女生伸出手，让大二的学生在其手上绑上更多绑带，也会引起进一步的顺从，这也是同一类型的反应。伸展阴茎以接受刺激只是这种被动诱导行为的一种特殊类型，仅适用于一种特殊类型的、有吸引力的有机体，即女性的内生殖器。

那么，在整个情爱行为中，男性表现出的被动诱导（运动神经本性的增加），足以使身体受到女性身体的刺激。男性外生殖器受到阴道的压力，使得阴茎和身体一起运动，表现出主动顺从。这种同时发生的主动顺从和被动诱导构成了身体的激情。

男性性高潮反应是主动的爱

男性性高潮与女性的内部性高潮有很大不同。男性运动神经本性大量增加，通过外生殖器刺激释放时，男性达到性高潮，此时运动神经本性的总量大于运动神经刺激的总量（之前运动神经刺激一直迫使运动神经本性顺从它）。当这两个整合因素之间的力量平衡发生变化时，运动神经本性就开始控制局面，并且立即恢复自身的反射平衡。根据我们前面的分析，这种平衡要求运动神经对内生殖器的放电占优势。因此，当运动神经本性恢复平衡时，通过主动诱导，使之前被迫顺从的运动神经刺激变成其新俘获的盟友，内生殖器产生阵挛性收缩，并且产生一系列有节奏的肌肉痉挛，这一系列的痉挛射出精液。

在男性性高潮中，表现出的爱的情绪阶段已由被动变为主动。男性的被动诱导变为主动诱导。男性的运动神经本性开始时增加的量很少，只是足以维持阴茎勃起，现在量大大增加，使其恢复到自己预定的平衡状态，并且携带新占有的运动神经刺激。也就是说，男性通过将活性精液注入女性体内，积极地诱导女性创造全新的情绪反应。

同时，男性的主动顺从变为被动顺从。男性不再允许其运动神经本性在女性阴道诱发的运动神经刺激的控制和引导下释放、传出性能量。然而男性在性高潮时，会被动地顺从女性，因为他允许女性内生殖器诱导其生殖行为所必需的肌肉痉挛。也就是说，男性的运动神经本性仍然充分地受到以前由阴道刺激外生殖器所诱的发运动神经刺激的控制，以调节主动诱导将其全部诱导的刺激主要导向内生殖器，而不是从任何一个或所有大量的运动神经本性通道发送到自由开放的骨骶肌和毗邻内脏（虽然兴奋也会广泛地传播到收紧的肌肉）。

因此，男性在性高潮时把爱的表现从激情转变为诱惑。然而，这种诱惑不是为了控制女性的回应，而是为了控制孩子的到来，这是男性对女性的激情顺从产生性高潮的结果。

女性内部性高潮与男性性高潮之间的主要区别与之前存在的控制受试者的情绪反应类型相似或相反。女性一直表现出主动的爱或诱惑，而这种主动的爱的情绪在每月激发的运动神经刺激的诱导下达到高潮，短时间后就因不堪重负，被迫激活内生殖器肌肉阵挛性收缩。但是，女性器官非常容易恢复到之前主动的爱的状态，因为仅需内生殖器刺激的高潮强度略微放低，就能使暂时受诱导的运动神经刺激恢复以前的诱导者作用，再次通过放电，引发阴蒂的被动顺从。但是男性不易回到激情反应的状态。男性新获得的主动的爱必须完全逆转，才能使激情反应再次控制其机体。要达到这个结果，必须进一步不断刺激外生殖器，直到运动神经本性的增量足以再次主导阴茎，通过顺从运动神经刺激使外生殖器处于勃起状态或被动诱导状态。主动的爱的高潮和顺从激情定势的恢复可能需要相当长的静态间隔。因此，与男性性高潮和恢复激情反应的时间相比，女性恢复内部性高潮的时间间隔短得多（可能根本没有间隔）。

如前所述，女性有能力体验爱的情绪的两阶段。通过刺激另一个女性的阴蒂（或通过一些人为刺激，如舌头或手），可以诱发与刺激男性阴茎完全相同的激情反应。在这种情况下，性高潮从激情过渡到诱惑。这种类型的性高潮经常被女性称为"外部性高潮"（external orgasm）。女性外部性高潮似乎比男性持续的时间要长一些，并伴随着极度疲乏的身体状态和无力感。

一些女性受试者报告说，在普通的性行为中，她们感觉到大量的阴蒂刺激；而另一些女性受试者在与男性的身体接触中几乎或完全不能觉察到阴蒂刺激。这个问题似乎与阴蒂跟另一个人的身体接触的位置有关。与男性的性关系中，女性很少因为阴蒂刺激而经历外部性高潮，虽然她们也的确感觉得到这种外部生殖器的刺激，但是，这种外部刺激让女性完成和男性的身体情爱接触之后，常常处于激情反应状态。这种激情反应显然不能通过任何次数的内部性高潮得到满足。

男性喜欢混淆爱和欲望

在分析男性和女性求爱行为时，必须不断记住一个事实，即几乎在所有受试者的情绪机制中都会不可避免地把欲望与爱情混为一谈。在我们已经提及的多数案例中，已经显示出这种趋势，尤其是男性，会分不清诱导与支配，分不清诱惑情绪与寻求满足感的欲望性渴求。一些关于爱的反应的热门词汇，清楚地揭示了人们不仅会无意识地混淆爱和欲望，而且许多男性作者似乎从这种混淆中获得了支配性的愉快感。

把爱叫作"欲望"，会让其立即处于男性可以理解并占支配地位的一个位置。如果就连主动的爱或诱惑情绪都被认为受试者必须与诱惑对象的利益一致，完全受控于诱惑对象，那么答案会变得令普通男性反感，因为这意味着他付出了却没有回报。但是，对大多数男性而言，付出的唯一理由是为了得到更大的回报。把爱的反应仅仅当作一个额外的快乐来源，能在很大程度上满足男性，因为他可以从中通过他习惯的方式获得欲望的满足。也就是说，通过行使支配反应和服从反应来满足欲望。

如果认为情爱情绪完全依赖男性愿意服从另一个人的程度，尤其是服从女性，那么他会立刻意识到，他，作为男性，不能再通过支配反应对这种占据了生活一半的爱情（这是迄今为止最愉快的体验）进行控制了。如果爱情的本质得到承认，便意味着男性在爱情里永远不能获得真正的优势地位，除非改变他的支配地位，学会变得更加服从。当然，这一切都不是有意识地想出来的，但我相信，它在某种程度上肯定存在，而且几乎是所有男性对爱情的情感态度。

因为这种典型的倾向，我们发现，与本研究相关的大部分通俗文献和科学文献都是由男性撰写的，而这些男性并不由女性控制；也有由女性根据男性标准和惯例而撰写的，对爱的反应使用一系列或多或少故意设计的不当用词。例如，主动的爱，在男性术语里成为"渴望"，而被动的爱或激情反应被称为"欲望"，并进一步从虽然苍白却值得赞美的情感意识状态"美德之爱"中分离出来，把身体之爱描述为"性欲"。这样的推断太过简单。通过这种对爱的简单定性，两性中的所有人被描述成彼此侵占、彼此支配性地拥有对方，每个人都为了得到自己欲望的满足。通过对这种概念的辩护，人们坚持混淆爱和欲望，只是想要支配他人且试图逃避现实。

用于欲望的爱仍必须是爱

在前面的案例中我们分析过把诱导反应作为一种工具来满足欲望的情况，同样，如果要想在刺激对象身上唤起相应的回应，爱的反应必须从头到尾都属于非支配性反应，不管这一系列反应的最终结果可能是什么。那些想要满足欲望的人必须先学会爱，在从所爱之人身上获取所要之物的整个过程中，他们必须愿意真诚地去爱。如果追求者在极短的时间里开始支配其他人，那么他的最终目的将无法实现。因此，除了在前期（开始爱的反应之前，此时最终的欲望目标还处于选择和计划中）展望或后期（爱的反应刚刚终止，此时还在回味所获得的欲望的满足）回想的时候，爱的反应都不能称为欲望。

当然，在爱的反应持续发生时，欲望的反应可能混合在整体行为模式中。但只要欲望与爱融为一体，从他人身上唤起的反应也会混合着欲望本身。因此，作为支配和实现欲望的工具，爱的反应的效率必然会降低。一个人追求另一个人不该被认为是吃掉或占有爱人，只能被描述为寻求与他人建立一种关系，在其中，通过让自己与对方的利益密切一致，追求者会对所追求的人付出更多。

通常，会有人认为，女性"渴望"通过诱惑男性来获得自己的快乐，即使在建立爱情关系时没有其他不纯的经济动机。一个女性想要通过诱惑男性来寻求自己的快乐，她实际上并不能从中获得快乐，因为无法建立爱情关系。或者，说得更积极一点，如果一个女性吸引住了男性，使之对其产生真爱，她自己也会对这位男性产生真正的激情反应。为了唤起这种回应，女性必须不断研究男性的情绪机制，并且只在严格符合这些机制的情况下刺激他。此外，她必须更有效地刺激男性，也就是说，在某种程度上给他更多的快乐，这比其他施加在他身上的刺激影响都要大。简而言之，为了吸引男性，女性必须唤起他机体中最大的愉快感。只有有效地增加他的乐趣，她才能快乐。

一旦女性的总反应模式出现一种渴望——迫使男性以某种方式刺激她，暂时让她感到愉快，但对他并不愉快，女性对男性施加的诱惑会相应减少。渴望得到满足，也就是说，男性继续传递给女性欲望的满足，这种满足是先前女性在较长时间内施加的爱的影响和诱惑，这时，她已经开始收获欲望回报，这是先前爱的反应的结果。

但是爱的反应本身不再起作用了，所以女性只能趁之前她对男性的爱的影响还未消退时抓住机会。如果她想要通过这种方法获得进一步的欲望回报，她必须再次放弃对自己快乐的所有渴望，并试图唤起男性意识里的最大快乐。当然，吸引男性的女性会有故意欺骗的可能（见第十七章），男性也可能对女性的行为有所误解，但这样的误解至少不会改变让男性作出反应的刺激的根本性质，唯一的问题是，女性身上是否真的存在适宜的刺激，或它仅仅存在于男性的中枢神经系统中。

以下爱的行为的结果也无例外：诱惑情绪或激情不包含任何形式的渴望或满足。爱的情绪不包含任何形式的欲望反应。渴望或满足与诱惑和激情反应发生混合时，受到这两种欲望因素的控制，会导致渴望和满足取代诱惑和激情。

性联合前外显的情爱行为

如前所述，女性被动的爱的反应或激情反应在月经结束时就停止了，此后，该女性恢复正常、不受拘束的状态，开始寻找男性，想要吸引他。一般来说，只有受到女性刺激，或者通过相应的适宜刺激，成年男性的爱的反应才会出现。男性的第一反应是被动的爱的反应或激情反应。

女性诱惑男性最坦率和最清晰的类型由歌舞团的女性舞蹈者完成。剧院提供社会认可的刺激情境，其中一名女性被动顺从自己的内心（器官内的刺激导致外部生殖器的刺激）对观众席中的男士作出反应，通过极力展示和扭动自己的身体，最大限度地刺激他的机体。舞台上的女孩，严格按照诱惑情绪的本质，尽可能地观察和分析男性的情绪机制（或由戏剧制作人为她做这件事）。她努力地刺激这些男性，以唤起他们最大的乐趣。一旦这种刺激开始有效地唤起男性意识中的激情反应，男性显然非常愉快了，对这个男性来说，源于这种激情整合的运动神经放电立即导致了男性对女性的心理-身体机制产生一系列顺从反应。

此类主动顺从的第一反应可能包括送花，向该女性做一番自我介绍，以及赞美她的美丽和迷人。这些反应会进一步激发女性的诱惑行为，这又反过来增强男性的激情，带有明显的主动服从因素。男性成为一名不懈的追求者，服从她的指挥，并尽可能顺从她的情感。当然，整个过程可能部分退化为一种买卖关系；但如果是这样的话，男性只能获得他所购买的东西，没有得到任何爱情关系上的欲望满足。最终，女人的诱惑反应和男性的激情控制了他们的机体，从而发生身体上的情爱关系。如前所述，诱惑刺激实际上唤起了男性的身体变化，使女性能够用自己的身体将其俘获。

两性的情爱联合

女性的身体通过适当的运动和阴道收缩，继续吸引男性身体，而男性身体已经为着这一目的改变了它的形态。因此，其中一个受试者发生性高潮的时刻，诱惑和激情的反应已经累加到一个巨大的程度。从身体结构的本质来看，似乎女性更有可能先发生性高潮。在这种情况下，阴道强有力地收缩，加上女性对男性的肌肉压力大大增加，似乎都是为了使男性的激情达到高潮。如果男性先发生性高潮，那么女性可能永远也不会发生性高潮。正是因为这个原因，大量已婚妇女说，自从结婚以来，她们从来没有经历过性高潮。

如果遵照所谓正常的反应顺序，性高潮发生后，男性会立刻经历短暂的主动的爱或诱惑情绪，然后停止对女性的诱惑反应。如前所述，这时偶然刺激阴蒂带来的兴奋可能成为女性身体中主导性的刺激，至少短暂地将其情绪反应从诱惑变为激情。这种激情，就像男人最终的诱惑反应一样，不应视为爱的反应的开始，而代表了一系列新的创造反应的开始，其目的是创造和孕育一个孩子。

"保留性交"中需要对男性进行培训

上述所说的最接近正常的爱的反应顺序，绝对不是普通的情爱关系中最常见的。直到女性和男性之间有了身体接触，刚才所描述的行为都是相当典型的，特别是一些女性之前接受过诱惑反应训练，比如某些舞蹈者和合唱女孩为了刺激观众而做好准备工作。然而，在建立了身体关系后，男性反应的突出特点就是尽快地承担诱惑的角色。这一点在身体上的表现，就是尽可能多地剥夺女性在情爱中的主动作用，通过近似手淫的方式来加速性行为的结束，也就是说，使用女性的阴道，而不是用手，来抽动阴茎。一般男性对肉体情爱关系的概念似乎就尽快地获得性高潮。这种行为的结果是众所周知的。男性性高潮过早发生，女性还没有接受到足够的阴道刺激，未能使其诱惑反应达到性高潮，因此，该女性被剥夺了很大一部分情爱体验，并且被剥夺了最后的性高潮。因此，男性过早终止自己的激情和女性的诱惑行为，有效地限制了时间，也整体上摧毁了他对身体激情的享受。

哈夫洛克·艾理斯（Havelock Ellis）、H.W.朗（H. W. Long）等作家都认识到"保留性交"[①]（coitus reservatus）对男性的必要性（coitus reservatus）。朗说："性高潮不是这种情况下必需的。"[②]。Ellis回顾了一些社区中妇女对男性进行的"保留性交"训练。保留性交对身体无害，却能大大增强女性和男性的愉快感[③]。通过内部性高潮来完成女性的身体诱惑情绪，所需时间比男性产生性高潮更长，这是一个公认的事实[④]。为了产生性高潮，男性让自己身体无限制地运动，获得随之而来的自我刺激。

为了调整诱惑和激情反应的时间顺序，以及在情爱关系的整个过程中确保身体有最强的愉快感和情感的完整性，激情反应显然必须始终受到诱惑刺激的控制。换言之，男性学会保留性交后，必须在身体的情爱关系中将自己完全置于女人的控制之下，正如他在求爱的过程中必须受控于女性那样。只有激情反应才足以产生与吸引他的女人发生情爱关系的渴望。

朗博士建议男性躺在女性身下，而不是采用体现男性支配性的通常体位。他说："现在是女性完全控制这种约会，而不是男性，所以女性可以根据自己的喜好和需要来调节。"[⑤]他再次强调，所有婚姻生活中最大的错误，"是未经人事的丈夫和懵懂无知的妻子先入为主地认为所有的动作都应由丈夫来主导，而女人应该安静地躺下，任由他施为"[⑥]。朗博士进一步指出，男性主导的身体体位既尴尬，又不自然，他认为双方情爱关系中的所有运动应由女性主导，而不是男性。男性的动作只能根据女性的动作作出反应，并且得到她的许可。在这个令人钦佩

[①] 保留性交指男女性交过程中，男性通过控制射精且不在体内射精，延长性交时间，从而使女性得到连续性高潮。曾为某些宗教的秘密习俗。——译者注

[②] H. W. Long, *Sane Sex Life and Sane Sex Living*, Boston, 1919, p. 129.

[③] Havelock Ellis, *Studies in the Psychology of Sex*, Philadelphia, 1922, vol. VI, p. 552 ff.

[④] H. W. Long, *ibid*, p. 70.

[⑤] H. W. Long, *Sane Sex Life and Sane Sex Living*, Boston, 1919, p. 107.

[⑥] H. W. Long, *ibid*, p. 81.

的建议中，朗博士认识到，在整个关系中，女性的诱惑反应必须占据主导地位。

玛格丽特·桑格（Margaret Sanger）在她的计划生育工作中有很多实际的机会去研究大量的性爱关系的案例，她写道："这是婚姻问题的症结所在。几个世纪以来，认为妇女受到习俗和偏见的教育，特别是在清教徒传统占主导地位的国家，认为妇女应该是被动的，有义务顺从，而不是主动参与性爱。同样，男性受到传统思想的禁锢，自私地只顾满足自己。因为缺乏积极的性爱体验，无数人婚姻不幸，无数女性对保障幸福婚姻的权利一无所知，从而受骗并蹉跎了生命。

"如果我们教导女性要主动，教导男性要抑制自己的激情猛烈爆发，就会取得很大的成效。"[①]

支配反应控制爱情，会阻碍爱和欲望

男性通过支配反应长期控制爱情，毫无疑问，导致了西方文明中普遍存在的男女之间奇特的身体情爱关系。在东方，情爱是一种艺术，人们认为无论是妻子还是女奴，由女人完全主导肉体性爱行为是很有必要的。我们在《天方夜谭》这样的文学作品中发现了大量的证据，即东方的权贵们，在沉湎于爱情的同时，也有足够的智慧让他们的身体受诱惑对象的控制。

就微妙的情感价值和精神价值而言，支配性抑制的影响，以及欲望对自然情爱行为的扭曲，对西方文明产生了深刻而毁灭性的影响。大众缺乏审美情趣，主要因为两种性别的普通人群都在尽可能地将爱情完全转化为欲望。他们会认为女人把时间和精力都花在学习诱惑情绪上，是"邪恶"的和"不道德"的，而在家里享受不到激情的男人，只能在外寻欢作乐。

因为男人在婚姻中获得了一种欲望方面的至高无上的地位，可以想象，女人先前对男人的诱惑态度会突然符合欲望情境，并转化为激情。然而，男性一旦获得与女性随心所欲进行身体接触的权力，便将自己视为需要讨好的对象。但是，由于不同性别身体结构的差异，这两个身体所适应的自然情感角色不能以这种强制的方式转换。试图逆转它们的结果只会造成肉体性爱的终止。家庭舒适，财产和社会活动等欲望方面的相互满足，充其量也只能部分取代性爱的快乐。最坏的

---

① Margaret Sanger, *Happiness in Marriage* , New York, 1926, pp. 139-140.

情况（这是更常见的）是人们会因为金钱和欲望方面的娱乐活动而争吵不休。

法官林赛（Lindsey）记录了许多亲自观察的案例[①]，其中一个女人和一个男人以完全愉快的恋爱关系生活在一起，然后举行了结婚仪式。婚后，欲望开始取代爱情，然后就决定离婚。有一次，这对夫妇认为已经得到离婚许可了（虽然林赛实际上并没有签署这些文件），于是重新开始了他们以前幸福的恋爱关系。得知离婚还没离成，这对男女恳求法官签署法令文件，这样他们就不必再分开了！很显然，在这种情况下，当男人把金钱供应给女人，在两人关系中便居于高高在上的位置，就不再继续感到自己在恋爱关系中完全被女人所吸引了。女人们也在工作，并且在支付她自己的那部分费用，但是在男人的意识里一直认为他跟那个女人相处，女人就得逆来顺受。而女人可以随时选择终止他们的关系，如果男人不再顺从她的爱情诱惑反应，她无疑就会这样做。这似乎是一个简单的、情感上的事实，然而，大多数男性能意识到，他们的身体天生是为激情而存在的，而女性的身体则是为了俘获男性，而不是为了向他们顺从而存在的。

女性的激情

一个更深层次的问题在于，女性在与其他同性的关系中表现出激情。我承认，当我致力于研究这种类型的爱情关系时，我一点都不了解这种关系对于女性的情感生活的重要性，也不了解这种关系在情爱行为相对不受拘束的女性中普遍存在，这要么是由于之前的经验，要么存在于高年级大学女生和新生之间的诱惑和激情关系中，但没有发生生殖器刺激。通过亲自观察，我意识到，住在同一个房间中的年轻女性会相互诱发非常愉快和无处不在的爱的反应，这两种类型都没有身体接触或生殖器兴奋。在调查过程中，通过合作伙伴的宝贵帮助，在大学权威和家庭生活影响之外的女性之间的爱情关系中，我发现可以获得重要数据的爱情关系中，有近一半的女性爱情关系伴随着身体上的情爱刺激。

在研究女性舞者的案例中，舞者与其他女性的身体恋爱关系似乎成了规律，无一例外。在一些案例中，与丈夫和孩子的良好关系满足不了这些舞者，还需要与其他女性的情爱关系来补充。在一个案例中，丈夫（一个演员）说，在另一个

---

① Judge Ben B. Lindsey and W. Evans, *The Companionate Marriage*, New York, 1927.

女孩唤起了妻子的激情反应后，他自己和妻子进行性爱接触时，感觉更加愉快。此时，显然，这位母亲和她两个孩子之间的关系似乎也变得更加温情脉脉。沉湎于这种爱情表达的女性对这一点似乎并不觉得异常或不自然，事实上，即使当着别人，她们也经常与女性爱人进行自由的身体接触。一位男性心理学家曾经向我报告过一对女性恋人的案例，她们被校方分开了几个星期。这些女孩在他面前毫不犹豫地进行爱的行为，表现出强烈的激情和诱惑情绪。根据这份报告，女孩们认为她们的爱情关系是一件特别神圣的事情，尽管她们在这一事件发生后不久就被报道与男性建立了爱情关系，但与男性的关系似乎并没有减少她们对彼此的爱。

同样类型的验证实例也引起了我的注意，那是巴黎的舞者同时与男性和其他女孩发生恋爱关系。一次，一个女孩与她的男性恋人结束关系时，请求在他面前和另一个女孩发生肉体上的情爱关系。最近，一个非常有能力、非常讲求实际的商人告诉我，两名女雇员在办公大楼的公共区域发生身体上的情爱关系，而且肯定被其他女员工目睹了。这位商人说起这件事时，持完全容忍的态度，也并没有觉得惊讶。在描述这类女性爱情关系的总体趋势时，我选择的案例都是激情明显占主导地位，激情远远超过其他可能强烈抑制同性肉体关系的影响因素。只要一个女人拥有两种截然不同的爱情机制，两种不同类型的刺激者都能对其构成环境刺激，那么她很有可能一有机会就继续享受这两种类型的爱情，尽管社会试图禁止其中一种或两种不同的爱情行为。

关于这种与其他女性的情爱关系对女性身体健康可能产生的有害影响，我刚开始调查时，一直无法证实一位男性医生的观点，那就是女性之间的情爱总是会对她们的身体健康造成伤害。然而，在对一所监狱里关押的女性囚犯进行研究时，我发现了一些有害的结果。我所研究的这批九十七名囚犯（白人和黑人都有）中，我们发现有二十多名女性与其他女性有恋爱关系。其中两名女性出现了体重下降和身体健康状态恶化的情况，这似乎是由于她们的女性恋人反复激发的过度激情反应，在这种情况下，她们无法从与男性的关系中获得对等的情爱兴奋。在其他案例中，监狱长官和医生可以确定没有发现情爱关系导致身体健康恶化的症状。从另一方面来说，在恋爱开始后，这两个女性对监狱纪律和义务工作的情感态度都有所改善。还有一些我了解到的女性间诱惑-激情关系的案例，这些女性不属于任何团体或机构，从她们的体检报告可以看到，她们之间没有检测到任何有害的情绪，也没有对身体产生有害的影响。

爱（plaS + aIpS）具有复杂的情感性质

讨论欲望情绪时，我们观察到，渴望和满足情绪再次发生混合时，会产生一种全新的情感性质，在饥饿的时候，会通过对食物的嗅觉和味觉清楚地识别出来，这种情绪称为"欲望情绪"。同样，我们现在可以看到，激情和诱惑的连续融合，随着诱惑逐渐取代激情，产生了一种更复杂的新情绪——爱。

在对男性生殖器机制的研究中，我们已经注意到，在性高潮开始时，被动诱导是如何变成主动诱导，以及主动顺从如何变成被动顺从的。虽然从被动爱情到主动爱情的转变显得很突然，但在男性行为中，转变的开始必须是渐进的，通常从性结合开始。在女性寻求与男性发生肉体关系的情爱行为中，很可能在生理周期中受器官激情刺激或在生理周期快要结束时，这位女性第一次发现一个男人对她的主动诱导作出反应，爱情由被动变为主动了。在整个两性性爱过程中，似乎通常会有一些激情和诱惑的融合，就像整个欲望行为模式似乎也有渴望和满足的混合。在整个欲望中，正如渴望必须逐渐地屈服于满足且必须完全适应满足，在爱情中，激情也必须自始至终适应诱惑，并且必须在某种程度上屈服于诱惑。

主动和被动的爱之间的这种连续混合的意识特征，对任何曾经经历过爱情的人来说是很明显的，而且对于男人和女人似乎都是一样的。这是非常愉快、微妙和细腻的情感。然而，达到巅峰之时，爱意十分浓烈，无处不在，此时意识中所有其他情绪都被清除。在男女之间的爱情中，通过生殖器的相互刺激，在由女性表现出诱惑和男性表现出激情的爱情阶段，似乎仍未融合。如果条件是最有利的，那么在整个关系的大部分时间里，完全的爱情融合只会出现在两种反应快要达到高潮之时。

生殖机制是爱情之师

然而，必须记住的是，生殖器官的刺激，是由女性因生理周期而自发产生的两性行为，并不代表爱的唯一来源。前一章所讨论的案例揭示了一个事实，即事实上，爱的所有元素都是由那些没有接触或刺激生殖器官的刺激者引起的。正如与阵发性饥饿相关的胃的机制可以视为欲望情绪的天然老师，并且成为进一步建设性发展的可能模式，生殖器器官的刺激，由女性因生理周期自动引发，可以视为爱的反应的天然老师。

　　然而，构成诱惑和激情情感的整合关系，可以通过生活中的各种刺激被激发出来。在许多爱的反应中，无论发生什么情况，在没有生殖器刺激的情况下，如果一个人在爱的行为中接受了适当的训练，他会经常体验到那种同时产生的激情和诱惑，这就是纯粹的"爱的情绪"的独特且明显的特性。

第十六章

创造

在某些受试者的情感中，欲望和爱的情绪相对独立。但是，对于大多数人来说，欲望和爱似乎在总的行为模式中表现出一种复杂而又不可分割的关系。人类当然是极其复杂的有机体，如果想通过一些粗浅的分析，试图在临床案例中研究深层次的"欲望-爱"的关系，并作系统陈述，是徒劳的。因此，最好强调创造反应的正常而有效的模式，就是将爱与欲望结合在一起，这一反应似乎是为了繁殖而强加给人类和动物的。就像饥饿机制自动地唤起了渴望和满足感的自然整合进而转化为欲望情绪，并且随着月经功能自动将激情和诱惑反应最大限度地整合为爱的情绪，以同样的方式，繁殖机制自动将爱与欲望自然结合起来，形成一种情感行为模式，我们可以称之为"创造"（creation）。

怀孕期间母亲与孩子的生理关系

我们注意到，在女人与男人之间身体上的性爱关系结束时，男性完成了一系列爱的反应，表现出"主动的爱"，而女人则以相应"被动的爱的反应"开始了一系列新的爱的回应。需要记住的是，女性这种被动的爱的反应，涵盖内部性高潮之后的一段时间，生理上是为了接收阴道内的精子，让子宫最终毫不排斥地接受男性精子。当精子遇到卵子后，就会即刻发生可以描述为精子在生理上被卵子诱惑的过程。换句话说，这两个细胞之间存在相互的生理吸引力，卵子最终将精子吸收到自身中，并且将其完全包围。此后，在两个细胞间的持续联合中，卵子的体积占主导地位，尽管有人可能认为男性元素的能量促成了有序的细胞分裂，很快导致了胚胎的出现。然而，我们主要关心的是母亲的反应，而不是婴儿的遗传来源和历史渊源。

一旦受精卵（连同它的保护组织和膜）开始在子宫内进一步发育，与母亲的血液形成营养关系，母亲和胚胎之间就建立了一种确定的关系。在这一关系中，在出生前9个月内，胚胎和胎儿可以被认为通过支配由母体提供的营养物质来成长和发育，因而顺从母体。这种营养供应与胎儿的吸收组织接触，只要它依赖母体的控制，就一定能获得或支配这些物质。另一方面，母亲的器官则积极顺从通过胃获得的食物，来诱导胎儿的成长和发育。母亲的身体必须顺从从环境中得到的食物，不仅为自己的身体提供常规所需的营养，还必须服从新方式，以制造在自己的体内培育新生命所需的养料。

这就是母亲和孩子之间建立的第一个生理关系。母亲积极地顺从从环境中获得的食物，诱导胎儿生长。胎儿的机体通过将养料吸收到自己的身体中来支配这些养料，顺从母亲的诱导。

另一组生理关系似乎也存在。母亲通过被动支配所有可能伤害或攻击未出生的孩子的环境影响，被动顺从自己体内的另一个生命。简而言之，被动支配，就母亲而言，是保护胎儿机体免受环境攻击的手段。这种被动支配是实施被动顺从反应的手段或方法，只要这个小生命在母体的身体内，小家伙的一切就必须围绕小小机体的需要来进行，不能脱离这种需求，而母亲的身体则必须顺从这一情况。同样，胎儿为了被动地从母亲那里得到保护，必须被动地服从保护组织和周围其他事物的物理限制。例如，如果胎儿在其生长的晚期，脐带发生缠绕，或任何组织发生破裂，那么胎儿的营养物质可能就无法供应了，或者保护机制可能不再保护胎儿不受各种不利影响的伤害了，最终导致胎儿夭折。简言之，未出生的婴儿被动顺从包围着他的限制性组织，被动诱导母亲身体允许它在母亲体内继续存在。母亲通过被动支配不利因素来保护未出生的婴儿，被动顺从婴儿的需要。

根据生理关系定义的主动创造（pAaL）

当我们把这两种生理关系放在一起时，我们就会发现下面的行为模式。母亲在进行被动顺从的同时，也在进行主动诱导。我们已经看到，这种特殊的反应组合构成了"主动的爱"或诱惑反应。母亲同时也在主动顺从和被动支配，而这种组合反应构成了被动欲望或满足反应。然而，由于欲望的满足并非出于母亲自身的愿望，而是出于婴儿的愿望，于是产生了一种新的情感。这种新型的反应，由被动欲望与主动的爱相结合而成，并且适应主动的爱。这种新的复合反应（整合图式为 pAaL）可以称为主动创造（active creation）。

被动创造（aApL）的定义

婴儿机体中被动服从和主动支配反应同时发生，这就构成了主动欲望或渴望。然而，与此同时，未出生的婴儿也在被动诱导和主动顺从。这种复合反应构成了"被动的爱"或激情。然而，在这种情况下，利欲性质的渴望（appetitive desire）是为了完成被动的爱。我们必须提出一种新的复合反应，这种复合反应由主动欲望与被动的爱结合而成，并适应被动的爱。这种新的复合反应（aApL）可以称为被动创造（passive creation）。

正如前面所强调的，前几段中分析的反应是生理上的，包括母亲身体的大量调整，以及胚胎和胎儿在母体刺激下生长的所有适应性调节，这些调节都是通过带有一定激素的血液进行的。然而，必须有一定量的子宫刺激，以使运动神经放电再次回到内部生殖器，同时，也会发生欲望刺激的变化。由此产生的整合可能近似 pAaL。尽管在大多数情况下，这一整合显然发生在大脑皮层之下，因而爱的情绪不能够被觉察，受试者当然也无法观察和描述这种新的创造情绪意识。

孩子出生后母亲的主动创造

然而，在婴儿出生后不久，情况就发生了变化。一般情况下，此时婴儿从母乳中获得营养，因此，母亲会获得孩子的嘴和手对乳房的刺激。华生等人观察到，其结果是对母亲产生一种情欲的体验。用我们的术语来说，就是产生了一种诱惑反应，这种反应由乳房刺激加上把婴儿抱在怀里的其他刺激，以及婴儿的一些行为引发的，婴儿的一些行为让母亲感知到需要喂乳，并且通过喂乳感知到婴儿的需求得到了满足。有很多证据表明，母亲的乳房与内部生殖器官密切相连，因为乳房特别敏感，而且在月经前和月经期间偶尔会疼痛。因此，有理由猜测，在孩子嘴唇的刺激下，运动神经放电会进入内部生殖器官。需要记住，这种类型的运动神经放电被认为是为顺从运动神经本性而产生运动神经刺激的证据，其构成了主动的诱导反应。换句话说，这个婴儿正受到支配，并通过嘴唇与母亲乳房的刺激来与母亲保持着联合关系。感知到婴儿需要喂奶，母亲激发出被动顺从反应，包括停止所有可能与给婴儿喂奶相冲突的活动。这两种同时发生的反应在母亲的中枢神经系统中引发一种真正的诱惑反应整合模式。观察母亲在护理婴儿期间的总体情绪表现，以及她们的口头内省描述，可以看出一种非常令人愉快的诱惑情绪，本质特征非常清晰，经常可以从母亲的内省报告中看到。

与此同时，还有另外两组刺激，母亲通过明显的运动神经反应对其作出反应。由于婴儿的体重、个头等因素引起的刺激，母亲必须抱好婴儿，将其放在一个舒适的位置，方便婴儿吸奶。再长大一点，当婴儿的支配反应发展到可以坐在餐桌旁吃饭的时候，母亲的服从反应会针对食物，而不是针对抱婴儿喂奶的姿势。然而，在这两种情况下，反应的本质似乎都是一样的——母亲服从某些物品或材料，以满足婴儿的需要（被动支配——pD）。因此，无论母亲是把婴儿抱在胸前，还是以后为婴儿做饭和准备食材，她都在主动服从，以满足婴儿机体的内在需求。饥饿带来的需要，在婴儿的行为中以各种方式表现出来，如哭闹、不安分的动作或面部表情，表示他正感到不愉快。这些刺激会让母亲知道婴儿的需要。也就是说，这些刺激告诉母亲饥饿刺激在支配婴儿，并且引起了婴儿意识中的不愉快。母亲通过服从反应给婴儿喂奶，或者准备一种婴儿可以轻松支配的营养食物，从而被动支配婴儿的饥饿感。

因此，她一方面通过满足饥饿需求，经历了主动服从反应，另一方面又通过消除饥饿感而被动支配了饥饿。这种主动服从和被动支配[①]的结合，构成了我们称为被动欲望或满足的复合情绪。母亲在哺乳或喂养婴儿时，常常因能够满足婴儿的需要，或者看到婴儿不再表现出之前饥饿带来的痛苦，自己也得到一种强烈的满足感。

主动创造情绪的意识特征

母亲为了孩子好而强迫孩子吃食物时，以及为了消除孩子的饥饿感而准备孩

---

① 这里原文为"主动支配"，根据上下文应为"被动支配"。——译者注

子的食物时，同时经历了主动的爱和被动欲望。这种复杂的情绪我们已经称之为主动创造。主动创造情绪似乎拥有一种截然不同的意识类型，这种意识类型很容易区分，并且许多人都提到，因为它在社会生活的各个方面都被认为是值得赞赏的。它有时被描述为"为他人做一些事情，自己也获得间接的快乐"，或者"让他人做有益于他自身的事情而感到满足"。在主动创造的第一个特征中，重点似乎是满足，或者是被动的欲望情绪。在后一个例子中，重点似乎是放在诱惑情绪上。可能受试者会给出一长串流行术语和自省陈述，来描述主动的创造情绪。在某种程度上，所有的这些术语和内省都会包括诱惑和满足，并且根据不同的侧重点（强调主动的爱的元素，还是被动的欲望元素），所有这些描述都可以归为两类。

主动创造反应的性别差异

主动创造是一种情绪，显然"大方"的男人会经常体验到这一情绪，比如在给他们的孩子买玩具、给他们的妻子和女儿买衣服，或者给他们的爱人送礼物时。主动创造似乎是最突出的情绪反应。然而，有着年幼孩子的母亲所报告的主动创造与成年男性经历的主动创造之间，似乎有明显的差异。一般来说，男性体验到的主动创造更多地包含了一种被动的爱的元素，而不是真正的诱惑。而我所观察到的母亲们，似乎在对女儿的诱惑情绪中得到了充分的快乐，特别是她们能够给孩子带来满足时，她们感到非常快乐。

男性容易按表面意思来理解、接受女性或孩子的愿望或要求，所爱的人要求什么，他就送什么。因此，当礼物送出时，送礼者的主要快乐也许来自花费的成本上，或者礼物的特别之处。这种情绪经常被描述为能够"给她最好的"，因此很"自豪"。爱的情绪因素带着更多的顺从性，而不是诱导性。如果这位慷慨的男士觉察到自己送的东西并不是对方最初想要的，即使更适合她，也常会感到扫兴。因此，最接近主动创造的男性反应很可能表现出更多主动顺从元素，而非被动顺从元素。然而，在这种男性情绪中满足感的增加往往如此强烈，以至于爱的反应部分并没有明确地表现出激情。

如果母亲在给女儿买衣服时，女儿没有遵照母亲的指示，自顾自地选择了连衣裙，这位母亲会失去相当大的乐趣。如果孩子中意一条蓝色裙子，而母亲完全相信，她最能判断孩子适合什么颜色，说服了女孩接受绿色的衣服，这位母亲会非常高兴诱导了女儿选择（支配）绿色连衣裙，这是主动顺从母亲的一种表现。

　　偶尔，一个对女性事物有特别敏锐感知的男性，会用这种能力来培养女孩在服装、文学和其他审美方面的品位。在这个过程中，这样的男性会经历一种非常生动和清晰的主动创造情绪。由于受试者是男性，与一般母亲的创造情绪相比，他的总体反应仍包含着更多的主动顺从。正是出于这个原因，具有这种罕见天赋的男性会为了与女孩进一步发展选择最合适的表达途径，完全摈弃个人偏见；而母亲的被动顺从非常微弱，往往会用自己的支配代替真正的爱的诱导，这实际上是在取悦自己，而不是为女儿的利益着想。然而，在多数情况下，培养女儿或爱人品位的男性要么属于过于顺从，要么属于自私的支配。在后一种情况下，一个年轻人试图强迫自己的未婚妻学习小提琴，只因为这个年轻自己被音乐吸引。女孩的音乐老师经过几次忙乱的尝试，拒绝再教，因为这个女孩无法分辨音符。然而，她的未婚夫坚持认为，女孩的救赎之道在于学习如何成为一个有成就的音乐家。

儿童身上被唤起的被动创造（aApL）

　　儿童从母亲那里获得营养和欲望满足的情绪反应还有待考虑。如前所述，精神分析学家认为，婴儿的嘴唇吮吸母亲乳头时产生的刺激，可能引发性欲情绪。一些不支持精神分析理论的专家认为所谓的"敏感"或"性敏感"区域绝不仅限于婴儿的生殖器官，还包括嘴唇和身体的其他部位。

　　从成年人的行为和经验来看，嘴唇确实包含最终诱发四种主要情绪反应的感受器官。某些类型的食物，特别是液体，有一部分受嘴唇支配。嘴唇的温度、触感和可能的味觉刺激可以引发一些反射，增加唾液分泌，消除饥饿感，这是对食物的主动服从反应。触弄或亲吻嘴唇会引起男性和女性外部生殖器官的兴奋，我们将其解释为主动的顺从反应。最后，女性用嘴唇唤起爱人的激情，很可能导致女性内部生殖器官的运动神经放电，这被认为是主动诱导反应。

　　至于母亲喂奶时四种主要情绪反应中哪一种发生在婴儿身上，至少现在还无法确定。有观察称，男婴在嘴唇触碰母亲乳头时有勃起反应。但我认为，别人都看不见这种情爱（性爱）反应，而有精神分析倾向的人却发现了，对于他们的这种过度热情，我们需要留点考虑余地。我只能说我从未在受试者的描述中成功地核实这一现象。因为缺乏这类发现，也就不能自信地断定婴儿嘴唇触碰母亲胸部时，会产生主动顺从反应。

然而，还有一些其他的主动顺从证据，比如拥抱反应和各种声音，很可能表明婴儿对母亲有某种顺从。而且，即使婴儿并没有饥饿感，如果教他作出嘴唇吮吸乳房的反应，他也会作出这一反应。这可能表示在婴儿的神经系统中或多或少有某种类型的顺从整合。我们可以猜测，因为有这些辅助性的行为表现，婴儿身上存在一些有关吮吸母亲乳头行为的顺从反应。

然而，在婴儿的这一反应中，支配反应似乎更明确、更显著。当用手指按住婴儿嘴唇直到它开始收缩，教会婴儿第一次用嘴唇作出反应后，嘴唇和下颌肌肉的力量增加很容易被检测到。显然，婴儿对相反刺激作出了回应，虽然婴儿以相对温和的态度对抗，但是通过增加运动神经本性，从而以适合受刺激部位（即嘴唇）的方式支配刺激。当母乳通过支配反应被吸入口中，会出现吞咽行为和自发吞咽反应，这些反应带着明显的支配性质。因此，婴儿机体在从母亲乳房中获取食物时，很有可能经历着强烈的支配反应，同时伴随着对母亲的顺从反应，这种顺从反应表现得较为简单，而且不太明显。

至于喂奶之前和喂奶期间对饥饿的被动服从，我们无须多加解释，因为这种被动服从反应和成年人被迫放弃其他事情来寻找食物时的反应非常类似。婴儿通过遇到食物刺激嘟起嘴唇，或者无可奈何时求助母亲给予东西的行为表现，就像用嘴唇吮吸母亲胸部时的主动顺从一样，这些行为是否被动地诱导反应，仍有一些问题。健康的婴儿实际上用哭泣和尖叫来吸引母亲的注意力。

欲望因素支配儿童对母亲的反应

毫无疑问，这类行为代表孩子的支配反应。因此，在婴儿的意识中，很少出现激情反应所需的两种爱的因素，与对食物（欲望因素）的主动渴望相比，几乎不值一提。此外，在喝下奶、消除了饥饿感之后，被动欲望很显然主导了婴儿的全部意识。面部表情和紧张的身体放松，表明了婴儿体内的情况：饥饿消除后，婴儿获得了极大的满足。这种欲望满足感似乎与对母亲的情绪反应的关系微乎其微。因为没有任何婴儿的内省描述可供参考，因此，根据婴儿的行为习惯，一般认为哺乳时婴儿的主要情绪是欲望情绪，其中也许掺杂了对母亲少量的激情。

随着年龄增长，孩子的支配行为更加多样、更加主动，有一种情况随之出现了，而且更加频繁——孩子想要某个玩具或糖果，但未经母亲的同意和配合是不可能得到它们的。而且，孩子得到这个玩具或其他物体后，会开始主动支配，从而继续表达渴望反应，而不是像婴儿吃饱奶后那样放松，表现出平静的满足感。

虽然一般成年人一直认为，欲望情绪是人类行为的主要需求，而爱和顺从则主要是获得所渴望事物的手段，但是我对以下问题仍然没有定论：孩子是否因为渴望得到只有母亲才能给予的事物，从而学会顺从母亲？正常孩子是否将顺从反应作为获得内心快乐的行为方式，而这种行为方式强大到足以控制支配欲望？有如此多的母亲用利欲奖励的方式来教孩子服从，我认为，使用顺从或服从反应来满足渴望的方式源于训练，而不是孩子自然而然呈现出来的自我反应。的确，一旦以利欲奖励的方法得到服从，即使为了让孩子暂且安静不打扰父母，对母亲来说也不太值得。真正学会顺从的孩子，不会经常来问父母听话的时间是否够长了，是否可以得到许诺的奖励了。

此外，从孩子的角度来看，学会真正顺从的孩子，在获得母亲给予自己想要的东西时，获得的快乐会翻倍。据我观察，若干母子关系的案例表明，母亲从孩子身上引起了激情反应，渴望情绪很显然辅助并常常掺杂在激情反应中。儿童反应常见的类型，包括乞求妈妈同意自己帮她做家务，或者去园子里摘妈妈最喜爱的水果来给妈妈，这些都是常见的激情反应与渴望情绪复合的例子，这些情况下都有明显的激情控制着这些反应。如果渴望占了主导地位，孩子会乞求粉刷房子，或者挑选自己最喜欢的水果，让母亲分享自己渴望的东西，这仅仅是整体反应的一个部分。这种反应经常出现在青春期男孩的行为中，他们的欲望显然开始支配爱的反应。但是，没到青春期的正常男孩女孩，对母亲的态度通常是渴望得到一个物品来表达对母亲的激情情绪。这种同时包含渴望情绪和激情反应并渴望情绪适应激情反应的混合情绪，可以定义为被动创造情绪（aApL）。

母亲唤起女儿的被动创造情绪

女孩在青少年时期，常常对母亲产生夸张的被动创造情绪。女孩的这种态度，让全心全意照顾她的母亲体会到一生中最愉快的生活体验。母亲会充分发挥其诱惑反应的作用，而且如果家庭富裕的话，母亲还会把孩子打扮得漂漂亮亮的，或者训练她的社交技能（女性的欲望战场），并且从中获得满足感。事实上，在这段时间里，母亲对充满激情的女儿所表达的主动创造情绪，常常给母亲带来极大的愉快，以致之后女孩必须独立生活、不受母亲控制时，母亲仍不愿放弃与女儿的这种关系。如果女孩自己在青春期结束后没有大胆冲破母亲对自己的束缚，那么女孩在被动创造情绪的集中阶段形成的这一情绪束缚习惯，就可能影响她的一生。

我在临床上发现两个案例，有两个女大学生仍然处于母亲的这种束缚下，受到了极大的伤害。一个案例中，母亲无疑意识到，她对女儿最有效率的主动创造情绪时期已经结束，但她坚持控制女儿，来满足自己自私的愉快。

另一个案例中，母亲似乎并没有意识到她已经没有能力为孩子的进一步发展继续进行主动创造。我们诱导她面对这一事实时，母亲的创造态度并没有变成控制欲，而是强迫自己放松对女儿的情绪控制，因为这样的控制不再对女孩的成熟发展有所帮助。这位母亲表现出对孩子的真爱，正是这个行动使她与女儿的关系继续下去，现在母亲承担了一个更为被动的角色，女儿则更为主动。

一名来自美国一家大型公司的人事管理者，花了 25 年的时间对员工的需求和性格进行了善意及思路清晰的研究。这些员工包括从年薪 40 000 美元的销售经理到不熟练的女性文员（勉强达到法定年龄）。在私下的聊天中，这位管理者透露，这些女雇员急需解决的问题之一是，她们母亲对她们情绪的完全控制。其中甚至有 50 多岁的妇女仍然听命于其母亲，也许这位母亲性格暴躁，而且能力低下，她对女儿的控制源自女儿青春期时形成的强烈的创造关系。从这些例子中可以看出母亲主动创造反应的情绪的力量多么巨大，也可以看出女儿当初经历的被动创造情绪的力量有多大。如果母亲没有能力继续促进女儿的发展或幸福，却仍然继续这种创造情绪关系，其危害之大，从这些例子中可见一斑。从这一点来看，社会习俗和法律形成的习惯和力量所维系的关系，不可避免地成为母亲的欲望支配手段，而从女儿的角度来看，只会是一种漠不关心或不愉快的服从。

艺术创作表达被动创造情绪

也许在成人生活中被动创造最重要的表达就是艺术创作。我观察了许多艺术家，并且对他们的内省报告和其他口头反应进行分析，得出以下结论："对艺的激情"这个通俗说法是对一种复杂情绪反应的恰当描述，这种复杂的情绪反应能够激发艺术家创作出真正的艺术。至少在男性艺术家中，他们有非常主动的创作情绪，所以似乎通常会用支配来代替诱导。"怪诞"艺术，或者变态的、破坏性的艺术，不可避免地由这种控制性支配情绪产生。如果说所有伟大的艺术作品的产生都是对诱惑艺术家的女性（无论是真实的还是想象中的）激情反应的表达，这一陈述也许太过笼统。但在我亲自观察和分析的所有男性艺术家情绪反应中，我可以毫无疑问地说，对某位女性或某些女性（有时是想象中的女性）的激情就是艺术创作的必要条件。

不同程度的支配和服从可能出现在主动欲望或渴望中，这种欲望迫使艺术家收集材料，并以他希望的形式成功支配这些材料。一些艺术家无疑称得上伟大，他们极富支配性，嘲笑为艺术创作所做的任何服从性的准备工作。这些艺术家的成果往往大胆且霸道。莎拉·伯恩哈特（Sarah Bernhardt）、西里尔·斯科特（Cyril Scott）、里奥·奥恩斯坦（Leo Ornstein）和其他一直坚持在其艺术领域创造新风尚的艺术家，不遵守他们的前辈所倡导的人物描绘手法或传统观念，也许能阐释这种强势支配。另一种极端是，我们发现一些艺术家在艺术反应的欲望部分拥有大量的顺从行为，创作了非常好的、精美的艺术作品，这些艺术家倾向于在自己的艺术领域中遵守当前的技巧和规则。

但是，在艺术家情绪的欲望部分，无论是哪种类型的支配-服从，都有一位模特或想象中的诱惑者（在他们的潜意识中是一种理想模式），令他们表现出强烈的激情，这种激情似乎从头到尾控制着所有这些真正艺术家的整个创作反应。在山水画或抒情诗中，这种对真实或想象中的迷人女性的激情，不如裸体模特雕塑中的激情那么显而易见，诗歌也是直接针对崇拜的女性对象的。然而，在我看来，对"自然"的艺术刻画，代表了一种激情反应的转移，从人类或理想化的女性转移到美丽、和谐、强大的无生命物体和力量上。这种艺术家的言语反应提供了许多证据，证明了一种对"大自然母亲"或"美丽大自然"的一种灵性的态度，这使人们相信艺术家对自然的反应是主动顺从而不是审美服从。就像埃德加·艾伦·坡（Edgar Allen Poe）这样的艺术家，创作情绪模式的控制元素使他能够写出一首首无与伦比的、优美的抒情诗，如《钟声》（*Bells*），他的其他诗歌也很清楚直接地揭示了他对美丽女性的激情。在艾伦·坡的《创作的哲学》（*Philosophy of Composition*）中，他认为，女性的美丽是无与伦比的，一个挚爱的美丽女人死去，是最大的损失，也是"世界上最有诗意的话题"。这个观点来自一个抒情诗人！"对我来说"，艾伦·坡说，"诗歌不是目的，激情才是"。[1]

很显然，以前大多数创作型艺术家都是男性。如前所述，真正的激情是男性机体非常合适的爱的反应类型。因此，任何被动创作都可能是男性艺术家自发行为的创造情绪反应。然而，我们也观察到，人类的女性具有双重生理的爱，能够建立主动和被动的爱的情绪模式。因此，尽管大多数女性会致力于诱惑情绪（因为只有女性拥有充分的诱惑机制），但是，当投入艺术创作中去时，女性的激情反应会异常强大，而且表达形式非常精妙。这似乎说明了为什么有些著名的女艺术家其作品可以与男性艺术家的作品相媲美。在这方面，人们会提到萨福（Sappho）、勒布鲁（Le Brune）、劳伦斯·霍普（Laurence Hope）、乔治·桑传（George Sand）、伊丽莎白·勃朗宁（Elizabeth Barrett Browning）和克里斯蒂娜·罗塞蒂（Christina Rossetti）的作品。女性的激情在艺术作品中表现出来的时候，似乎比绝大多数男性艺术家拥有更多的、纯粹的激情元素。萨福和霍普的作品就能说明这一点。一般来说，两性的创作型艺术家似乎都由适应激情的渴望，或者说被动创造情绪所激发。

主动创造激励医师、教师和神职人员

在成人生活中，主动创造最重要的表现类型似乎是老师、医师和神职人员这类职业所代表的。神职人员的工作是迄今为止最坦率与彻底的尝试，表达了诱惑情绪和被动欲望反应的结合。在几乎所有的宗教和文明中，神职理论都包括神父对人们行为的主动监督，或者出于神父的责任提供精神或物质的维持，或者两者兼顾，以满足他的顺从者的需求。这似乎是主动创造反应的本质。中世纪初，在欧洲引入的教会和国家的政治理论下，神职领袖对人类的行为进行了欲望和爱的控制。虽然现在神职人员对世人的欲望控制在理论上已被废除，但在这些男性"爱的领袖"身上仍然存在着相当多的残留的欲望力量，尽管这种力量现在必须通过控制社会习俗和惯例才能发挥作用。但尝试去发现处于这种神职领袖地位的男性，能够在何种程度上把真正的诱惑情绪反应运用到其他男性身上，以及运用到

---

[1] Preface to the Poe *Collection of* 1845, signed "E.A.P."

处于其力量和控制之下的女性身上，只能徒劳无益。

如前所述，政治和工业领域的男性领导者，能自发地对员工或下属产生真正主动的爱的反应相对较少。尽管男性领导者有着良好的意愿，打算作出爱的反应，但支配和欲望会渗透进来，并控制爱的反应，因为支配性的欲望情绪"是动物的本性"。也许男性教会领袖的情况又截然不同。我不曾亲自对他们的情绪行为模式进行调查，然而，对于男性教师和医生，如果顺从他们指导或治疗的学生或患者，恰巧能在最大限度上符合这些男性教师和医生的欲望利益，那么这种主动创造的结果对他们的学生或患者帮助最大。那些正在尝试进行主动创造的男性，虽然态度并没有变得大公无私，但还是会花大量的注意力在需要教授或治愈的人身上。我亲自分析了许多案例，其中男性老师或医师以一种创造反应回馈对方的需求，这种创造反应主要受爱的因素控制，尽管这种爱的因素很少被称为诱惑情绪。前面我们提过，男性恋人或父亲会向所爱之人赠送礼物。同样，男性医生和老师的行为受到爱的控制，在他们的行为中，他们主动顺从刺激者现有的需求和欲望，而不是进行主动诱导去改变刺激者的欲望或行为。这种行为特征，正是母亲对待女儿的"爱的行为"特征，也是女性诱惑者对待爱人的行为特征。大体上，我没有找到任何证据足以让我相信：除了特别有天赋的男性之外，没人在心理和生理上能够对任何人长时间保持一种真正的"爱的诱惑"的态度。

小结

爱与欲望同时发生在复杂的情绪反应中，被称为创造情感。这种情绪可以在母亲对亲生孩子的反应中看到，也存在于她以后提供的养育和保护中。母亲的反应是主动创造，包括对孩子的诱惑情绪，同时也包括满足孩子需求后的满足感。在同一关系中，孩子对母亲的回应是被动创造，包括对母亲的被动反应，同时伴随着对食物的主动欲望，或者其他欲望利益——希望得到母亲所拥有的物品。

在主动创造的过程中，欲望方面的每个主要情绪因素适应并被运用于完成相应的爱的情绪因素。在母亲的主动创造反应中，她主动服从食材，是为了主动诱导孩子支配食材。母亲被动支配了对孩子不利的影响，以便被动地顺从孩子的需求（而不是自身需求）。

在孩子的被动创造反应中，个人反应因素以相同的方式进行，每个独立的欲望因素适应并被运用于完成相应的爱的因素中。孩子放弃所有其他可以让他愉快的行为来被动服从其饥饿感或其他需求，以便被动诱导母亲关注自己。然后，孩子通过支配母亲提供的食物来遵从或主动顺从母亲。

母亲与孩子之间与生俱来的关系似乎为整合创造情绪提供了一种训练机制和模式，就像身体的饥饿机制和月经机制分别为欲望和爱提供了训练机制和模式。

母亲对处于青春期的女儿的正常关爱行为似乎让主动创造情绪达到了一个极强烈和愉快的程度，而这个时期女儿与母亲的关系中，被动创造可能达到同样程度的愉快和广度。

真正的艺术创造似乎代表了一种成人生活中被动创造的最重要表现。 艺术家，无论是男性还是女性，都渴望支配他的素材，以此来创作艺术作品，最完美地完成对真实的或想象中的迷人女性的激情反应。

神职人员、教师或医师这些职业似乎代表了成年人重要的主动创造和情感的表达。对以教师或医师为职业的男性而言，由于身体的限制和训练，很少能够保持纯粹的、主动的爱的反应，很难对学生或患者产生真正的诱惑情绪。一方面，他们往往会用支配代替诱导，并且出于自己的目的利用那些顺从者。另一方面，在他们的创造反应中爱的成分里，会用主动顺从代替诱导，从而接近被动的爱的反应，这一反应类型正如父亲或男性恋人经常给孩子或爱人买礼物。而对于女教师而言，如果她的学生达到了一定的年龄，她会像母亲一样，向学生表达真正的主动创造；而女医生，因其职业关系，至少有可能对其他妇女和儿童表达真正的主动创造。

第十七章

逆转、冲突和非正常情绪

我们注意到，支配和服从这一组合，不管是同时进行，还是先后发生，如果要想有效运行，必须在这两种主要情绪反应之间存在一种确定的关系。服从是初步的预备反应，在一般的行为模式中，它的价值是作为支配的第一个助手。服从反应用于选择运动神经本性中最有效的部分来进行强化，并且对抗性运动刺激强度过大时，服从反应也充当一种安全阀，可以允许这种运动神经刺激释放出来，从而避免对运动神经本性中的某些部分造成破坏。为了执行这些功能，服从反应必须先发生，而支配反应则作为一种补偿，而且服从反应必须适应支配反应，才能把有机体带回到自然反射平衡状态。

近年来，谢灵顿称[①]，他在四肢的屈肌中没有发现紧张性强化机制，而四肢的自然反重力姿势是通过对伸肌的紧张性放电来维持的。我们就有了这种情况：服从反应先必须限制运动神经本性对伸肌的正常紧张性放电，然后必须使屈肌收缩。这种屈肌收缩使四肢进入一种不自然的平衡状态，不能在重力作用下保持直立。除非这种服从反应可以通过同等的对立性支配反应来补偿和终止，否则不可能保持直立或平衡的姿势。

那么，服从反应就只能发生在这样的肢体中：这个肢体通过其他肢体的紧张性位置可以产生一种维持临时平衡的反应，而且运动肢体的服从性弯曲必须达到最大效率，从而符合后续支配反应。如果肢体的支配性伸肌运动被屈肌打断，或者支配反应发生之前，服从反应已经完成，那么这种次要或干扰性的屈肌反应也

---

① C. S. Sherrington, *Lecture given before the New York Academy of Medicine* , October 25th, 1927.

必须终止，并代之以与之匹配的支配性伸肌反应。简言之，我们可以总结出以下规则：永远不会有一种支配反应能够由随后出现的服从反应控制，并且还能保持整个机体的平衡，服从反应必须一直适应支配反应，而支配反应却永远无法做到既适应服从反应，又不伤害受试者。

两种基本的欲望反应之间的正常有效的关系表明，有机体本身的生命要存续下去，运动神经本性就必须一直高于运动神经刺激；同时，还需要选择服从反应，因为这些服从行为能够使运动神经本性再一次高于其临时服从的运动神经刺激；最终，要使环境适应有机体，而不是让有机体适应环境，而初期有机体对环境的适应，仅仅为了迫使环境更好地服务于有机体的需要——为它提供营养，并且以多种方式服从它。

就紧张性和非紧张性神经支配而言，动物通过缩回自己的脚而服从环境，但是这一服从动作只是为了把脚伸展得比以前更远一些，从而可以更彻底地支配环境。生物和进化理论过于强调适应环境的理念，因而很难意识到，适应环境只是一种手段，不是人类或动物行为的目的。

只有当适应环境变成生存的主要目的，有机体自身的一些重要活动都要根据环境来调节时，有机体的破坏才真正开始。只有死了的动物才完全适应环境，其整个身体的组织已经实质上分解了，从而再次回归到化学能量形式——完全适应环境的化学能量形式。

总之，只要动物迫使环境适应它们利用环境的方式，适应便卓有成效，也极具建设性。这到底属于机械论类型的因果关系，还是生机论类型的因果关系，是一个老生常谈的问题。环境所代表的是机械论类型诱因，而人类或动物所代表的是生机论类型诱因。必须允许机械论类型诱因改变有机体的行为，以便足以在有机体内产生强大的能量形式，从而可以充当生机论类型诱因，这种生机论类型诱因对环境所产生的影响要比环境对有机体所产生的影响更大。用主要情绪术语来说，有机体必须始终使其服从反应适应其支配反应。

当支配反应适应服从反应时，因此得到的主要情绪反应关系可以称为逆转（reversal）。相继出现的支配和服从反应之间的正常关系，如果发生逆转，其原因可能是过度支配或过度服从。也就是说，支配反应可能骤然爆发，并且想消除必须存在的服从反应，因而阻止有机体采用新的、适应支配控制的服从反应，有机体就无法回归到正常的支配性平衡状态。这种情况可以称为"过度支配逆转"

（over-dominant reversal）。一只公羊用它的头撞一面不可移动的墙，下定决心要消灭这种特别的阻碍，因为墙挡住它的路，已经迫使它服从。结果，冲突是不可避免的，它是由支配攻击服从所产生的。

支配和服从之间的另一种逆转关系是由过度服从引起的。服从反应在中枢神经系统中可能失去控制，阻止有机体采用一种新的服从反应来以某种方式限制这种已经放大了的服从反应。在这种整合情况下，只能产生一些支配反应，它们会完全适应控制性的服从反应。这种情况可以称为过度服从逆转（over-compliant reversal）。一个小孩看到自己的影子，吓得只想跑到一个安全的地方，摆脱这个可怕的"敌人"。服从和支配情绪之间的一系列连续的冲突便产生了，其中服从反应处于支配地位。这些冲突是服从反应攻击支配反应所产生的。

过度支配逆转——愤怒

单纯的过度服从逆转和过度支配逆转之间的界限就在于"固执"和"愤怒"的区别。如果抓住婴儿的手臂，使之无法进行正常的自发行动，如果婴儿的运动神经本性只是集中所有的强化力量来摆脱这种约束，他便是以单纯的支配来回应的。这时我们说这个婴儿处于过度支配状态，或者固执状态。但是当婴儿开始哭泣，或者大哭时声音中充满了无助和仇恨，或者表现出一种"受挫"的行为元素，这是一个信号，表明他对强大对手的强制服从已经强行进入他的情感意识；其后，他的支配反应使他至少有点想要伤害他的对手，而不是恢复正常的运动自由。婴儿被迫作出部分的服从反应，不再仅仅努力让自己的服从反应适应自己的支配反应，相反，他使整个支配反应适应"攻击和摧毁"这一服从反应。婴儿正在经历愤怒。

愤怒是一种非正常的情绪（abnormal emotion），在成人生活中经常发生。由于愤怒通常源于过度支配，就像刚才讨论的婴儿的行为，许多人错误地认为这种情绪是正常的，甚至是有利的。然而，愤怒不但会让受试者的情绪产生破坏性混乱，还会经常因为要在身体行为上表现出来（如公羊的头撞向墙）而造成身体上的伤害。不但如此，愤怒在消灭对手方面不会带来效率或益处，也不能帮助受试者恢复到对环境进行正常、成功的支配状态。如果被激怒的受试者最终支配了他的环境，那是由新的自由支配造成的，而不是由之前的支配反应带来的，之前的支配反应已经为了攻击对受试者造成伤害的对手而终止了。如果要摧毁这个强大的对手，从而恢复受试者对环境的支配地位，实际上需要一系列新的服从反应，这些服从反应要选择对手薄弱的地方，并且支配这些薄弱之处。这一过程可能需要支配反应提升到一定的强度和暴力程度，让受试者认为这就是愤怒。但是，此类成功的攻击反应，都是由一系列服从反应构成的，这些服从反应恰当地适应后续支配反应。这种行为中根本就没有愤怒，但是，如果一直没有取得成效，愤怒当然会增加。反应的愤怒部分并没有什么助益，属于非正常情绪。

愤怒可能与成功支配混合在一起。一般人分不清愤怒和成功支配的另一个原因是，拥有非凡支配情绪的人和动物也往往允许这种支配反应中断，并且经常转变为愤怒。也就是说，比对手更强大的人可以放任自己的愤怒情绪，而不用遭受挫败。一般人常会不加分析就得出结论说，是愤怒导致了胜利。这种强大而激烈的支配性力量是显而易见的，因而许多人不加思索地将这种支配与一种受挫的决心——无论付出什么代价，都要立即摆脱所有的服从——混为一谈。如果最后对手很聪明，将这种愤怒视为弱点，并加以利用，那么，拥有更强支配性力量的人就会被击败。这一点可以在登普西（Dempsey）和图尼（Tunney）之间的重量级拳击比赛中看到。前拳击冠军登普西可能出拳更重、攻击更主动，到目前为止，他是更具支配力量的拳击手。但他经常放任自己的愤怒，动辄发怒，乱打乱踢，想要随意摆脱对对手的所有强制服从。图尼有着非凡的服从情绪，人又聪明，在登普西发怒并进行反服从攻击的时候，经常出奇制胜，几乎把登普西的脸打碎。虽然人们发现强大的支配力量经常与愤怒有关，虽然这种强大的支配力量即便一不小心就陷入愤怒行为，却仍常在较弱的对手上取得成功，但是，我们仍然可以得出一条绝对可靠的规则，即只有让服从反应适应支配反应，才能支配对手，而让过度支配适应服从反应（如愤怒情绪中的情况），则永远不能做到这一点。

有相当多的非正常情绪源自同一种一般类型的过度支配逆转。受挫的支配感、易怒、坏脾气、报复和抑郁症都属于这一类。无论造成这种极端异常的情况下反应关系的逆转是生理原因还是其他身体原因，躁狂抑郁性精神病都有可能由过度支配逆转导致。但是，顾名思义，本书主要探讨正常情绪，因此，这些非正常情绪需要在别处进行讨论。

过度服从逆转——恐惧

过度服从和过度服从逆转之间的界限，可能见于惊吓和恐惧经历之间。如果用棍子在婴儿的耳朵后面敲击洗碗盆，会看见婴儿惊起、跳起或受到惊吓。这种反应似乎是对运动神经本性的过度突然和过度广泛的抑制，其外流的紧张能量突然被切断。这种服从性的、抵抗紧张（anti-tonic）的运动神经放电因而征服运动神经本性，以快速的、不可控的抗紧张肌肉抽动表现出来。婴儿学会了正确的C+D的主要反应关系后，作出最初的惊吓反应，立即爬行或步行离开惊吓刺激来源。在这种情况下，不需要逆转，因此也就没有恐惧，但也许有一定的过度服从反应存在：为了最终支配惊吓刺激，这个婴儿爬得很快、很远，而原本不需要那么快、那么远。尽管这种服从运动显得过于广泛，但作出了很好的适应，能让婴儿的支配反应再次取代强制性服从反应，从而恢复婴儿对环境的正常支配。到目前为止，服从反应仍适应支配反应。

然而，如果孩子哭了，闭上眼睛，或者摔倒了，就像华生在他对孩子们的恐惧实验中所报道的那样[1]，我们会发现这些反应根本无法适应最终的支配。在这些反应中，不仅表现出了对强势对手的过度服从，而且其中也没有选择可以导致支配行为的服从反应。相反，选择诸如闭上眼睛和哭泣这类具有支配意味的行为，仅仅是因为他们能够与过度服从反应共存。而能够重新确立受试者对环境支配地位的那种支配反应（走开或跑开），已经被强大对手所抑制，所以孩子摔倒了。简而言之，少量的支配反应适应了大量的服从反应，而留下的这种支配反应也受到服从反应攻击，部分被击败。支配反应不再寻求终止和取代服从反应，而只是进行调节，避免与完全控制有机体行为的过度服从发生冲突。在这一过程中，支配必然受到过度服从的攻击，并在很大程度上被破坏（削弱）。孩子正在经历恐惧。

几年前，詹姆斯提出了一个著名的观点，即"我们害怕熊，是因为我们跑开

---

[1] J. B. *Watson, Behaviourism* , p. 121,

了"。我要提醒大家，这一观点必须修改成："我们害怕熊，因为我们跑得不够快。"[①]
我们现在必须进一步修改詹姆斯的陈述：我们跑开时不够快，因为我们正试图适
应熊，而不是适应我们自己。如果这位逃跑的心理学家毫不关心他的行动是否符
合熊的行动，而只意识到一个强烈的支配决心，即无论如何都要击败那头熊，他
无疑会逃脱。如果不是从熊那里逃脱，至少也能从对熊的恐惧中逃脱。只有当支
配试图适应它的死敌——过度服从时，恐惧才会到来。

关于恐惧，人们写了很多愚蠢的东西，从"性"，"性欲"，童年的"压制"，
以及其他数以千计的模糊不清、也不太可能的地方去寻找恐惧的根源。恐惧其实
是主要情绪反应的一种简单逆转，只不过把马车放在马前面，这就是它的全部。
这种逆转关系是童年时就学会的，没什么特殊的地方。

琼斯夫人展示了儿童恐惧情绪的延展，从巨大的噪声到毛茸茸的小动物等[②]。
人们几乎普遍采用这一设想：每种恐惧都是针对某些新物体的反应，二者通过最
初的恐惧刺激与引起恐惧的新物体之间的一些假设的联想联系在一起。我想说的
是，在孩子对与其机体有某种关系的物体（强大的对抗性的物体）作出反应时，
最初的恐惧反应在某种程度上教会了孩子作出逆转的反应，即支配反应适应服从
反应。然后，随着时间的迁移，以及感官的辨识，孩子会进一步了解到还有其他
类型的物体也属于这个类别。因此，每种新的恐惧反应，不仅会将另一个物体或
一组物体归入强大对手的范畴，也会在对这类一般刺激的反应中，越发加强这种
主要反应关系的逆转。因此，每次激发恐惧情绪，恐惧都会延展，不仅能够激发
恐惧情绪的刺激数量变多，更重要的是，整个一生中，支配或服从反应发生时，
支配适应服从的逆转倾向会变强。

这可能意味着，在受试者青春期过去之前，在没有监护人指导其行为的情况
下，只要他试图与世界联系，他就几乎永远处于恐惧的状态。这常常意味着支配
与服从之间的逆转是长期性的，最初的恐惧几乎总是由陌生的情况和陌生人引起
的；并且，每当受试者自己摆脱强大的对抗性的人或物时，愤怒情绪会紧跟着恐
惧情绪出现。

[①] W. M. Marston, "A Theory of Emotions and Affection based upon Systolic Blood Pressure Studies," *American Journal of Psychology*, 1924, vol, XXXV, pp. 469-506,

[②] Mary C. Jones, "The Elimination of Children's Fears,"*Journal of Experimental Psychology*, 1924, p. 328,

这里不需要分析复杂而神秘的"压抑"和"情结"(除了在治疗受试者时为了宣传目的而提出这些概念)。在我研究过的所有案例中,不管是从一只狂吠的狗身上产生恐惧,还是在三岁时被单独留在一个黑暗的房间里而感到害怕,孩子第一次学会这种过度服从逆转的情况是没有区别的。然而,他学会了支配与服从之间的逆转关系,现在有两个任务摆在他面前:第一,忘掉这种逆转;第二,学会正确的关系——C + D。永远不用提到"恐惧"这个词,除非为了限制这个受试者。当受试者学会在所有反应中都能让服从适应支配时,恐惧就会自动消失。

在一些案例中,我十分钟内就让受试者再次学会让服从适应支配;但在其他案例中,我花了好几年时间都没有完成这一必要的训练。所要做的只不过是研究受试者个体,让受试者建立完全顺服训练者的关系,然后使用符号和术语,对接受治疗(训练)的受试者进行最重要的主要情感刺激。然而,会出现的一种普遍情况是:斗争的核心是从恐惧中消除神秘。只要有人认为恐惧是伟大的、隐藏的力量,随时准备跳出来卡住他的喉咙,从轮回中、从性欲中、从人类进化史中,甚至从自己童年的"情结"和"压抑"中跳出来,那么临床心理学家就没有丝毫的机会能够为他解决这个问题。根据我的经验,这些观念是导致过度支配逆转和恐惧的重要因素,可以加以消除。

忧虑、胆怯、逃避现实、隐居、"不充分的个性",以及彻底的恐惧和憎恶,所有这些都根源于过度服从逆转。然而,本书并不打算对此做进一步讨论,因为所有的恐惧都是非正常的情绪。

测谎试验中的支配和恐惧

1917 年,我对所谓的血压测谎试验作了文献报告[①]。我的研究结果表明,无论什么时候,如果对一个受试者想就他被指控的所谓"罪行"进行测谎,当他被问到一个很关键的问题时,他的收缩压在特征曲线上趋于升高。收缩压的增加明显伴随着运动神经本性的增强,也就是通过交感神经通道增加紧张性运动神经放电。因此,遇到会击垮受试者自信、使之暴露自己欺骗行为的关键问题时,其有

---

① W. M. Marston, "Systolic Blood Pressure Symptoms of Deception," *Journal of Experimental Psychology* , 1917, pp. 117-163.

机体会发出一种显著的能量，来应对由这个关键问题带来的挑战。沿用当前生理学家和心理学家的术语，我把这种情绪描述为"恐惧"，而实际上应该称为"支配"。

随后的一系列试验进一步揭示了欺骗行为的这种支配性反应性质。在此期间我们测量了欺骗的反应时间，并从每一系列反应时间中除掉欺骗这一大脑工作所需的额外时间。该研究揭示了一种独特的欺骗者，他们在说谎时比说实话时反应更快[1]。随后戈德斯坦（Goldstein）发表的结果显示，有更多的受试者在欺骗过程中是负反应时间类型，他们进行欺骗时，并不比说真话费时更多[2]。在随后的一项未发表的试验中，我和 E. H. 马斯顿测量了男女受试者的反应时间，让受试者在听到刺激性词语后，想出他们选择的任何联想词，并给他们时间去思考。（血压用泰科血压计同步记录）。受试者给出真实单词（打印在给受试者的表上）的反应时间，与他试图用一个自己想出来的词的反应时间，我们进行了比较。试验结果使我最终确信，以欺骗为特征的主动情绪反应元素不是"恐惧"，而是"支配"。

尽管上述两个测试中，正是支配反应出卖了欺骗者，但是，无论在试验室里还是在法庭上，几乎所有因所谓欺骗而受到审理的受试者，其意识里都明显存在极大的恐惧。的确，恐惧使尝试的欺骗效果不那么有效，虽然越成功的说谎者，他们在呼吸和血压方面越容易暴露自己的支配特征，这一点，我和贝努西之前已经指出过[3]。主动性差、性情软弱的说谎者经常会暴露自己，因为他们需要很长的反应时间，在联想反应中暴露犯罪意识，以及在盘问中出卖自己。

当然，较弱的欺骗者，尽管更容易受到恐惧的影响，仍然会对关键问题作出支配反应，因此会因收缩压的上升而暴露。但是这种支配程度较弱，更容易被击溃，并且收缩压上升更不稳定、不顺畅，因而容易暴露自己。只要潜在欺骗者的反应中出现恐惧，就会以这样一种冲突的方式表现出来：受试者一方面企图隐藏

---

[1] W. M. Marston, "Reaction-Time Symptoms of Deception," *Journal of Experimental Psychology*, 1920, pp. 72-87.

[2] E. R. Goldstein, "Reaction-Times and the Consciousness of Deception," 1923. *American Journal of Psychology*, pp. 562-581.

[3] V. Benussi, "Die Atmungsymptome der Lüge," *Archiv. fur die Gesampte Psychologie*, 1914, pp. 244-271.

自己了解的情况而作出徒劳努力，另一方面，他又对盘问者的要求作出强制服从。在欺骗过程中，恐惧提供了真实的试验证据。受试者对力量强于自己的对抗性刺激（盘问者）产生了过度服从，并试图使自己的支配反应适应这种过度服从，因而这种支配显得苍白无力；受试者支配反应发生这种逆转后，便不断地与强制服从相冲突，并不断地被击败。

以上分析了受试者在进行测谎试验时，其情绪反应的性质。从上述结论中，我们发现有两种测谎试验。第一种测的是撒谎者的支配反应，撒谎者用这种支配反应来牢牢守住自己知道的秘密，而盘问者则试图从他身上套出这个秘密。第二种测的是这种支配反应的失败，即产生了恐惧。盘问者施加超强刺激，使撒谎者产生过度服从，从而产生恐惧。支配测试适用于所有受试者；而恐惧测试仅适用于那些习惯于过度服从逆转的受试者，或者会因为测试条件被迫进行逆转的受试者。支配测试，检测的是受试者为了掩盖真相而进行的种种努力，从而揭露真相；恐惧测试只有在受试者对隐瞒的事实稍加放松警惕、屈服于拷问时，才能揭示其欺骗性。在支配测试情境下，必须鼓励受试者尽力按照自己所想的去撒谎；在恐惧测试情境下，则必须力求在每轮斗争中都揭露受试者的欺骗性。

对欺骗行为的支配测试涉及以下方面：收缩压升高（马斯顿），呼气与吸气的比例发生变化（贝努西、伯特），反应时间缩短（马斯顿）。恐惧测试涉及反应时间延长，内疚关联（韦特海默、荣格），言语反应中前后不一致而自我暴露，或者在拷问之下陈述混乱、供认不讳。在借助试验室的条件下，伯特（H. E. Burtt）[1]和其他可靠的研究者报告了试验条件下收缩压测试和呼吸气比例测试最成功、最一致的结果，这些都属于支配测试。在相似的条件下，朗菲德（H. S. Langfeld）[2]、荣格（Jung）[3]报告了反应时间延长的试验结果，显然，这属于恐

---

[1] H. E. Burtt, "The Inspiration-Expiration Ratio During Truth and Falsehood," *Journal of Experimental Psychology* , 1921, vol. IV, p. 18.

[2] H. S. Langfeld, "Psychological Symptoms of Deception," 1920, *Journal of Abnormal Psychology* , vol. XV, pp. 319-247.

[3] C. G. Jung, "The Association Method," *American Journal of Psychology* , 1910, vol. XXI, pp. 219-269. See also Brain , 1907, vol. XXX, p 153.

惧测试。伯特、特兰德还有我自己[1]，将各类欺骗性测试用于战争、法庭和试验室时，发现血压测试最有用，而延长反应时间测试最没有价值，特别是在实际的法庭案件中。在法庭案件中，拉尔森（J. A. Larsen）曾将各类测谎试验运用在法庭案件，对一千多名嫌疑犯进行了研究。在后期的研究方法中，他省略了联想词和反应时间测试，主要依赖收缩压测试，"同时配合呼吸曲线的检测"[2]。麦考密克（CT McCormick）[3]最近对美国测谎试验的现状进行了最仔细、最辛苦的研究，他引用了拉尔森的说法，并且指出他的技术已被成功应用于洛杉矶、奥克兰、德卢斯和埃文斯顿的警察局。这显然表明，在实践中，支配类型的测谎试验是迄今为止最为可靠的。

顺从与诱导之间的逆转关系

支配和服从关系逆转会导致欲望情绪的冲突和挫败，同样，顺从与诱导之间正常关系的逆转也会导致爱的情绪发生冲突和挫败。我们已经在第十三章和第十四章中提到，顺从和诱导反应之间正常、有效的关系，是诱导反应对顺从情绪的适应。也就是说，在有意识地组织情绪反应时，所有爱的反应中正常、有效的态度是，只能为着顺从他人的目的去诱导此人。诱导和顺从反应之间的最终平衡状态取决于最终的顺从反应，而这种顺从反应与之前的诱导反应程度相当，并控制诱导反应。

在受试者与刺激者之间建立的关系中，爱是一种与欲望相反的情绪。在欲望反应中，无论主动的还是被动的，服从刺激者必须只是为了支配该刺激、给受试者机体带来益处的手段。欲望在本质上是自我追求或自我壮大，除非受试者自身的机体在反应结束时对其环境完全占支配地位，否则欲望尚未达到其目的。然而，爱的反应则是寻求相反的关系。在其中，受试者努力将自己置身于另一个人的控制之下，目的是将自己的全部或部分交给对方。

---

[1] W. M. Marston, "Psychological Possibilities in the Deception Tests," *Journal of Criminal Law and Criminology*, vol. XI, no. 4, pp. 112-131.

[2] C. T. McCormick, "Deception Tests and the Law of Evidence," *California Law Review*, *September*, 1927, p. 491.

[3] Ibid, p. 491-492.

要将自己交付他人，第一步必须是诱导，因为爱是不会向对方强加任何其不想要的东西的，因此必须先诱导顺从服务或礼物的潜在接受者自愿和乐意接受。除非他人欣然接受自己的顺从，否则，最终付出时便不再是一种真正的顺从。因此，不难看出，要想使总的反应成为真正爱的行为，诱导必须始终先于顺从反应发生，并完全适应顺从反应。

先后发生的诱导和顺从反应之间的正常关系如果出现逆转，其原因要么是过度顺从，要么是过度诱导。顺从反应可能已经在受试者的现有行为中出现，而且相当强势，所以，为了引出后续的顺从而有必要实施诱导时，即使受试者受形势所迫想要作出诱导反应，但是过度顺从仍会让他继续顺从下去。这种整合式混合与前面所说的过度支配很相似，即使被强制服从击败、满怀憎恨地依赖服从刺激，过度支配仍努力想要继续支配下去。同理，现在的刺激迫使过度顺从不情愿地作出诱导反应，这一情形无助而令人不愉快，可以称为"过度顺从逆转"（over-submission reversal）。一个男性安静又痛苦地捻着他的小胡子，而他的情人却想着要吸引一个更有魅力的男人。期望重获情人的注意，这种非自愿的诱导，与对女孩魅力的过度顺从之间，产生了最不愉快的冲突。这种过度顺从不会因诱导的干扰而改变，这是一种顺从攻击诱导而造成的冲突。

另一种顺从和诱导之间的逆转关系，可能是过度诱导产生的。当某人在所有关系中的最终目的是要对他们进行诱导控制，发现他使用的初步诱导不足以让别人顺从时，他的诱导可能在这种突然的阻力下，带着极大的恶意爆发出来。如果仍要继续完成诱导，那么就需要对刺激者进一步顺从，但现在过度诱导正在攻击刺激者。换句话说，过度诱导正在攻击强制顺从。这种异常的整合关系可以称为"过度诱导逆转"（over-inducement reversal）。一个女性匍匐在前任爱人的脚下，诱使他重新回到她的身边，却只换回一阵蔑视的嘲笑。于是，她向这个男人猛扑过去，突然毁灭性地用双手撕扯他的脸。此时，这位女性的中枢神经系统中，过度强烈的诱导和强制顺从之间正发生着冲突。这是一种过度诱导攻击顺从而造成的冲突。

过度顺从逆转——嫉妒

过度顺从和过度顺从逆转之间的分界线，在于单方面着迷于所爱之人的陪伴和嫉妒之间的界线。华生用实验的方法没能够激发孩子的嫉妒，他设置了各种场景，比如一个小孩子在他的哥哥面前受到母亲的疼爱，这位哥哥得到的关注比之前少了，但哥哥并没有表现出嫉妒[1]。很可能是因为在这个受试的孩子身上，爱没有发展到一定的强度，所以会造成他对母亲的过度顺从。而且，也可能因为当介绍弟弟的时候，这位待在母亲身边的哥哥没有受到足够的母爱刺激。

然而，我曾激发过一个三岁女孩的嫉妒。当母亲正拥抱且抚摸着怀中的这位小女儿时，我把一个年纪较大的男孩带过来，母亲便转过来同他说话，但她仍然将小女儿抱在怀中。开始，这个小女孩表现得很正常，她作出了诱导反应，扯了扯母亲的裙子来吸引她的注意力，并且紧密地依偎在母亲身旁。

可是这种行为仅仅换来了母亲的一声轻轻呵斥："安静点，别闹。"这个小女孩做了一个姿势，好像要把这个男孩从母亲身边推开，然后把自己的头埋在母亲胸前，开始轻声哭泣，此举显然是为了遵循母亲的告诫要保持安静。从头到尾，母亲和孩子都不知道我在进行实验或行为观察。

在这个案例中，当小女孩对母亲的主动顺从因为男孩的加入而中断，这时主动顺从已经达到了顶峰。这种中断创造了一种刺激情境，原本应该正常地激发小女孩的诱导反应，使她能够恢复对母亲的顺从，但事实上却只激发了轻微的诱导行为。

但是这种轻微诱导并没有在一开始就取得成功，此时孩子已有的过度顺从阻止了她的诱导行为。在这个过程中，孩子逆转了顺从和诱导的正常关系，使其过度服从适应失败的诱导反应，尽可能地服从她的母亲，然而诱导反应仍然不受控制地作用于她的机体。总而言之，顺从和诱导之间存在冲突，两者都对对方产生部分阻碍。顺从被迫适应诱导，因为它不能完全消除诱导，又不愿屈服于诱导。结果就产生了嫉妒这一非正常情绪，这大概是这个孩子意识中最早出现的嫉妒了。

年龄较大的人能更好地处理顺从和诱导之间的正常关系，因此不会逆转，可以免遭冲突或嫉妒等情绪问题。诱导必须一直适应顺从。在与刚才讨论的案例相似的情形下，这就意味着，无论其他反应会如何发展，必须不断维持对母亲的完全顺从。所以，如何保持这种顺从关系就成为唯一的问题。

---

[1] J. B. Watson, Behaviorism , pp. 149-154.

只有一种类型的情绪反应能够影响母亲接受进一步顺从，那就是诱导。必须选择一个诱导计划，确保能成功地完成这个目标。诱导必须适应顺从。如果这个男孩的到来带给母亲快乐，那么那位准诱导者（那个小女孩）就必须要从男孩的到来中找到一些方法给予母亲更多的快乐。例如，提一个问题，这个想讨母亲喜欢的男孩会作出一些回应，或者给这个男孩一块饼干或一个苹果。这样对待这个男孩的行为会诱导母亲接受这种新的顺从，让她从男孩的出现中获得额外的快乐，而这种快乐是通过女儿之手获得的。

从女儿的角度来看，诱导适应顺从，使她能够不断主动地顺从她的母亲。在男孩到来的情况下，身体抚摸已经不再是对母亲的顺从，因此必须要发现一种全新的真正的诱导反应，能够影响母亲去接受新的顺从。这样，诱导才能自始至终适应顺从，并且不会产生任何逆转、冲突和嫉妒。

过度顺从逆转冲突有许多种情况，每种冲突都会产生其特有的非正常情绪，包括悲伤、难过、生活在社会群体中仍旧感到孤独、害羞及忧郁（包括这种类型的精神病状态）。因为本书主要是研究正常情绪的，所以，这里就不进一步讨论这些非正常情绪了。

过度诱导逆转——憎恨

过度诱导和过度诱导逆转之间的分界线，在于对他人行为的失衡的控制欲和憎恨之间。目前我们掌握的例子中，似乎没有发现孩子身上激发的真正的憎恨反应。大范围憎恨的例子，最常见于种族之间的憎恨，当然，尤其在战争期间。

通常，报纸的宣传，有时还有政客的煽动，但更多的是这样那样的私利欲望，会让一个国家的普通人深信另一个国家的居民在"侮辱我们的国旗"或"侵犯我国人民的权利"。西班牙战争是由美国报纸煽动的，而灾难深重的古巴人成为激发美国人仇恨的试金石。

显然，为了实施美国对受伤害的古巴人所产生的"爱的反应"，美国必须诱导西班牙人改变其对待受压迫者（古巴人）的方式。除了诱导西班牙人接受这一点，美国没有打算在其他基础上顺从西班牙人。然而，只要西班牙人继续严厉地对待古巴人（目前，这样做是西班牙人的权力），那么，即便美国对西班牙人的诱导达到最大强度，美国仍得被迫顺从。

于是，在美国人的意识中，就产生了一种冲突：一方面要被迫顺从西班牙人，另一方面，他们的过度诱导反应正试图让这种顺从适应诱导——通过控制西班牙人的行为，使他们采取美国人乐意顺从的一些特殊行为。只要西班牙人拒绝屈服于美国人的诱导，就会激发每个美国人心中的憎恨——美国人因为误解爱国主义而导致了过度诱导逆转。除非一个国家的人民都乐意为了顺从他国利益而对其进行诱导，否则，当一个国家被迫顺从他国行动时，如果为了自身利益，即便尽了最大努力去诱导他国采取自己希望的行动，仍会不可避免地出现国家间的憎恨。

在这种灾难性的国际仇恨中，上百万人被唆使去体验所有情绪中最不正常的部分，这种群体性的主要情绪逆转（emotional reversal）与引发两个个体之间短暂憎恨的逆转是一样的，两种情形下的逆转原因也相同。憎恨他人的个体，以及国家群体中憎恨另一群体的个体，执拗地想要诱导他人做某件特别的事，所以无法看到，其实他们可以轻松诱导他人去做一些其他事情，而这些事情的诱导者是能够顺从的。一旦惹事国拒绝被诱导，那么诱导国就会很快出现破坏性支配，惹事国就变成敌人，不再对其进行诱导，而要去打败它，因此诱导国最后被迫作出的是服从反应，而不是顺从反应。

最终，无论战争的胜利方多么成功，都没有实现最初的目的——诱导他人顺从，胜利方最多只能支配敌人并强迫其服从。如果要实现最初的诱导性顺从，诱导就必须适应顺从。具体来说，这就意味着惹事国的一些行为必须使诱导国完全自愿顺从，而且诱导国必须有能力诱导惹事国顺从。简言之，双方最终都需要作出顺从反应，而且双方都必须选择一种诱导行为，这种诱导会让对方接受自己准备作出的顺从反应。这就是"妥协""国家的友谊"和"和平"。诱导必须一直适应顺从，否则人们会失去人性，互相毁灭。憎恨是一种非正常情绪，会导致人类被毁灭。

在战争期间，尽管诱导会在很大程度上被支配所取代，但是相当一部分已经逆转的顺从和诱导关系仍在使激发仇恨的背景因素继续活跃下去。如果没有这种逆转，徒劳无益的支配也就会很快消亡。仇恨与支配是很容易区分的。内在的愿望不是让敌人服从而是让他顺从，让他顺从由过度诱导者任意选择的一个特定诱导。因此，有一种持久的动力去促使诱导（现在变成了破坏性的支配）变得越来越强烈，这样，被诱导者就会充分地感受到，从而顺从。逆转的过度诱导者完全没有意识到，诱导的力量根本不在于对抗的强度，而在于联合的强度。过度诱导者的行为一旦被发现哪怕最轻微的一丝有害因素，他希望能激发顺从的诱导力量就会消失。但是，攻击者当然意识不到这一点，因为他的服从和诱导是逆转的。因此，为了使他的激励性诱导更有力量，他试图最大限度地伤害憎恨对象，这便让憎恨带上了不同于支配的意识特征。支配只是试图让刺激对象与自己结盟，或者因为它挡了受试者的路，而试图把它移除。支配很强烈、很无情，但不带个人感情色彩，而憎恨是一种刻意的残忍，比支配更强烈，而且针对个人。

愤恨、所谓的"受挫的性行为"、性愤怒、某些类型的个人怨恨、某些偏执状态，以及许多其他特别危险的逆转情绪，无疑都属于过度诱惑逆转情绪带来的仇恨。但是它们是非正常情绪，因此，本书不做过多讨论。

小结

如果人类希望保持正常，那么服从必须适应支配，诱导必须适应顺从。这些关系的逆转必然导致主要情绪之间的冲突。

使某些服从反应适应机体所具备的任何替代性支配反应，超出了机体的能力。如果受试者支配过度，虽然还有许多其他服从反应可以轻松适应，并且被最终的支配反应取代，但是他就是不肯去尝试，而是坚持尝试不可能成功的事情。这些受试者的支配反应过度，而服从反应又无法征服，只能通过不断攻击服从反应来使他们的支配适应服从，但是在这个过程中一直都有一种支配，这种支配因为意识到攻击无用而部分受阻。这种情况称为"过度支配逆转"，其典型的非正常情绪就是愤怒。

也许存在另一些服从反应，机体完全能够使这些服从反应适应适当的替代性支配反应。但如果这个受试者过度服从，他也许就不会尝试这种可能性。这些过度服从的受试者允许他们的支配被强制转化为对其服从情绪的毁灭性适应，并且一直觉得自己的支配正在逐渐被击败。这种情况被称为"过度服从逆转"，其典型的非正常情绪为恐惧。

也许也有一些顺从反应是机体完全有能力继续的，前提是选择合适的诱导反应，并且使之适应机体想要获得的顺从。但是，如果这个受试者过度顺从，他的顺从会阻碍他选择并表现出这种适当调整的诱导反应。结果是：顺从必须适应受试者有能力作出的任何无用的诱导反应，并且不断意识到他的顺从正因为无法使用足够的诱导工具而逐渐被击败。这种情况被称为"过度顺从逆转"，其典型的非正常情绪是嫉妒。

使某些诱导反应适应机体最终的顺从，这超出了机体的能力。然而，一个过度诱导的人会继续尝试不可能成功的诱导，拒绝放弃这种无用的诱导，不愿选择别的容易适应又能够被顺从替代的诱导反应。虽然这种过度诱导的受试者一直都意识到，使顺从适应诱导只会让顺从受阻，但他们仍旧不断强化无效的诱导反应，使顺从适应这种徒劳的诱导。这种情况称为"过度诱导逆转"，其典型的异常情绪是憎恨。

爱与欲望的逆转情绪

在之前的讨论中，我们已经提到爱与欲望之间的正常关系和逆转关系。正常关系是欲望完全适应爱。任何既成功又快乐的生活都必须使成功与幸福相适应。某些类型的人习惯性地尝试使幸福适应成功，但是最终既不幸福也不成功。在人类的某些种族中，似乎存在着一种先天的情绪趋势，我们可以称之为"爱与欲望的长期逆转"。然而，地球上几乎所有的人类，都或多或少地受到这种逆转及爱与欲望间冲突的影响。弗洛伊德的精神分析模式很大程度上建立在所有发现的基础之上，也就是说，我们本来应该使欲望适应爱，而在现代生活中，社会法律和习俗却迫使爱去适应欲望。这一发现的价值，因为从欲望方面来定义爱而被否定了。有望获得爱情的人被告知，他对所爱之人的身体和陪伴有"欲望"或"渴望"。爱情本身被描述为"性情绪"，因此，它所谓的"正常"的表达，仅限于异性之间的性欲。爱和欲望之间的逆转关系（爱适应欲望并被欲望所控制）在某些精神分析中被视为所有情绪冲突的理论来源。有一些关于爱的情绪的描述，保留和夸大了这种逆转关系，将爱的情绪描述为"吃掉"爱人并将他"消化"掉。

如果要理解爱与欲望之间正常有效的情绪关系，必须知道爱的本质，因为在爱与欲望的正常关系中，爱必须是控制性反应，而欲望完全与之适应。爱情是一种给予，而不是一种索取；是一种供养，而不是消费；是一种与所爱之人的无私联合，而不是一种与"性对象"的自私冲突。机体在表达其欲望情绪时所获得的一切，都必须在爱的表达中再次舍弃。"一切"包含了机体本身，然而"舍弃"并不意味着给予者毁灭或贬值，而是指给予者所拥有的一切，包括他自己的身体，都要顺从所爱之人的服务和需求。对爱的这种理解，与"性欲望"一词所暗示的混合和冲突的情绪状态形成了鲜明的对比。

爱和欲望的正常关系是，欲望适应爱的情绪并受其控制，这种正常关系在女性机体中变为强制性的，至少在生育期间如此。我们已经看到，这一过程所教导的创造情绪，使女性必须只为了爱而使用欲望反应。在这一过程中，女性机体并没有被单独耗尽，因为女性自身必须保持强健和身心的高效，以实现其爱的目的——为其孩子服务。为了完全适应环境，人类或动物必须死亡，并接受化学分解。但是，如果人或动物要顺从和满足所爱之人的需要，必须比以前更加健康地活着。因此，欲望完全适应爱，会带来最大效率，即使为了所爱之人的发展壮大。只要爱仍处于控制地位，欲望适应爱，就不会成为一种自我牺牲。只有当爱与欲望关系发生逆转时，变成爱去适应欲望时，爱的目的和欲望需求之间才会出现情感冲突。

人类行为中，由欲望控制爱而引发的各种逆转情绪，这里只是做了初步研究，还有待更多的著作去进一步分析。但是，因为这些逆转情绪存在非人性行为（或动物行为），它们代表的是真正的情绪非正常状态，因此，大多数都不在本书的研究范围之内。然而，为了能阐明正常的情绪的关系，这里便略微涉及了一些这样的逆转情绪。

主动、被动的爱和主动、被动欲望之间的逆转情绪

当主动的爱适应并受到主动欲望的控制时，就会产生一种复杂的情绪行为，这种行为被称为"淘金"，在美国非常出名。歌舞团的女孩、夜总会的艺人、为钱而结婚的年轻男子，以及那些经常出没于茶馆的小白脸，都是职业淘金者。他们下手的对象通常是中年妇女，丈夫对她们不再热情，他们以舞者的身份去接近这些女性。然而，业余淘金者也比比皆是，事实上，在某些社交圈子和大学生圈子里，已经很难找到一个情感中没有拜金主义性质的女孩或年轻女子了。

显然，淘金是特别有吸引力的，因为无须付出任何东西就能获得利益。主动的爱变成诱惑一个选定的对象，将其作为利欲供应的潜在来源。确定此人已经受到足够的爱的控制时，主动欲望就被激活了，以便从被爱俘获者手里拿走利欲，并侵吞受诱惑者的财产。在淘金的过程中，既不需要主动顺从，也不需要主动服

从，这是人类最难学习和表达的两种情感。如前所述，当爱受到欲望情绪控制时，主动的爱和主动欲望就会产生连续性的冲突。

每当淘金者开始明确的淘金行为或作出主动欲望反应时，主动的爱就完全被终止了。如果从被诱惑者身上支配性地获取金钱或财产的行为能够灵敏、快速地完成，那么诱惑反应会再一次被激发，因而会获得另一种欲望性的回报。然而，先后发生的诱惑和利欲总会有着明确的限制，这组反应的长度取决于在受害者情绪中爱与欲望的比例。一些年长的男性，欲望情绪非常强，爱的反应不受限制，会因为想要弥补先前生活中完全缺失的爱而试图进行一种不平衡的情绪控制。这种男性最容易受到这种逆转情绪刺激的影响。尽管一个女性淘金者会用一种异常强大的主动的爱来开始她的逆转活动，这种主动的爱，在欲望控制冲突的影响下，不可避免地减少、挫败和扭曲，直到最后，爱的诱惑力量完全消失，她作为一个淘金者的职业生涯也就自动停止了。

当主动的爱适应被动欲望并受其控制时，常称为"引诱"（seduction）。引诱的最终目的不是从受引诱者那里获得财产，而是强迫被引诱者向诱惑者提供感官享受，就像精致的食物或令人愉快的娱乐会让人产生满足感。

当被动的爱适应被动欲望并受其控制时，常称为"好色"（sensuality）。在这种情况下，无论是男性还是女性，为了得到激情体验而希望受到诱惑，而这种激情反过来又被当作欲望满足的一种强烈的愉快形式。

当被动的爱适应主动欲望时，产生的行为在法律上叫作"卖淫"（prostitution）。在这种情况下，爱的反应一开始是真正的激情，逐步变为从受试者顺从的身体诱惑对象那里获得金钱（或其他形式的支付）的渴望。在所有的婚姻中，如果其中一方虽然也对另一方有激情，却让这种激情适应对金钱或地位的获取，并允许这种激情受到主动欲望的控制，那么，都可以归入这一范畴。我也注意到，在许多例子中，一些男孩和年轻人似乎对年长的男性表现出一种真正的激情反应，他们钦佩并对其进行英雄式的崇拜。在这些情况下，这些年轻人用他们被动的爱对待更为年长、更有权势的人，目的是在职位、薪酬和职业发展方面获得最大的利益。

主动、被动的爱和支配之间的逆转情绪

当主动的爱适应主动支配并受其控制时，所产生的极端非正常情绪称为"虐

待狂”（sadism）：希望诱惑所爱之人，同时又想要毁灭受诱惑的爱人，并且前一种愿望被后面这种支配性目的所控制。其他形式的虐待，我们是通过萨德侯爵（the Marquis de Sade）熟知的，他在战争中使用主动支配，目的是迫使受害者完全顺从过度诱导-支配者的意愿。在这种形式的虐待中，支配反应给顺从者的身体施加了各种折磨，这揭露了一个事实：顺从者被视为一个无生命的对抗性物体，必须受到强迫才能和支配者形成联合。从虐待行为中产生的愉快情绪体验，是一种主动的爱的诱惑反应，而引发这种反应的原因，是从顺从者身上激发的任何自发和自愿的爱的拘禁和激情反应。

因此，几年前，一个臭名昭著的美国施虐狂，强迫一个遭受他无情鞭打的男孩写了一段口述的“顺从”，里面讲述了受到爱的拘禁时的感受，男孩的体验叙述给施虐狂带来一种愉快感。轻微的鞭打、打屁股，或者其他形式作用于被诱惑者身体的施虐行为，如果顺从者没有受到身体上或情感上的伤害，如果诱惑者仅仅选择那些会给受诱惑者最大愉快的行为，那么就不一定是施虐行为。只要支配情绪控制着主动的爱，受诱惑者感受到的愉快和激情就会立刻减少，而诱惑者体验到的、由诱惑带来的兴奋和愉快也相应减少。因此，试图让爱去适应支配，无论对虐待行为，还是对其他形式的逆转情绪而言，都只会导致相互冲突和缩减，或者完全抑制爱的情绪。没有一个男性天生就愿充当身体诱惑者这一角色，所以，只要一个男人试图利用支配行为来诱惑一个女人或另一个男人，他的支配反应几乎总会控制他的诱惑情绪，使他暂时成为一个虐待狂。每当男人“伤害”一个女孩、他的妻子，或者情妇时，他可能开始成为诱惑者，但是在兴奋达到高潮时，他几乎无一例外地成为施虐狂。

当被动的爱适应主动支配并受其控制时，常称之为“背叛”（treachery）。一个人主动顺从另一个人，被动诱导他与自己形成一种信任的亲密关系，然后利用由此获得的信息去支配此人，这就是“背叛”。在背叛中，要么因为受背叛的人构成了背叛者实现某个目的的障碍，所以背叛者被动的爱会完全适应毁灭此人的支配性决心；要么背叛者为了扩大自己的利益，迫使受背叛者与自己形成联合。

诱导、顺从和欲望等主要情绪之间的逆转

当主动顺从适应主动支配并受其控制时（或者说，实际上受到支配和服从的

正常欲望组合的控制时），所产生的反应可以称为"虚伪"（hypocrisy）。在这一系列的逆转情绪中，一个人为了实现自己的目的，想要利用另一个人，但因为他会真正关注另一人的需求和利益，也便掩盖了其隐藏的控制性支配。诱导也可能进入虚伪的整合图式，某些类型的虚伪行为还以相当有序的方式，表现出创作情绪的所有元素，这些创造性元素或单独使用，或批量使用，都是为了促进欲望目的的实现。改革家们因其专业的"改革"活动，获得高额薪酬，也饱受国际关注，可以作为创造情绪适应自身利欲的一个典型情绪逆转的例子。有时，这种人的最终目的表现出一种几乎纯粹的支配反应，而在其他情况下，他们寻求金钱回报，这表明总的来说主动欲望是最终的控制性反应，诱导、顺从和主动创造情绪与之相适应。

诱导适应支配或欲望并受其控制时，会产生某种形式的"欺骗"（deception）。使用主动诱导来唤起被欺骗者的顺从，目的是利用被欺骗者的顺从行为来实现欺骗者的支配性利益或欲望利益。由主要情绪组合引发的初步欺骗行为，不能同律师审讯诈骗嫌疑犯或心理学家进行测谎试验的情形相混淆，后面两种情形都是为了揭露已经发生的欺骗行为。测谎试验主要是盘问者和受欺骗指控者之间的攻击者和被攻击者关系。如果被测试者在撒谎的话，其整体情绪反应中最终可能混杂着一些诱导反应。但是，在大多数情况下，被测试者只是试图为自己的自由或自己的生活进行辩护，对抗着测试者的支配性尝试，不让测试者将他守着的秘密套走。在实际的法庭程序中，这种情况会有所改变：证人必须诱导法官或陪审团相信他的陈述，与此同时，也要为自己辩护，免受他的敌人、对抗者、公诉人或盘问律师的攻击。不管这种情况最终会怎样，受试者的情绪反应与提供最初欺骗动机的基本逆转情绪都几乎无关。

主动诱导可用于实现欺骗者的主动欲望终极目的——夺取他人财产。换言之，财产所有者会受到诱导以某种方式行动，使欺骗者能够控制他的财产而不给予赔偿。这种情况可以称为"以虚假借口欺骗财产"（deception to obtain property under false pretences）。

主动诱导还可能适应被动欲望情绪并受其控制。例如，某人犯了罪或作出冲动行为，他用主动诱导来唤起公诉人或其他有权来探视他的人对他的顺从。这种顺从反应包括相信欺骗者说的是事实，然后在其他地方为其寻求有利证据。这种欺骗，如果发生在一个用野蛮的严厉方式来惩罚所有违背规则的社会中，而且这种严厉程度与所犯之罪完全不成比例，我们可以认为这种欺骗或多或少是一种情有可原的逆转行为。因此，如果法律本身包含男性虐待和虚伪，成年人会受到刺激而作出欺骗逆转，就像父母对待孩子，如果让爱去适应欲望，孩子也会受到刺激而作出欺骗逆转。

最后可以一提的是更为简单的欺骗类型——主动诱导适应简单的主动支配并受其控制。在这种行为中，欺骗者在比赛中或涉及个人声誉的竞赛中诱导对手顺从地采取某种行动，从而让欺骗者能够成功支配对手。为人类或为动物而设置的各种陷阱，都是主动诱导和主动支配逆转的例子。在各类体育竞技中，逆转使用这种诱导来实现支配目的，被认为是非常聪明和值得推荐的。这种逆转行为有时被称为"欺骗技巧"。然而，在某些比赛中，根据规则，允许某些欺骗行为，因此参赛双方常受到提醒，要警惕对方耍花招。因此，比赛的这一部分，变成了一场欺骗竞赛，为诱导非正常地适应支配提供了有效的训练。

第十八章

情绪再教育

不管一个人有多正常，他从小就受到教导，要用传统的衡量标准来评估自己的行为。他父亲曾经的一举一动、周围邻居们目前的所作所为，构成了评判的标准。这种可笑的评估方法，在很大程度上被所谓的"社会科学家"所认可，因为到目前为止，除了统计数据，心理学还没有提供任何关于正常人的具体描述。不久前，一位大胆的精神病医生坦言，如果一个年轻女孩所上的学校里，大多数女孩都抽烟喝酒，而她拒绝这样做的话，她有可能需要做精神病检查。我认为，作出这一论断的知名医生并不是将吸烟和喝酒作为对女性的社会顺从测试，而是说，一个特定群体的一般行为构成了科学地衡量该群体中所有成员正常行为的适当标准。任何不讲原则的、独特的研究与改进方法可能比这种论调更危险。

人们只看到他人正常行为的极小部分

这一点，从几方面来看都是有害的，但最大的弊端是在以下方面：对一个群体中任何成员来说，其他人可以在他身上观察到的那部分行为，只是此人的全部意识活动的很小部分，而且不具有代表性。任何人允许其他人观察到的行为，都是他认为在别人眼中最好的行为，因此，这部分行为可能让被观察者获得各种最大的利益。

人们从小被教导，"正确的事"就是那些能给他们好处的人让他们去做的事。因此，孩子们在父母面前的表现，往往符合父母设定的行为准则，而在另一些孩子面前，他们的表现却大相径庭。他们通常不按常理出牌，因为他们已经学会为了对其他孩子产生最有利于自己的影响而改变自己的行为。然而，在绝对私密、没有其他人在场的情况下，这些孩子的行为方式又完全不同。这种隐秘行为很正常，然而，孩子很快就认为这是不正常的。随着年龄的增长，他越发根据他人认可的标准来表现自己的行为，他认为什么行为会带来最丰盛的回报，便表现出这类行为。他的身体结构决定的自然本我，事实上一直在悄悄地透露自己，但渐渐地，这种正常的行为就几乎完全隐藏起来了，目的是不让某些会让自己难堪或不利的行为被同伴看到。因此，人类通过遵循自己群体中可观察到的一般行为，学会把自己一半以上的正常行为视为非正常。为了继续让他人认为自己是正常的，他们必须继续把自己自然的、隐秘的行为视为不正常。此外，尽管他们会敏锐地怀疑团体中的某些成员私底下的行为方式也和他们自己一样，但他们很快就学会，不管什么时候发现同伴这种私底下的正常行为，都视为非正常。当得知邻居约翰•史密斯秘密地与一个不会成为妻子的女人享受一段真正的恋爱关系时，每个人都会迅速地用他能想到的最恶毒的字眼去谴责史密斯的行为。这是人类给辛劳的自己施加的畸形负担——人性正在发挥作用。

对非正常情绪的内心宣判

所有这些都意味着，就情绪再教育而言，临床心理学家面临的一项非常艰巨的任务，就是让正常人相信他们情绪的正常部分是正常的。他们越正常，就越容易对非正常情绪进行"内心宣判"（inner conviction）。因此，我们很容易就能察觉到受试者身上对爱的正常渴望，而受试者却已经认为这是完全不正常的，也很容易让他相信，他的秘密情绪必须被"升华"到去学习演奏教堂音乐，或者写关于艺术的文章，而这些文章也许永远不会出版。但是，荒谬的是，这些所谓的"升华"真的会让女人失去部分正常的自我！在"分析"之前，她至少还有过抗争的机会去以一种正常的方式表现正常的自己。

行为是否正常，并不由邻居来决定

唯一可行的情绪再教育就是教育人们，行为有其心理神经标准，行为是否正常，并不取决于邻居在做什么，或者他们认为邻居想要他们做什么。必须这样教育人们：他们视为不正常的爱，其实是完全正常的。不仅如此，还必须教育人们："爱"（真正的爱，而不是性欲）在人类的有机体中是所有活动的最终目的，要想达到这一目的，欲望必须自始至终适应"爱"。

这一理念一提出来，情绪再教育工作者立刻面临着一个问题，那就是将社会个体从由欲望控制的现有社会标准中充分解放出来，从而使之能够正常地表现其心理神经本性。情绪的非正常状态，主要通过对财物的强制服从存续下去的。现代人的欲望膨胀得可怕，为了满足这些欲望，即使只是部分满足，我们也必须拥有财物，而且多多益善；为了得到那些财物，我们不得不服从拥有这些财物的人。他们是标准的制定者，而他们制定的这些标准，自然要强迫别人服从追求物欲的活动，并使这些活动更加成功。用任何群体中可观察到的一般行为来界定正常行为，这一原则实际上意味着，任何人所表现出来的对财物的服从程度，就是衡量他正常行为的标准。多么令人震惊的原则！按照这种原则，如果你愿意为了追求更多的物欲而放弃自己很大一部分本性，你就是正常的；如果不愿意放弃，你就是非正常的。

那么，我们怎样才能使受试者的正常情绪不必为了满足其欲望而遵从非正常标准呢？必须教育人们，为了获得财物而必须作出的服从，并不是对财物拥有者非正常情绪的服从，而是对这些人正常欲望的服从。这些人自己，或者他们的祖先，在赢得他们的财产时，除非为了有计划地支配强大对手，否则是绝不服从这些对手的。要想将这一首要的欲望成功法则用来纠正评判正常的错误标准（这种标准是财物拥有者想要强加的），必须建议原本正常的人不要把财物拥有者视为必须顺从的强大盟友，而应视为暂时的强大对手。对待这些人，有必要为了最终支配他们而暂时服从。

欲望主导者不是爱的主导者

事实是，在欲望方面拥有强大力量的人（拥有大量财物和权力的人），利用其强大的欲望力量，篡夺了爱的主导者地位。对于想要从他们那里分得一部分财富和权力的人，他们觉得有权规定这些人必须做什么事，不仅如此，对于并不需要从他们那里分得利益的一般公众，他们也一样指手画脚，认为这是为了公众好。一个人如果一生都在从事欲望活动，或者其卓越地位取决于能否成功地维持巨大的财产，如果出这种人来制定行为规则的话，他只可能制定出欲望规则。同理，他也必然利用他强大的支配力量，迫使弱于他的人按照有利于他的方式去行动。如果大部分公众接受这种类型的人，不仅在获取欲望利益时听命于他，还将他视为闪耀着人性光辉的爱的主导者，那么，目前对爱彻底的非正常抑制必将继续下去。

然而，如果情绪再教育者有权教导公众在服从由欲望主导者制定的行为准则时，只需要服从到一定程度，即足以支配生活来源的程度，并拥有自己独立的生活来源，这样才有希望改变目前的状况。然后人们就会逐渐认识到自己的正常状态，渐渐地建立起一套基于以爱为主、欲望为辅的新行为准则。我已经在男性临床实验对象的病例中进行了充分的测试，这样的方法是可行的。

但是，在这种再教育的过程中，受教育者会发生怎样的变化呢？ 在他获得了第一次利欲方面的成功时，他已经从所有物欲追逐者及财富拥有者那里，获得了同一种控制性情绪，走上了同样的道路——对爱进行支配性抑制。显然，男性机体内没有可靠的、爱的刺激，但是有很强的内在欲望刺激机制——阵发性饥饿，每天会发作几次。由于这种身体状况，成功的男性总是拥有严重失衡的欲望情绪反应。当这种欲望驱动力运用到与其他男性的竞争中并取得成功时，欲望对爱的支配已经进一步强化了。一般情况下，一个或多个女性给他的爱的刺激都不能将爱的重要性恢复到他成功之前情绪模式中拥有的状态。

在某些罕见的例子中，没有发生欲望对爱的支配，而且男人在成功后试图改变欲望法则，允许自己将一部分爱视为正常，他很有可能因为捍卫爱的鲁莽行为而遭受到利欲上的灾难。有这样一个典型的例子，丹佛的法官本·林德赛（Ben Lindsey）最近因为将爱从欲望控制中释放出来的行为而失去了他的法官职位①。到目前为止，根据我的观察，我得出了一个初步结论：男性不可能成为爱的主导者，有两个原因：首先，男性的身体不是为主动的爱而设计的，因此没有足够的爱来刺激他去控制欲望的过度发展；其次，如果他获得了欲望方面的领导力，他就不能将其转变成爱的领导力，因为这样其他人就不会充分顺从他。

---

① 林德赛法官关于这个问题的意见将在他的两本书，*The Revolt of Modern Youth* 和 *The Companionate Marriage* 中找到。

爱的主导者须具备的特质

在这种情况下，主动的爱的主导者需要具备什么特质？需要具备四个必要特质。第一，此人机体的内在刺激机制能够唤起主动的爱，这种主动的爱超过被动的爱（激情）或任何阶段的欲望情绪；第二，此人拥有足够的欲望，能够自给自足，不需要直接或间接依赖顺从领导指示的人；第三，此人有足够的智慧理解成人的所有情感机制；第四，此人对现有的社会和经济体制有足够的了解，能够适应社会重组的必要措施，从而使公众的情绪反应达到正常水平。

在当今世界上，没有任何一个人能满足这四个特质，但它们代表了一种完全实用的个性模式，如果情绪教育专门针对爱的主导者进行培训和培养，则可以在几代人之后培养出满足这四个特质的人；同时，对那些需要这种主导者的公众，要培养一种被动的爱的态度。

对女性进行情绪再教育，使之成为爱的主导者

情绪再教育者在哪里可以找到通过培训能够成为最终的爱的主导者？我们已经知道，除非男性机体发生了根本性的变化，否则不可能指望他们。因此，唯一可能培养成爱的主导者之人，只能是女性。但是在上述四项必须具备的特质中，当代的女性只具备第一种，即女性的机体包含足够的、内在的、爱的刺激机制。

然而在我看来，到目前为止，在有记载的人类史中，情绪发展最有希望的表现是：女性开始有能力、也愿意去自己养活自己。当这种能力发展到现在能力的三四倍时，至少某些女性就能具备主动的爱的主导者的第二个基本特质，即在欲望方面自给自足。在这一点上，需要再次强调，欲望方面的独立性在真正的爱的主导者身上是必不可少的。男性单凭欲望方面的强大力量，就已经在大半个人类种族史中统治了全世界。

也许，因为女性很大程度上宁愿选择爱的反应，而不是欲望活动，所以，很长时间内她们一直自我克制，没让支配情绪发展到令她们能在欲望方面自给自足的程度。例如，我最近要求一个班上的 30 个女孩子说出，她们到底想要一段完美的爱情，还是想要一百万美元。这些女孩是一所体育训练学校的学生，并且在

其他测试中比一般女性群体表现出更强的支配性。但这一次，有 25 个学生表示想要爱情，有 5 个学生则选择了百万美元。尽管大部分学生倾向于选择爱情，然而，现代女性终于意识到，如果必须用爱情适应欲望来从丈夫或情人那里获得生活来源的话，那么在家庭中就根本不存在爱情关系。她们正在培养自己相应的能力，一旦赢得了足够的支配力量来养活自己，并且要求在与男人的整个关系中一直保持这种独立，就有希望使爱从目前非正常逆转的关系里解放出来，不再受欲望支配。我们建议女性提前准备好充足的资金，在她们的身体无法追求欲望期间（如孕产期）养活自己和孩子，同时要求男性至少平等分担家务活和照顾孩子的工作，这些都是有充足的心理学依据的。

女性要成为爱的主导者，最后两项特质还远未达到。然而，情绪再教育者必须肩负起责任来，去发现和描述人类情绪机制，仔细将情绪的意义和情绪控制的内容传授给女性。至少在我的经历中，我发现无论教什么样的知识，特别是有关爱和创造机制的知识，女生吸收得远比男生更快。当然，传授欲望机制知识的时候，男生掌握得比女生快。但是，如果女性想要把这些知识用来教育她们自己的孩子时，她们会有着热切的求知欲，并且努力学习。近年来"儿童研究"组织异常增多的现象也证实了这一点。

女性成为主动的爱的主导者，最后一项特质是对政治、社会方式和现有体制要有足够的了解。这就要求继续培养女性已经有所增长的支配能力，并且让她们不断参与各种欲望活动。至少在美国，女性已经参与公共活动了，虽然还未取得令人满意的结果。对现有的政治和社会方式及程序进行情感分析，应该是情绪再教育者有关女性项目的重要组成部分。

对男性和女性进行情绪再教育，使之追随爱的主导者

很明显，所推荐的情绪再教育项目的第二个部分——训练男性和主动性不够好的女性，使他们对主动的爱的主导者产生激情反应——必须留给女性自己。女性正常天性中具备一种爱的力量，一旦公开承认了其正常状态，这一任务女性当仁不让。但是，在如今物欲横飞的状态下，必须教会女性只能利用其爱的力量为人类谋福祉，而不是像有些女性那样，使用这种力量来实现自己破坏性的、欲望方面的满足感。

男性极其讨厌顺从女性，然而与此同时，他们也尽最大努力与诱惑他们的女性建立有激情的顺从关系。如果女性接受这种关系，并且曾被教导在与男性维持爱情关系的整个过程中，要继续保持让爱处于支配地位，那么两人都会因此而获得巨大的幸福。在整个关系中，男性对顺从的极度享受感不断被激发。令人悲哀的是，当女性在婚后被迫转变为顺从角色时，男性激情常常消退。

如果服从是由顺从引发的，服从就能够愉快地习得。这是我们所推荐的情绪再教育项目的另一个好处。不管服从还是顺从，只要是为了产生激情反应而实施的，都能获得激情反应的愉快，而不是之前的不愉快，而且一点也不会失去其欲望方面的效果。因此，情绪再教育项目建议，要追求爱的幸福，同时也要保持欲望满足的可能性。在当今社会中，让幸福去适应成功，这种逆转冲突的关系的结果是既不幸福也不成功。所以，我们要反过来，成功必须适应幸福。

译后记

谨以此书纪念《常人之情绪》一书出版 90 周年

当 1928 年威廉·马斯顿博士的著作《常人之情绪》一书出版时，在心理学界显得那么默默无闻。谁能想到在几十年后，基于这本书所提出的关于人类行为分析的 DISC 理论会发展成当今世界的几大主流人才测评理论之一，就像马斯顿博士自己也没想到，他灵感一现得来的一个漫画主角"神奇女侠"（Wonder Woman）会在美国掀起一场关于女权主义的争论。

作为 DISC 人才测评工具的使用者与推广者，我们已经有超过 20 年在企业人才发展中应用的经验。在全球华人世界里已累计超过 100 万人做过 DISC 人才测评报告，而在全世界，已超过 5 000 万人做过 DISC 的相关测评。单单实践家教育集团就通过美国版权课程"Money & You"为超过 10 万名企业家做过 DISC 测评。从 2015 年至今，"DISC 国际双证班"的创始人李海峰老师（也是本书的主要译者）培养了超过 3 000 名授权讲师和顾问。这一切说明我们很努力想让 DISC 这个理论协助人们认清自我，达成双赢的人际沟通目标。

本书公版 90 年来，还未被翻译成中文，是我们这些 DISC 使用者内心的遗憾。虽然本书的很多知识如今看来已如"明日黄花"，同时艰深的逻辑推理与专业术语让人望而却步，可是把原版翻译成中文出版的念头如种子早已在我们心中埋下，只等生根发芽。

其实本书中译版本该在 2017 年便要出版的，因为一些原因未能达成目标。可能是冥冥之中注定它要等到 2018 年，在自己诞生 90 周年时才正式与中国的读者见面吧。虽然我们是资深的使用者，但是在翻译这本 90 年前的英文原著时还只是初试者，正所谓"无知者无畏"，我们凭热情踏出了这一步。书中一定有很多不尽如人意之处，但我们的能力和水平有限，我们期待更多的心理学、神经科学的专业人士在读完本书后提出宝贵的意见，让本书可以不断成长和完善。

最后，关于本书的理论原型与专业术语已经过长期发展，有了相应的修正和重新解释。我们曾想用现在的解释放在书中进行注解，后来觉得这样不合适，仍按原文翻译，希望读者和研究人员可以看到原著者马斯顿先生当年研究的思路与理论的形成，可以体会到 90 年前心理学大发展下的独立思考及其普遍适用性。

术语表

A

abnormal emotion 非正常情绪

acquisitiveness 利欲（马斯顿最初界定的四种主要情绪之一，后来进行了调整）

active creation 主动创造（被动欲望与主动的爱同时发生时整合而成的复合情绪，整合公式为 pAdL）

active love 主动的爱（主动诱导和被动顺从同时发生，并发生整合而形成的复合情绪，公式为 aIpS）

adequate stimulus 适宜刺激

adaptation 适应（指两种情绪发生整合时，其中一种为另一种服务并逐渐为之取代的过程，在整合公式中用"+"表示）

aesthetic attitude 审美态度

aesthetic emotion 审美情绪

affection 情感

affective tone 情感基调

afferent nerve 传入神经

afferent reinforcement excitation 传入性强化应激反应

after discharge 后放

anger 生气

alliance 联合（运动神经刺激与运动神经本性的一种关系）

allied motor stimulus 联合性运动神经刺激

antagonistic neurone 拮抗神经元

antagonistic motor stimulus 拮抗性运动神经刺激

appetite emotion 欲望情绪（由渴望和满足这两种情绪复合而成的新情绪，公式为 pCaD+aCpD 或 aA+pA）

appetitive desire 利欲性质的渴望

arte-facts 人工制品

awareness 觉察

axone fibres 轴突纤维

B

bahnung 通导

bodily responses 身体反应

bodily tissue 身体组织

behaviourist 行为主义者

C

captivation 诱惑（是"主动的爱"的情绪特征）

causal power 因果影响力

cellular unit 细胞单元

cerebral centre 大脑中枢

choc 情感休克

clearing house 信息交换所

club ending 末梢

coelenterates 腔肠动物

coitus reservatus 保留性交

colour circle 色彩环

compliance 服从（四种主要情绪之一）

compliance threshold 服从阈值

compliance with intensity 强制服从

compliance with volume 累量服从

complex Matter-Units 复杂物质个体

compounding emotion 复合情绪

conducting fibre 传导纤维

conductor tract 传导束

conductor trunk 传导干

conflict 冲突（本术语用于描述运动神经刺激或运动神经本性之间的一种关系，或者描述两种逆转情绪的关系）

consciousness 意识

conscious thwartedness 意识挫败

creation 创造情绪（爱和欲望情绪发生整合形成的复合情绪）

cruder form 原始形式

D

decerebration 大脑切除术

decerebrate rigidity 去大脑僵直

deception 欺骗

desire 渴望（一种复合情绪，被动服从与主动支配同时发生时整合而成的新情绪，公式为 pCaD）

dominance 支配（四种主要情绪之一）

E

efferent axone trunk 传出神经轴突

elements of consciousness 意识元素

end-effect（身体的）最终反应

endo-somatic sensations 内体感觉

environmental stimulus 环境刺激

emotion 情绪

emotional circle 情绪环

emotional common denominator 情绪共同特性

emotional consciousness 情绪意识

emotional compound 情绪复合（两种情绪先后或同时发生，并发生了整合，形成了新的情绪）

emotional mixture 情绪混合（两种情绪同时发生，并混合在一起，但没有发生整合）

emotional reversal 情绪逆转（支配和服从、顺从和诱导、爱和欲望等情绪的关系颠倒而产生非正常情绪）

emotional set 情绪倾向

emotional shock 情感冲击

erogenous zone 性敏感区

excitation 应激反应

excitement 兴奋

extensor muscle 主动肌（伸展肌）

external orgasm 外部性高潮

F

facilitation 促进（与 conflict 相对，用于描述运动神经刺激与运动神经本性的一种关系）

fear 恐惧

feeling 情感

feeling tone 情感基调

tibre 纤维

filament 单纤维

final common path 最后通路

final common efferent path 最后传出通路

fixative 固色剂、定色剂、定影剂

formol 甲醛

H

habitual actions 习惯性行为

Hematoxylin 铁苏木素

higher centres of the brain 大脑的高级中枢

hunger pang 阵发性饥饿

hunting instinct 狩猎本能

I

imitative instinct 模仿本能

indifference 冷漠（情感基调之一）

inducement 诱导（四种主要情绪之一）

inducement threshold 诱导阈值

inferiority（两种运动神经传出冲动中其中的一种）强度更小或数量更少

innervation feeling 神经支配情感

instinct of self-preservation 自我保护本能

integration 整合

integrative picture 整合图式

integrative principle 整合原则

integrative relationship 整合关系

internal orgasm 内部性高潮

introspection 内省

introspective description 内省描述（受试者对自己的情绪体验进行自我观察后，进行口头或书面描述）

J

James-Langeites 詹姆斯-兰格理论

junctional tissue 结合组织

just distinguishable colour sensation series 最小可辨色觉系列

just noticeable difference 最小可觉差

L

libido 力比多（弗洛依德认为力比多是一种本能，是一种力量，是人的心理现象发生的驱动力。）

love emotion 爱的情绪（激情和诱惑先后发生，并进行整合，诱惑逐渐取代激情，这个过程中形成的复合情绪叫作"爱"，整合公式为 pIaS + aIpS）

love response 爱的反应

M

macrocosmic mass 宏观质量

Mauthner's cells 毛纳斯细胞

materialistism 唯物论

mechanism 机械论；机制

mechanistic-type causation 机械论类型因果关系

membrane 膜

mental-tester-statistician 心理测试统计学家

mnemonic factor 记忆因子

motor attitude or set 运动神经态度或定势

motor consciousness 运动神经意识

motor discharge 运动神经放电

motor-nerve sensation 运动神经-神经感觉

motor neurone 运动神经元

motor self 运动神经本性

motor stimuli 运动神经刺激

motation 运动神经感觉

mother fixation 母亲固恋

N

natural reflex equilibrium 自然反射平衡

neurone 神经元

nerve trunk conduction 神经干传导

nervous impulse 神经脉冲

nervous discharge 神经放电

nodal point 节点

normal person 正常人

normalcy 正常（状态）

O

Oedipus complex 恋母情结（俄狄浦斯情结）

optic tract 视束

original sensation 原生感觉

orthology 直系同源学

osmic 锇酸

overt action 外显行为

P

pain 痛苦

passion 激情（是一种身体上的爱的情绪，包含了被动和主动因素，但是主动因素占主

导地位，是对所爱之人的主动顺从）

passive creation 被动创造（主动欲望与被动的爱同时发生，并发生整合而形成的复合情绪，整合公式为 aApL）

passive love 被动的爱（被动诱导和主动顺从同时发生，并发生整合形成的复合情绪，公式为 aIpS）

phasic motor impulse 阶段性运动神经传出冲动

phasic reflex system 主动协调反射系统

physical environment 物质环境

physical fact 物理事实

physical force 物理力量

physical movement 身体运动

physical object 自然物体

physical stimulation 物理刺激

physiology 生理学

play instinct 游戏本能

pleasantness 愉快（情感基调之一）

psychology of emotion 情绪心理学

primary emotion 主要情绪

psychology 心理学

proton-electron system 质子-电子系统

protoplasmic 原生质的

psycho-analysis 精神分析

psycho-Analyst 精神分析学家

psychon 精神粒子

psycho-physiologis 心理-生理学家

pyramidal tracts 锥体束

R

reflex action 反射性行为

rage 愤怒

root fibres 根纤维

S

satisfaction 满足（一种复合情绪，由主动服从与被动支配同时发生，并整合而形成的

新情绪，公式为 aCpD）

semi-circular canal 半规管

self observation 自我观察

sensory path 感官路径

sensory consciousness 感官意识

sensory awareness 感官觉察

sensory neurones 感觉神经元

sensory stimulation 感官刺激

sensation 感觉

sex-emotion 性情绪

subliminal stimuli 阈下刺激

submission 顺从（四种主要情绪之一）

summation 累积，总和

subsidary synapse 子突触

Superiority （两种运动神经传出冲动中其中的一种）强度更高或数量更大

sympathetic discharge 交感神经放电

synaptic 突触

synaptic energy 突触能量

systolic blood pressure 收缩压

T

thalamic motor centres 丘脑运动神经中枢

threshold value 阈值

Tungsten 钨

tonic impulse 紧张性脉冲

tonic mechanism 紧张性机制

tonic motor mechanism 紧张性运动神经机制

tonic discharge 紧张性放电

tonic reflex system 紧张反射系统

tonus 肌肉强直

Tridimensiony 情感三度说

U

（simple/ complex） units of energy（简单/复杂）能量个体

unit of matter 物质单位

unpleasantness 不愉快（情感基调之一）

V

visceral sensation 内脏感觉

vitalistism 生机论（认为生命是最基本的实在）

vitalistic-type causation 生机论类型因果关系

vitalistic-type causes 生机论类型的诱因

vagus channels 迷走神经通道

vagus discharge 迷走神经放电

voluntary muscles 随意肌

W

Watsonian behaviourists 华生派的行为主义者

Z

zenker 固定液